T0182038

# HOAI 2021-Textausgabe/
# HOAI 2021-Text Edition

# HOAI 2021-Textausgabe/ HOAI 2021-Text Edition

## Honorarordnung für Architekten und Ingenieure in der Fassung von 2021/ Official Scale of Fees for Services by Architects and Engineers in the version of 2021

7. Auflage

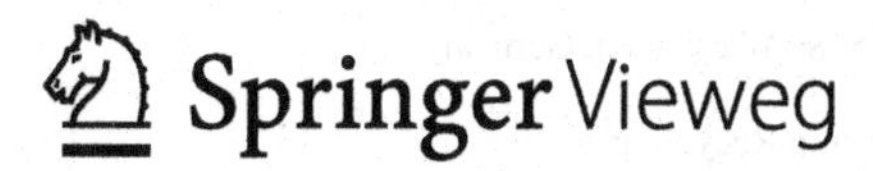

Springer Fachmedien Wiesbaden
Wiesbaden, Deutschland

ISBN 978-3-658-44115-9 ISBN 978-3-658-44116-6 (eBook)
https://doi.org/10.1007/978-3-658-44116-6

Die Deutsche Nationalbibliothek verzeichnet diese Publikation in der Deutschen Nationalbibliografie; detaillierte bibliografische Daten sind im Internet über https://portal.dnb.de abrufbar.



Planung/Lektorat: Karina Danulat
Springer Vieweg ist ein Imprint der eingetragenen Gesellschaft Springer Fachmedien Wiesbaden GmbH und ist ein Teil von Springer Nature.
Die Anschrift der Gesellschaft ist: Abraham-Lincoln-Str. 46, 65189 Wiesbaden, Germany

# Inhaltsverzeichnis

# Teil I
# Honorarordnung für Architekten und Ingenieure – HOAI

**Honorarordnung für Architekten und Ingenieure (Verordnung über die Honorare für Architekten- und Ingenieurleistungen)**

Verordnung vom 10.07.2013 (BGBl. I S. 2276), in Kraft getreten am 17.07.2013
geändert durch Verordnung vom 02.12.2020 (BGBl. I S. 2636) m. W. v. 01.01.2021

**Teil 1**

*Allgemeine Vorschriften (§§ 1–16)*

§ 1 Anwendungsbereich
§ 2 Begriffsbestimmungen
§ 2a Honorartafeln und Basishonorarsatz
§ 3 Leistungen und Leistungsbilder
§ 4 Anrechenbare Kosten
§ 5 Honorarzonen
§ 6 Grundlagen des Honorars
§ 7 Honorarvereinbarung
§ 8 Berechnung des Honorars in besonderen Fällen
§ 9 Berechnung des Honorars bei Beauftragung von Einzelleistungen
§ 10 Berechnung des Honorars bei vertraglichen Änderungen des Leistungsumfangs
§ 11 Auftrag für mehrere Objekte
§ 12 Instandsetzungen und Instandhaltungen
§ 13 Interpolation
§ 14 Nebenkosten
§ 15 Fälligkeit des Honorars, Abschlagszahlungen
§ 16 Umsatzsteuer

# Teil 1 – Allgemeine Vorschriften (§§ 1–16)

## § 1 Anwendungsbereich

1Diese Verordnung gilt für Honorare für Ingenieur- und Architektenleistungen, soweit diese Leistungen durch diese Verordnung erfasst sind. 2Die Regelungen dieser Verordnung können zum Zwecke der Honorarberechnung einer Honorarvereinbarung zugrunde gelegt werden.

## § 2 Begriffsbestimmungen

(1) 1Objekte sind Gebäude, Innenräume, Freianlagen, Ingenieurbauwerke, Verkehrsanlagen. 2Objekte sind auch Tragwerke und Anlagen der Technischen Ausrüstung.
(2) Neubauten und Neuanlagen sind Objekte, die neu errichtet oder neu hergestellt werden.
(3) 1Wiederaufbauten sind Objekte, bei denen die zerstörten Teile auf noch vorhandenen Bau- oder Anlagenteilen wiederhergestellt werden. 2Wiederaufbauten gelten als Neubauten, sofern eine neue Planung erforderlich ist.
(4) Erweiterungsbauten sind Ergänzungen eines vorhandenen Objekts.
(5) Umbauten sind Umgestaltungen eines vorhandenen Objekts mit wesentlichen Eingriffen in Konstruktion oder Bestand.
(6) Modernisierungen sind bauliche Maßnahmen zur nachhaltigen Erhöhung des Gebrauchswertes eines Objekts, soweit diese Maßnahmen nicht unter Absatz 4, 5 oder 8 fallen.
(7) Mitzuverarbeitende Bausubstanz ist der Teil des zu planenden Objekts, der bereits durch Bauleistungen hergestellt ist und durch Planungs- oder Überwachungsleistungen technisch oder gestalterisch mitverarbeitet wird.



*HOAI 2021-Textausgabe/HOAI 2021-Text Edition*,
https://doi.org/10.1007/978-3-658-44116-6_1

(8) Instandsetzungen sind Maßnahmen zur Wiederherstellung des zum bestimmungsgemäßen Gebrauch geeigneten Zustandes (Soll-Zustandes) eines Objekts, soweit diese Maßnahmen nicht unter Absatz 3 fallen.
(9) Instandhaltungen sind Maßnahmen zur Erhaltung des Soll-Zustandes eines Objekts.
(10) 1Kostenschätzung ist die überschlägige Ermittlung der Kosten auf der Grundlage der Vorplanung. 2Die Kostenschätzung ist die vorläufige Grundlage für Finanzierungsüberlegungen. 3Der Kostenschätzung liegen zugrunde:
1. Vorplanungsergebnisse,
2. Mengenschätzungen,
3. erläuternde Angaben zu den planerischen Zusammenhängen, Vorgängen sowie Bedingungen und
4. Angaben zum Baugrundstück und zu dessen Erschließung.

4Wird die Kostenschätzung nach § 4 Absatz 1 Satz 3 auf der Grundlage der DIN 276 in der Fassung vom Dezember 2008 (DIN 276-1: 2008-12) erstellt, müssen die Gesamtkosten nach Kostengruppen mindestens bis zur ersten Ebene der Kostengliederung ermittelt werden.
(11) 1Kostenberechnung ist die Ermittlung der Kosten auf der Grundlage der Entwurfsplanung. 2Der Kostenberechnung liegen zugrunde:
1. durchgearbeitete Entwurfszeichnungen oder Detailzeichnungen wiederkehrender Raumgruppen,
2. Mengenberechnungen und
3. für die Berechnung und Beurteilung der Kosten relevante Erläuterungen.

3Wird die Kostenberechnung nach § 4 Absatz 1 Satz 3 auf der Grundlage der DIN 276 erstellt, müssen die Gesamtkosten nach Kostengruppen mindestens bis zur zweiten Ebene der Kostengliederung ermittelt werden.

## § 2a Honorartafeln und Basishonorarsatz

(1) 1Die Honorartafeln dieser Verordnung weisen Orientierungswerte aus, die an der Art und dem Umfang der Aufgabe sowie an der Leistung ausgerichtet sind. 2Die Honorartafeln enthalten für jeden Leistungsbereich Honorarspannen vom Basishonorarsatz bis zum oberen Honorarsatz, gegliedert nach den einzelnen Honorarzonen und den zugrunde liegenden Ansätzen für Flächen, anrechenbare Kosten oder Verrechnungseinheiten.
(2) Basishonorarsatz ist der jeweils untere in den Honorartafeln dieser Verordnung enthaltene Honorarsatz.

## § 3 Leistungen und Leistungsbilder

(1) 1Grundleistungen sind Leistungen, die regelmäßig im Rahmen von Flächen-, Objekt- oder Fachplanungen auszuführen sind. 2Sie sind zur ordnungsgemäßen Erfüllung eines Auftrags im Allgemeinen erforderlich und in Leistungsbildern erfasst. 3Die Leistungsbilder gliedern sich in Leistungsphasen nach den Regelungen in den Teilen 2 bis 4 und der Anlage 1.

(2) 1Neben Grundleistungen können Besondere Leistungen vereinbart werden. 2Die Aufzählung der Besonderen Leistungen in dieser Verordnung und in den Leistungsbildern ihrer Anlagen ist nicht abschließend. 3Die Besonderen Leistungen können auch für Leistungsbilder und Leistungsphasen, denen sie nicht zugeordnet sind, vereinbart werden, soweit sie dort keine Grundleistungen darstellen.
(3) Die Wirtschaftlichkeit der Leistung ist stets zu beachten.

## § 4 Anrechenbare Kosten

(1) 1Anrechenbare Kosten sind Teil der Kosten für die Herstellung, den Umbau, die Modernisierung, Instandhaltung oder Instandsetzung von Objekten sowie für die damit zusammenhängenden Aufwendungen. 2Sie sind nach allgemein anerkannten Regeln der Technik oder nach Verwaltungsvorschriften (Kostenvorschriften) auf der Grundlage ortsüblicher Preise zu ermitteln. 3Wird in dieser Verordnung im Zusammenhang mit der Kostenermittlung die DIN 276 in Bezug genommen, so ist die Fassung vom Dezember 2008 (DIN 276-1: 2008-12) bei der Ermittlung der anrechenbaren Kosten zugrunde zu legen. 4Umsatzsteuer, die auf die Kosten von Objekten entfällt, ist nicht Bestandteil der anrechenbaren Kosten.
(2) Die anrechenbaren Kosten richten sich nach den ortsüblichen Preisen, wenn der Auftraggeber
1. selbst Lieferungen oder Leistungen übernimmt,
2. von bauausführenden Unternehmen oder von Lieferanten sonst nicht übliche Vergünstigungen erhält,
3. Lieferungen oder Leistungen in Gegenrechnung ausführt oder
4. vorhandene oder vorbeschaffte Baustoffe oder Bauteile einbauen lässt.

(3) 1Der Umfang der mitzuverarbeitenden Bausubstanz im Sinne des § 2 Absatz 7 ist bei den anrechenbaren Kosten angemessen zu berücksichtigen. 2Umfang und Wert der mitzuverarbeitenden Bausubstanz sind zum Zeitpunkt der Kostenberechnung oder, sofern keine Kostenberechnung vorliegt, zum Zeitpunkt der Kostenschätzung objektbezogen zu ermitteln und in Textform zu vereinbaren.

## § 5 Honorarzonen

(1) Die Grundleistungen der Flächen-, Objekt- oder Fachplanungen werden zur Berechnung der Honorare nach den jeweiligen Planungsanforderungen Honorarzonen zugeordnet, die von der Honorarzone I aus ansteigend den Schwierigkeitsgrad der Planung einstufen.
(2) 1Die Honorarzonen sind anhand der Bewertungsmerkmale in den Honorarregelungen der jeweiligen Leistungsbilder der Teile 2 bis 4 und der Anlage 1 zu ermitteln. 2Die Zurechnung zu den einzelnen Honorarzonen ist nach Maßgabe der Bewertungsmerkmale und gegebenenfalls der Bewertungspunkte sowie unter Berücksichtigung der Regelbeispiele in den Objektlisten der Anlagen dieser Verordnung vorzunehmen.

## § 6 Grundlagen des Honorars

(1) 1Bei der Ermittlung des Honorars für Grundleistungen im Sinne des § 3 Absatz 1 sind zugrunde zu legen
1. das Leistungsbild,
2. die Honorarzone und
3. die dazugehörige Honorartafel zur Honorarorientierung.

2Zusätzlich zu den Grundlagen nach Satz 1 ermittelt sich das Honorar
1. für die Leistungsbilder des Teils 2 und der Anlage 1 Nummer 1.1 nach der Größe der Fläche,
2. für die Leistungsbilder der Teile 3 und 4 und der Anlage 1 Nummer 1.2, 1.3 und 1.4.5 nach den anrechenbaren Kosten des Objekts auf der Grundlage der Kostenberechnung oder, sofern keine Kostenberechnung vorliegt, auf der Grundlage der Kostenschätzung,
3. für das Leistungsbild der Anlage 1 Nummer 1.4.2 nach Verrechnungseinheiten.

(2) 1Honorare für Grundleistungen bei Umbauten und Modernisierungen gemäß § 2 Absatz 5 und 6 sind zu ermitteln nach
1. den anrechenbaren Kosten,
2. der Honorarzone, welcher der Umbau oder die Modernisierung in sinngemäßer Anwendung der Bewertungsmerkmale zuzuordnen ist,
3. den Leistungsphasen,
4. der Honorartafel zur Honorarorientierung und
5. dem Umbau- oder Modernisierungszuschlag auf das Honorar.

2Der Umbau- oder Modernisierungszuschlag ist unter Berücksichtigung des Schwierigkeitsgrads der Leistungen in Textform zu vereinbaren. 3Die Höhe des Zuschlags auf das Honorar ist in den jeweiligen Honorarregelungen der Leistungsbilder der Teile 3 und 4 und in Anlage 1 Nummer 1.2 geregelt. 4Sofern keine Vereinbarung in Textform getroffen wurde, gilt ein Zuschlag von 20 % ab einem durchschnittlichen Schwierigkeitsgrad als vereinbart.

## § 7 Honorarvereinbarung

(1) 1Das Honorar richtet sich nach der Vereinbarung, die die Vertragsparteien in Textform treffen. 2Sofern keine Vereinbarung über die Höhe des Honorars in Textform getroffen wurde, gilt für Grundleistungen der jeweilige Basishonorarsatz als vereinbart, der sich bei der Anwendung der Honorargrundlagen des § 6 ergibt.

(2) 1Der Auftragnehmer hat den Auftraggeber, sofern dieser Verbraucher ist, vor Abgabe von dessen verbindlicher Vertragserklärung zur Honorarvereinbarung in Textform darauf hinzuweisen, dass ein höheres oder niedrigeres Honorar als die in den Honorartafeln dieser Verordnung enthaltenen Werte vereinbart werden kann. 2Erfolgt der Hin-

weis nach Satz 1 nicht oder nicht rechtzeitig, gilt für die zwischen den Vertragsparteien vereinbarten Grundleistungen anstelle eines höheren Honorars ein Honorar in Höhe des jeweiligen Basishonorarsatzes als vereinbart.

## § 8 Berechnung des Honorars in besonderen Fällen

(1) 1Werden dem Auftragnehmer nicht alle Leistungsphasen eines Leistungsbildes übertragen, so dürfen nur die für die übertragenen Phasen vorgesehenen Prozentsätze berechnet und vereinbart werden. 2Die Vereinbarung hat in Textform zu erfolgen.

(2) 1Werden dem Auftragnehmer nicht alle Grundleistungen einer Leistungsphase übertragen, so darf für die übertragenen Grundleistungen nur ein Honorar berechnet und vereinbart werden, das dem Anteil der übertragenen Grundleistungen an der gesamten Leistungsphase entspricht. 2Die Vereinbarung hat in Textform zu erfolgen. 3Entsprechend ist zu verfahren, wenn dem Auftragnehmer wesentliche Teile von Grundleistungen nicht übertragen werden.

(3) Die gesonderte Vergütung eines zusätzlichen Koordinierungs- oder Einarbeitungsaufwands ist in Textform zu vereinbaren.

## § 9 Berechnung des Honorars bei Beauftragung von Einzelleistungen

(1) 1Wird die Vorplanung oder Entwurfsplanung bei Gebäuden und Innenräumen, Freianlagen, Ingenieurbauwerken, Verkehrsanlagen, der Tragwerksplanung und der Technischen Ausrüstung als Einzelleistung in Auftrag gegeben, können für die Leistungsbewertung der jeweiligen Leistungsphase

1. für die Vorplanung höchstens der Prozentsatz der Vorplanung und der Prozentsatz der Grundlagenermittlung und
2. für die Entwurfsplanung höchstens der Prozentsatz der Entwurfsplanung und der Prozentsatz der Vorplanung

zum Zweck der Honorarberechnung herangezogen werden. 2Die Vereinbarung hat in Textform zu erfolgen.

(2) 1Zur Bauleitplanung ist Absatz 1 Satz 1 Nummer 2 für den Entwurf der öffentlichen Auslegung entsprechend anzuwenden. 2Bei der Landschaftsplanung ist Absatz 1 Satz 1 Nummer 1 für die vorläufige Fassung sowie Absatz 1 Satz 1 Nummer 2 für die abgestimmte Fassung entsprechend anzuwenden. 3Die Vereinbarung hat in Textform zu erfolgen.

(3) 1Wird die Objektüberwachung bei der Technischen Ausrüstung oder bei Gebäuden als Einzelleistung in Auftrag gegeben, können für die Leistungsbewertung der Objektüberwachung zum Zweck der Honorarberechnung höchstens der Prozentsatz der Objektüberwachung und die Prozentsätze der Grundlagenermittlung und Vorplanung herangezogen werden. 2Die Vereinbarung hat in Textform zu erfolgen.

## § 10 Berechnung des Honorars bei vertraglichen Änderungen des Leistungsumfangs

(1) Einigen sich Auftraggeber und Auftragnehmer während der Laufzeit des Vertrags darauf, dass der Umfang der beauftragten Leistung geändert wird, und ändern sich dadurch die anrechenbaren Kosten, Flächen oder Verrechnungseinheiten, so ist die Honorarberechnungsgrundlage für die Grundleistungen, die infolge des veränderten Leistungsumfangs zu erbringen sind, durch Vereinbarung in Textform anzupassen.
(2) Einigen sich Auftraggeber und Auftragnehmer über die Wiederholung von Grundleistungen, ohne dass sich dadurch die anrechenbaren Kosten, Flächen oder Verrechnungseinheiten ändern, ist das Honorar für diese Grundleistungen entsprechend ihrem Anteil an der jeweiligen Leistungsphase in Textform zu vereinbaren.

## § 11 Auftrag für mehrere Objekte

(1) Umfasst ein Auftrag mehrere Objekte, so sind die Honorare vorbehaltlich der folgenden Absätze für jedes Objekt getrennt zu berechnen.
(2) Umfasst ein Auftrag mehrere vergleichbare Gebäude, Ingenieurbauwerke, Verkehrsanlagen oder Tragwerke mit weitgehend gleichartigen Planungsbedingungen, die derselben Honorarzone zuzuordnen sind und die im zeitlichen und örtlichen Zusammenhang als Teil einer Gesamtmaßnahme geplant und errichtet werden sollen, ist das Honorar nach der Summe der anrechenbaren Kosten zu berechnen.
(3) Umfasst ein Auftrag mehrere im Wesentlichen gleiche Gebäude, Ingenieurbauwerke, Verkehrsanlagen oder Tragwerke, die im zeitlichen oder örtlichen Zusammenhang unter gleichen baulichen Verhältnissen geplant und errichtet werden sollen, oder mehrere Objekte nach Typenplanung oder Serienbauten, so sind die Prozentsätze der Leistungsphasen 1 bis 6 für die erste bis vierte Wiederholung um 50 %, für die fünfte bis siebte Wiederholung um 60 % und ab der achten Wiederholung um 90 % zu mindern.
(4) Umfasst ein Auftrag Grundleistungen, die bereits Gegenstand eines anderen Auftrags über ein gleiches Gebäude, Ingenieurbauwerk oder Tragwerk zwischen den Vertragsparteien waren, so ist Absatz 3 für die Prozentsätze der beauftragten Leistungsphasen in Bezug auf den neuen Auftrag auch dann anzuwenden, wenn die Grundleistungen nicht im zeitlichen oder örtlichen Zusammenhang erbracht werden sollen.

## § 12 Instandsetzungen und Instandhaltungen

(1) Honorare für Grundleistungen bei Instandsetzungen und Instandhaltungen von Objekten sind nach den anrechenbaren Kosten, der Honorarzone, den Leistungsphasen und der Honorartafel zur Honorarorientierung, der die Instandhaltungs- oder Instandsetzungsmaßnahme zuzuordnen ist, zu ermitteln.

(2) Für Grundleistungen bei Instandsetzungen und Instandhaltungen von Objekten kann in Textform vereinbart werden, dass der Prozentsatz für die Objektüberwachung oder Bauoberleitung um bis zu 50 % der Bewertung dieser Leistungsphase erhöht wird.

## § 13 Interpolation

Zwischenstufen der in den Honorartafeln angegebenen anrechenbaren Kosten und Flächen oder Verrechnungseinheiten sind durch lineare Interpolation zu ermitteln.

## § 14 Nebenkosten

(1) 1Der Auftragnehmer kann neben den Honoraren dieser Verordnung auch die für die Ausführung des Auftrags erforderlichen Nebenkosten in Rechnung stellen; ausgenommen sind die abziehbaren Vorsteuern gemäß § 15 Absatz 1 des Umsatzsteuergesetzes in der jeweils geltenden Fassung. 2Die Vertragsparteien können in Textform vereinbaren, dass abweichend von Satz 1 eine Erstattung ganz oder teilweise ausgeschlossen ist.

(2) Zu den Nebenkosten gehören insbesondere:
1. Versandkosten, Kosten für Datenübertragungen,
2. Kosten für Vervielfältigungen von Zeichnungen und schriftlichen Unterlagen sowie für die Anfertigung von Filmen und Fotos,
3. Kosten für ein Baustellenbüro einschließlich der Einrichtung, Beleuchtung und Beheizung,
4. Fahrtkosten für Reisen, die über einen Umkreis von 15 km um den Geschäftssitz des Auftragnehmers hinausgehen, in Höhe der steuerlich zulässigen Pauschalsätze, sofern nicht höhere Aufwendungen nachgewiesen werden,
5. Trennungsentschädigungen und Kosten für Familienheimfahrten in Höhe der steuerlich zulässigen Pauschalsätze, sofern nicht höhere Aufwendungen an Mitarbeiter oder Mitarbeiterinnen des Auftragnehmers auf Grund von tariflichen Vereinbarungen bezahlt werden,
6. Entschädigungen für den sonstigen Aufwand bei längeren Reisen nach Nummer 4, sofern die Entschädigungen vor der Geschäftsreise in Textform vereinbart worden sind,
7. Entgelte für nicht dem Auftragnehmer obliegende Leistungen, die von ihm im Einvernehmen mit dem Auftraggeber Dritten übertragen worden sind.

(3) 1Nebenkosten können pauschal oder nach Einzelnachweis abgerechnet werden. 2Sie sind nach Einzelnachweis abzurechnen, sofern keine pauschale Abrechnung in Textform vereinbart worden ist.

## § 15 Fälligkeit des Honorars, Abschlagszahlungen

1Für die Fälligkeit der Honorare für die von dieser Verordnung erfassten Leistungen gilt § 650 g Absatz 4 des Bürgerlichen Gesetzbuchs entsprechend. 2Für das Recht, Abschlagszahlungen zu verlangen, gilt § 632a des Bürgerlichen Gesetzbuchs entsprechend.

## § 16 Umsatzsteuer

(1) 1Der Auftragnehmer hat Anspruch auf Ersatz der gesetzlich geschuldeten Umsatzsteuer für nach dieser Verordnung abrechenbare Leistungen, sofern nicht die Kleinunternehmerregelung nach § 19 des Umsatzsteuergesetzes angewendet wird. 2Satz 1 ist auch hinsichtlich der um die nach § 15 des Umsatzsteuergesetzes abziehbaren Vorsteuer gekürzten Nebenkosten anzuwenden, die nach § 14 dieser Verordnung weiterberechenbar sind.

(2) 1Auslagen gehören nicht zum Entgelt für die Leistung des Auftragnehmers. 2Sie sind als durchlaufende Posten im umsatzsteuerrechtlichen Sinn einschließlich einer gegebenenfalls enthaltenen Umsatzsteuer weiter zu berechnen.

# Teil 2 – Flächenplanung (§§ 17–32)

## Abschnitt 1 – Bauleitplanung (§§ 17–21)

### § 17 Anwendungsbereich

(1) Leistungen der Bauleitplanung umfassen die Vorbereitung der Aufstellung von Flächennutzungs- und Bebauungsplänen im Sinne des § 1 Absatz 2 des Baugesetzbuches in der jeweils geltenden Fassung die erforderlichen Ausarbeitungen und Planfassungen sowie die Mitwirkung beim Verfahren.

(2) Leistungen beim Städtebaulichen Entwurf sind Besondere Leistungen.

### § 18 Leistungsbild Flächennutzungsplan

(1) 1Die Grundleistungen bei Flächennutzungsplänen sind in drei Leistungsphasen unterteilt und werden wie folgt in Prozentsätzen der Honorare des § 20 bewertet:

1. für die Leistungsphase 1 (Vorentwurf für die frühzeitigen Beteiligungen) Vorentwurf für die frühzeitigen Beteiligungen nach den Bestimmungen des Baugesetzbuches mit 60 %,
2. für die Leistungsphase 2 (Entwurf zur öffentlichen Auslegung) Entwurf für die öffentliche Auslegung nach den Bestimmungen des Baugesetzbuches mit 30 %,
3. für die Leistungsphase 3 (Plan zur Beschlussfassung) Plan für den Beschluss durch die Gemeinde mit 10 %.

2Der Vorentwurf, Entwurf oder Plan ist jeweils in der vorgeschriebenen Fassung mit Begründung anzufertigen.

(2) 1Anlage 2 regelt, welche Grundleistungen jede Leistungsphase umfasst. 2Anlage 9 enthält Beispiele für Besondere Leistungen.



*HOAI 2021-Textausgabe/HOAI 2021-Text Edition*,
https://doi.org/10.1007/978-3-658-44116-6_2

## § 19 Leistungsbild Bebauungsplan

(1) 1Die Grundleistungen bei Bebauungsplänen sind in drei Leistungsphasen unterteilt und werden wie folgt in Prozentsätzen der Honorare des § 21 bewertet:

1. für die Leistungsphase 1 (Vorentwurf für die frühzeitigen Beteiligungen) Vorentwurf für die frühzeitigen Beteiligungen nach den Bestimmungen des Baugesetzbuches mit 60 %,
2. für die Leistungsphase 2 (Entwurf zur öffentlichen Auslegung) Entwurf für die öffentliche Auslegung nach den Bestimmungen des Baugesetzbuches mit 30 %,
3. für die Leistungsphase 3 (Plan zur Beschlussfassung) Plan für den Beschluss durch die Gemeinde mit 10 %.

2Der Vorentwurf, Entwurf oder Plan ist jeweils in der vorgeschriebenen Fassung mit Begründung anzufertigen.

(2) 1Anlage 3 regelt, welche Grundleistungen jede Leistungsphase umfasst. 2Anlage 9 enthält Beispiele für Besondere Leistungen.

## § 20 Honorare für Grundleistungen bei Flächennutzungsplänen

(1) Für die in § 18 und Anlage 2 genannten Grundleistungen bei Flächennutzungsplänen sind die in der nachstehenden Honorartafel aufgeführten Honorarspannen Orientierungswerte:

| Fläche in Hektar | Honorarzone Igeringe Anforderungen | | Honorarzone IIdurchschnittliche Anforderungen | | Honorarzone IIIhohe Anforderungen | |
|---|---|---|---|---|---|---|
| | von | bis | von | bis | von | bis |
| | Euro | | Euro | | Euro | |
| 1.000 | 70.439 | 85.269 | 85.269 | 100.098 | 100.098 | 114.927 |
| 1.250 | 78.957 | 95.579 | 95.579 | 112.202 | 112.202 | 128.824 |
| 1.500 | 86.492 | 104.700 | 104.700 | 122.909 | 122.909 | 141.118 |
| 1.750 | 93.260 | 112.894 | 112.894 | 132.527 | 132.527 | 152.161 |
| 2.000 | 99.407 | 120.334 | 120.334 | 141.262 | 141.262 | 162.190 |
| 2.500 | 111.311 | 134.745 | 134.745 | 158.178 | 158.178 | 181.612 |
| 3.000 | 121.868 | 147.525 | 147.525 | 173.181 | 173.181 | 198.838 |
| 3.500 | 131.387 | 159.047 | 159.047 | 186.707 | 186.707 | 214.367 |
| 4.000 | 140.069 | 169.557 | 169.557 | 199.045 | 199.045 | 228.533 |
| 5.000 | 155.461 | 188.190 | 188.190 | 220.918 | 220.918 | 253.647 |
| 6.000 | 168.813 | 204.352 | 204.352 | 239.892 | 239.892 | 275.431 |
| 7.000 | 180.589 | 218.607 | 218.607 | 256.626 | 256.626 | 294.645 |
| 8.000 | 191.097 | 231.328 | 231.328 | 271.559 | 271.559 | 311.790 |
| 9.000 | 200.556 | 242.779 | 242.779 | 285.001 | 285.001 | 327.224 |
| 10.000 | 209.126 | 253.153 | 253.153 | 297.179 | 297.179 | 341.206 |
| 11.000 | 216.893 | 262.555 | 262.555 | 308.217 | 308.217 | 353.878 |

(Fortsetzung)

| Fläche in Hektar | Honorarzone Igeringe Anforderungen | | Honorarzone IIdurchschnittliche Anforderungen | | Honorarzone IIIhohe Anforderungen | |
|---|---|---|---|---|---|---|
| | von | bis | von | bis | von | bis |
| | Euro | | Euro | | Euro | |
| 12.000 | 223.912 | 271.052 | 271.052 | 318.191 | 318.191 | 365.331 |
| 13.000 | 230.331 | 278.822 | 278.822 | 327.313 | 327.313 | 375.804 |
| 14.000 | 236.214 | 285.944 | 285.944 | 335.673 | 335.673 | 385.402 |
| 15.000 | 241.614 | 292.480 | 292.480 | 343.346 | 343.346 | 394.213 |

(2) Das Honorar für die Aufstellung von Flächennutzungsplänen ist nach der Fläche des Plangebiets in Hektar und nach der Honorarzone zu berechnen.

(3) Welchen Honorarzonen die Grundleistungen zugeordnet werden, richtet sich nach folgenden Bewertungsmerkmalen:
1. zentralörtliche Bedeutung und Gemeindestruktur,
2. Nutzungsvielfalt und Nutzungsdichte,
3. Einwohnerstruktur, Einwohnerentwicklung und Gemeinbedarfsstandorte,
4. Verkehr und Infrastruktur,
5. Topografie, Geologie und Kulturlandschaft,
6. Klima-, Natur- und Umweltschutz.

(4) 1Sind auf einen Flächennutzungsplan Bewertungsmerkmale aus mehreren Honorarzonen anwendbar und bestehen deswegen Zweifel, welcher Honorarzone der Flächennutzungsplan zugeordnet werden kann, so ist zunächst die Anzahl der Bewertungspunkte zu ermitteln. 2Zur Ermittlung der Bewertungspunkte werden die Bewertungsmerkmale wie folgt gewichtet:
1. geringe Anforderungen: 1 Punkt,
2. durchschnittliche Anforderungen: 2 Punkte,
3. hohe Anforderungen: 3 Punkte.

(5) Der Flächennutzungsplan ist anhand der nach Absatz 4 ermittelten Bewertungspunkte einer der Honorarzonen zuzuordnen:
1. Honorarzone I: bis zu 9 Punkte,
2. Honorarzone II: 10 bis 14 Punkte,
3. Honorarzone III: 15 bis 18 Punkte.

(6) Werden Teilflächen bereits aufgestellter Flächennutzungspläne (Planausschnitte) geändert oder überarbeitet, kann das Honorar auch abweichend von den Grundsätzen des Absatzes 2 vereinbart werden.

## § 21 Honorare für Grundleistungen bei Bebauungsplänen

(1) Für die in § 19 und Anlage 3 genannten Grundleistungen bei Bebauungsplänen sind die in der nachstehenden Honorartafel aufgeführten Honorarspannen Orientierungswerte:

| Fläche in Hektar | Honorarzone Igeringe Anforderungen | | Honorarzone IIdurchschnittliche Anforderungen | | Honorarzone IIIhohe Anforderungen | |
|---|---|---|---|---|---|---|
| | von | bis | von | bis | von | bis |
| | Euro | | Euro | | Euro | |
| 0,5 | 5.000 | 5.335 | 5.335 | 7.838 | 7.838 | 10.341 |
| 1 | 5.000 | 8.799 | 8.799 | 12.926 | 12.926 | 17.054 |
| 2 | 7.699 | 14.502 | 14.502 | 21.305 | 21.305 | 28.109 |
| 3 | 10.306 | 19.413 | 19.413 | 28.521 | 28.521 | 37.628 |
| 4 | 12.669 | 23.866 | 23.866 | 35.062 | 35.062 | 46.258 |
| 5 | 14.864 | 28.000 | 28.000 | 41.135 | 41.135 | 54.271 |
| 6 | 16.931 | 31.893 | 31.893 | 46.856 | 46.856 | 61.818 |
| 7 | 18.896 | 35.595 | 35.595 | 52.294 | 52.294 | 68.992 |
| 8 | 20.776 | 39.137 | 39.137 | 57.497 | 57.497 | 75.857 |
| 9 | 22.584 | 42.542 | 42.542 | 62.501 | 62.501 | 82.459 |
| 10 | 24.330 | 45.830 | 45.830 | 67.331 | 67.331 | 88.831 |
| 15 | 32.325 | 60.892 | 60.892 | 89.458 | 89.458 | 118.025 |
| 20 | 39.427 | 74.270 | 74.270 | 109.113 | 109.113 | 143.956 |
| 25 | 46.385 | 87.376 | 87.376 | 128.366 | 128.366 | 169.357 |
| 30 | 52.975 | 99.791 | 99.791 | 146.606 | 146.606 | 193.422 |
| 40 | 65.342 | 123.086 | 123.086 | 180.830 | 180.830 | 238.574 |
| 50 | 76.901 | 144.860 | 144.860 | 212.819 | 212.819 | 280.778 |
| 60 | 87.599 | 165.012 | 165.012 | 242.425 | 242.425 | 319.838 |
| 80 | 107.471 | 202.445 | 202.445 | 297.419 | 297.419 | 392.393 |
| 100 | 125.791 | 236.955 | 236.955 | 348.119 | 348.119 | 459.282 |

(2) Das Honorar für die Aufstellung von Bebauungsplänen ist nach der Fläche des Plangebiets in Hektar und nach der Honorarzone zu berechnen.

(3) Welchen Honorarzonen die Grundleistungen zugeordnet werden, richtet sich nach folgenden Bewertungsmerkmalen:

1. Nutzungsvielfalt und Nutzungsdichte,
2. Baustruktur und Baudichte,
3. Gestaltung und Denkmalschutz,
4. Verkehr und Infrastruktur,
5. Topografie und Landschaft,
6. Klima-, Natur- und Umweltschutz.

(4) Für die Ermittlung der Honorarzone bei Bebauungsplänen ist § 20 Absatz 4 und 5 entsprechend anzuwenden.

(5) Wird die Größe des Plangebiets im förmlichen Verfahren während der Leistungserbringung geändert, so ist das Honorar für die Leistungsphasen, die bis zur Änderung noch nicht erbracht sind, nach der geänderten Größe des Plangebiets zu berechnen.

# Abschnitt 2 – Landschaftsplanung (§§ 22–32)

## § 22 Anwendungsbereich

(1) Landschaftsplanerische Leistungen umfassen das Vorbereiten und das Erstellen der für die Pläne nach Absatz 2 erforderlichen Ausarbeitungen.
(2) Die Bestimmungen dieses Abschnitts sind für folgende Pläne anzuwenden:
1. Landschaftspläne,
2. Grünordnungspläne und Landschaftsplanerische Fachbeiträge,
3. Landschaftsrahmenpläne,
4. Landschaftspflegerische Begleitpläne,
5. Pflege- und Entwicklungspläne.

## § 23 Leistungsbild Landschaftsplan

(1) Die Grundleistungen bei Landschaftsplänen sind in vier Leistungsphasen unterteilt und werden wie folgt in Prozentsätzen der Honorare des § 28 bewertet:
1. für die Leistungsphase 1 (Klären der Aufgabenstellung und Ermitteln des Leistungsumfangs) mit 3 %,
2. für die Leistungsphase 2 (Ermitteln der Planungsgrundlagen) mit 37 %,
3. für die Leistungsphase 3 (Vorläufige Fassung) mit 50 %,
4. für die Leistungsphase 4 (Abgestimmte Fassung) mit 10 %.
(2) 1Anlage 4 regelt die Grundleistungen jeder Leistungsphase. 2Anlage 9 enthält Beispiele für Besondere Leistungen.

## § 24 Leistungsbild Grünordnungsplan

(1) Die Grundleistungen bei Grünordnungsplänen und Landschaftsplanerischen Fachbeiträgen sind in vier Leistungsphasen zusammengefasst und werden wie folgt in Prozentsätzen der Honorare des § 29 bewertet:
1. für die Leistungsphase 1 (Klären der Aufgabenstellung und Ermitteln des Leistungsumfangs) mit 3 %,
2. für die Leistungsphase 2 (Ermitteln der Planungsgrundlagen) mit 37 %,
3. für die Leistungsphase 3 (Vorläufige Fassung) mit 50 %,
4. für die Leistungsphase 4 (Abgestimmte Fassung) mit 10 %.
(2) 1Anlage 5 regelt die Grundleistungen jeder Leistungsphase. 2Anlage 9 enthält Beispiele für Besondere Leistungen.

## § 25 Leistungsbild Landschaftsrahmenplan

(1) Die Grundleistungen bei Landschaftsrahmenplänen sind in vier Leistungsphasen unterteilt und werden wie folgt in Prozentsätzen der Honorare des § 30 bewertet:
1. für die Leistungsphase 1 (Klären der Aufgabenstellung und Ermitteln des Leistungsumfangs) mit 3 %,
2. für die Leistungsphase 2 (Ermitteln der Planungsgrundlagen) mit 37 %,
3. für die Leistungsphase 3 (Vorläufige Fassung) mit 50 %,
4. für die Leistungsphase 4 (Abgestimmte Fassung) mit 10 %.

(2) 1Anlage 6 regelt die Grundleistungen jeder Leistungsphase. 2Anlage 9 enthält Beispiele für Besondere Leistungen.

## § 26 Leistungsbild Landschaftspflegerischer Begleitplan

(1) Die Grundleistungen bei Landschaftspflegerischen Begleitplänen sind in vier Leistungsphasen unterteilt und werden wie folgt in Prozentsätzen der Honorare des § 31 bewertet:
1. für die Leistungsphase 1 (Klären der Aufgabenstellung und Ermitteln des Leistungsumfangs) mit 3 %,
2. für die Leistungsphase 2 (Ermitteln und Bewerten der Planungsgrundlagen) mit 37 %,
3. für die Leistungsphase 3 (Vorläufige Fassung) mit 50 %,
4. für die Leistungsphase 4 (Abgestimmte Fassung) mit 10 %.

(2) 1Anlage 7 regelt die Grundleistungen jeder Leistungsphase. 2Anlage 9 enthält Beispiele für Besondere Leistungen.

## § 27 Leistungsbild Pflege- und Entwicklungsplan

(1) Die Grundleistungen bei Pflege- und Entwicklungsplänen sind in vier Leistungsphasen zusammengefasst und werden wie folgt in Prozentsätzen der Honorare des § 32 bewertet:
1. für die Leistungsphase 1 (Zusammenstellen der Ausgangsbedingungen) mit 3 %,
2. für die Leistungsphase 2 (Ermitteln der Planungsgrundlagen) mit 37 %,
3. für die Leistungsphase 3 (Vorläufige Fassung) mit 50 % und
4. für die Leistungsphase 4 (Abgestimmte Fassung) mit 10 %.

(2) 1Anlage 8 regelt die Grundleistungen jeder Leistungsphase. 2Anlage 9 enthält Beispiele für Besondere Leistungen.

## § 28 Honorare für Grundleistungen bei Landschaftsplänen

(1) Für die in § 23 und Anlage 4 genannten Grundleistungen bei Landschaftsplänen sind die in der nachstehenden Honorartafel aufgeführten Honorarspannen Orientierungswerte:

| Fläche in Hektar | Honorarzone Igeringe Anforderungen | | Honorarzone IIdurchschnittliche Anforderungen | | Honorarzone IIIhohe Anforderungen | |
|---|---|---|---|---|---|---|
| | von | bis | von | bis | von | bis |
| | Euro | | Euro | | Euro | |
| 1.000 | 23.403 | 27.963 | 27.963 | 32.826 | 32.826 | 37.385 |
| 1.250 | 26.560 | 31.735 | 31.735 | 37.254 | 37.254 | 42.428 |
| 1.500 | 29.445 | 35.182 | 35.182 | 41.300 | 41.300 | 47.036 |
| 1.750 | 32.119 | 38.375 | 38.375 | 45.049 | 45.049 | 51.306 |
| 2.000 | 34.620 | 41.364 | 41.364 | 48.558 | 48.558 | 55.302 |
| 2.500 | 39.212 | 46.851 | 46.851 | 54.999 | 54.999 | 62.638 |
| 3.000 | 43.374 | 51.824 | 51.824 | 60.837 | 60.837 | 69.286 |
| 3.500 | 47.199 | 56.393 | 56.393 | 66.201 | 66.201 | 75.396 |
| 4.000 | 50.747 | 60.633 | 60.633 | 71.178 | 71.178 | 81.064 |
| 5.000 | 57.180 | 68.319 | 68.319 | 80.200 | 80.200 | 91.339 |
| 6.000 | 63.562 | 75.944 | 75.944 | 89.151 | 89.151 | 101.533 |
| 7.000 | 69.505 | 83.045 | 83.045 | 97.487 | 97.487 | 111.027 |
| 8.000 | 75.095 | 89.724 | 89.724 | 105.329 | 105.329 | 119.958 |
| 9.000 | 80.394 | 96.055 | 96.055 | 112.761 | 112.761 | 128.422 |
| 10.000 | 85.445 | 102.090 | 102.090 | 119.845 | 119.845 | 136.490 |
| 11.000 | 89.986 | 107.516 | 107.516 | 126.214 | 126.214 | 143.744 |
| 12.000 | 94.309 | 112.681 | 112.681 | 132.278 | 132.278 | 150.650 |
| 13.000 | 98.438 | 117.615 | 117.615 | 138.069 | 138.069 | 157.246 |
| 14.000 | 102.392 | 122.339 | 122.339 | 143.615 | 143.615 | 163.562 |
| 15.000 | 106.187 | 126.873 | 126.873 | 148.938 | 148.938 | 169.623 |

(2) Das Honorar für die Aufstellung von Landschaftsplänen ist nach der Fläche des Planungsgebiets in Hektar und nach der Honorarzone zu berechnen.

(3) Welchen Honorarzonen die Grundleistungen zugeordnet werden, richtet sich nach folgenden Bewertungsmerkmalen:

1. topografische Verhältnisse,
2. Flächennutzung,
3. Landschaftsbild,
4. Anforderungen an Umweltsicherung und Umweltschutz,
5. ökologische Verhältnisse,
6. Bevölkerungsdichte.

(4) 1Sind auf einen Landschaftsplan Bewertungsmerkmale aus mehreren Honorarzonen anwendbar und bestehen deswegen Zweifel, welcher Honorarzone der Landschaftsplan zugeordnet werden kann, so ist zunächst die Anzahl der Bewertungspunkte zu er-

mitteln. 2Zur Ermittlung der Bewertungspunkte werden die Bewertungsmerkmale wie folgt gewichtet:

1. die Bewertungsmerkmale gemäß Absatz 3 Nummer 1, 2, 3 und 6 mit je bis zu 6 Punkten und
2. die Bewertungsmerkmale gemäß Absatz 3 Nummer 4 und 5 und mit je bis zu 9 Punkten.

(5) Der Landschaftsplan ist anhand der nach Absatz 4 ermittelten Bewertungspunkte einer der Honorarzonen zuzuordnen:

1. Honorarzone I: bis zu 16 Punkte,
2. Honorarzone II: 17 bis 30 Punkte,
3. Honorarzone III: 31 bis 42 Punkte.

(6) Werden Teilflächen bereits aufgestellter Landschaftspläne (Planausschnitte) geändert oder überarbeitet, kann das Honorar abweichend von den Grundsätzen des Absatzes 2 vereinbart werden.

## § 29 Honorare für Grundleistungen bei Grünordnungsplänen

(1) Für die in § 24 und Anlage 5 genannten Grundleistungen bei Grünordnungsplänen und Landschaftsplanerischen Fachbeiträgen sind die in der nachstehenden Honorartafel aufgeführten Honorarspannen Orientierungswerte:

| Fläche in Hektar | Honorarzone I geringe Anforderungen | | Honorarzone II durchschnittliche Anforderungen | | Honorarzone III hohe Anforderungen | |
|---|---|---|---|---|---|---|
| | von | bis | von | bis | von | bis |
| | Euro | | Euro | | Euro | |
| 1,5 | 5.219 | 6.067 | 6.067 | 6.980 | 6.980 | 7.828 |
| 2 | 6.008 | 6.985 | 6.985 | 8.036 | 8.036 | 9.013 |
| 3 | 7.450 | 8.661 | 8.661 | 9.965 | 9.965 | 11.175 |
| 4 | 8.770 | 10.195 | 10.195 | 11.730 | 11.730 | 13.155 |
| 5 | 10.006 | 11.632 | 11.632 | 13.383 | 13.383 | 15.009 |
| 10 | 15.445 | 17.955 | 17.955 | 20.658 | 20.658 | 23.167 |
| 15 | 20.183 | 23.462 | 23.462 | 26.994 | 26.994 | 30.274 |
| 20 | 24.513 | 28.496 | 28.496 | 32.785 | 32.785 | 36.769 |
| 25 | 28.560 | 33.201 | 33.201 | 38.199 | 38.199 | 42.840 |
| 30 | 32.394 | 37.658 | 37.658 | 43.326 | 43.326 | 48.590 |
| 40 | 39.580 | 46.011 | 46.011 | 52.938 | 52.938 | 59.370 |
| 50 | 46.282 | 53.803 | 53.803 | 61.902 | 61.902 | 69.423 |
| 75 | 61.579 | 71.586 | 71.586 | 82.362 | 82.362 | 92.369 |
| 100 | 75.430 | 87.687 | 87.687 | 100.887 | 100.887 | 113.145 |
| 125 | 88.255 | 102.597 | 102.597 | 118.042 | 118.042 | 132.383 |
| 150 | 100.288 | 116.585 | 116.585 | 134.136 | 134.136 | 150.433 |
| 175 | 111.675 | 129.822 | 129.822 | 149.366 | 149.366 | 167.513 |
| 200 | 122.516 | 142.425 | 142.425 | 163.866 | 163.866 | 183.774 |
| 225 | 133.555 | 155.258 | 155.258 | 178.630 | 178.630 | 200.333 |
| 250 | 144.284 | 167.730 | 167.730 | 192.980 | 192.980 | 216.426 |

(2) Das Honorar für Grundleistungen bei Grünordnungsplänen ist nach der Fläche des Planungsgebiets in Hektar und nach der Honorarzone zu berechnen.

(3) Welchen Honorarzonen die Grundleistungen zugeordnet werden, richtet sich nach folgenden Bewertungsmerkmalen:
1. Topografie,
2. ökologische Verhältnisse,
3. Flächennutzungen und Schutzgebiete,
4. Umwelt-, Klima-, Denkmal- und Naturschutz,
5. Erholungsvorsorge,
6. Anforderung an die Freiraumgestaltung.

(4) 1Sind auf einen Grünordnungsplan Bewertungsmerkmale aus mehreren Honorarzonen anwendbar und bestehen deswegen Zweifel, welcher Honorarzone der Grünordnungsplan zugeordnet werden kann, so ist zunächst die Anzahl der Bewertungspunkte zu ermitteln. 2Zur Ermittlung der Bewertungspunkte werden die Bewertungsmerkmale wie folgt gewichtet:
1. die Bewertungsmerkmale gemäß Absatz 3 Nummer 1, 2, 3 und 5 mit je bis zu 6 Punkten und
2. die Bewertungsmerkmale gemäß Absatz 3 Nummer 4 und 6 mit je bis zu 9 Punkten.

(5) Der Grünordnungsplan ist anhand der nach Absatz 4 ermittelten Bewertungspunkte einer der Honorarzonen zuzuordnen:
1. Honorarzone I: bis zu 16 Punkte,
2. Honorarzone II: 17 bis 30 Punkte,
3. Honorarzone III: 31 bis 42 Punkte.

(6) Wird die Größe des Planungsgebiets während der Leistungserbringung geändert, so ist das Honorar für die Leistungsphasen, die bis zur Änderung noch nicht erbracht sind, nach der geänderten Größe des Planungsgebiets zu berechnen.

## § 30 Honorare für Grundleistungen bei Landschaftsrahmenplänen

(1) Für die in § 25 und Anlage 6 genannten Grundleistungen bei Landschaftsrahmenplänen sind die in der nachstehenden Honorartafel aufgeführten Honorarspannen Orientierungswerte:

| Fläche in Hektar | Honorarzone I geringe Anforderungen | | Honorarzone II durchschnittliche Anforderungen | | Honorarzone III hohe Anforderungen | |
|---|---|---|---|---|---|---|
| | von | bis | von | bis | von | bis |
| | Euro | | Euro | | Euro | |
| 5.000 | 61.880 | 71.935 | 71.935 | 82.764 | 82.764 | 92.820 |
| 6.000 | 67.933 | 78.973 | 78.973 | 90.861 | 90.861 | 101.900 |
| 7.000 | 73.473 | 85.413 | 85.413 | 98.270 | 98.270 | 110.210 |
| 8.000 | 78.600 | 91.373 | 91.373 | 105.128 | 105.128 | 117.901 |
| 9.000 | 83.385 | 96.936 | 96.936 | 111.528 | 111.528 | 125.078 |
| 10.000 | 87.880 | 102.161 | 102.161 | 117.540 | 117.540 | 131.820 |

| Fläche in Hektar | Honorarzone I geringe Anforderungen | | Honorarzone II durchschnittliche Anforderungen | | Honorarzone III hohe Anforderungen | |
|---|---|---|---|---|---|---|
| | von | bis | von | bis | von | bis |
| | Euro | | Euro | | Euro | |
| 12.000 | 96.149 | 111.773 | 111.773 | 128.599 | 128.599 | 144.223 |
| 14.000 | 103.631 | 120.471 | 120.471 | 138.607 | 138.607 | 155.447 |
| 16.000 | 110.477 | 128.430 | 128.430 | 147.763 | 147.763 | 165.716 |
| 18.000 | 116.791 | 135.769 | 135.769 | 156.208 | 156.208 | 175.186 |
| 20.000 | 122.649 | 142.580 | 142.580 | 164.043 | 164.043 | 183.974 |
| 25.000 | 138.047 | 160.480 | 160.480 | 184.638 | 184.638 | 207.070 |
| 30.000 | 152.052 | 176.761 | 176.761 | 203.370 | 203.370 | 228.078 |
| 40.000 | 177.097 | 205.875 | 205.875 | 236.867 | 236.867 | 265.645 |
| 50.000 | 199.330 | 231.721 | 231.721 | 266.604 | 266.604 | 298.995 |
| 60.000 | 219.553 | 255.230 | 255.230 | 293.652 | 293.652 | 329.329 |
| 70.000 | 238.243 | 276.958 | 276.958 | 318.650 | 318.650 | 357.365 |
| 80.000 | 253.946 | 295.212 | 295.212 | 339.652 | 339.652 | 380.918 |
| 90.000 | 268.420 | 312.038 | 312.038 | 359.011 | 359.011 | 402.630 |
| 100.000 | 281.843 | 327.643 | 327.643 | 376.965 | 376.965 | 422.765 |

(2) Das Honorar für Grundleistungen bei Landschaftsrahmenplänen ist nach der Fläche des Planungsgebiets in Hektar und nach der Honorarzone zu berechnen.

(3) Welchen Honorarzonen die Grundleistungen zugeordnet werden, richtet sich nach folgenden Bewertungsmerkmalen:
1. topografische Verhältnisse,
2. Raumnutzung und Bevölkerungsdichte,
3. Landschaftsbild,
4. Anforderungen an Umweltsicherung, Klima- und Naturschutz,
5. ökologische Verhältnisse,
6. Freiraumsicherung und Erholung.

(4) 1Sind für einen Landschaftsrahmenplan Bewertungsmerkmale aus mehreren Honorarzonen anwendbar und bestehen deswegen Zweifel, welcher Honorarzone der Landschaftsrahmenplan zugeordnet werden kann, so ist zunächst die Anzahl der Bewertungspunkte zu ermitteln. 2Zur Ermittlung der Bewertungspunkte werden die Bewertungsmerkmale wie folgt gewichtet:
1. die Bewertungsmerkmale gemäß Absatz 3 Nummer 1, 2, 3 und 6 mit je bis zu 6 Punkten und
2. die Bewertungsmerkmale gemäß Absatz 3 Nummer 4 und 5 mit je bis zu 9 Punkten.

(5) Der Landschaftsrahmenplan ist anhand der nach Absatz 4 ermittelten Bewertungspunkte einer der Honorarzonen zuzuordnen:
1. Honorarzone I: bis zu 16 Punkte,
2. Honorarzone II: 17 bis 30 Punkte,
3. Honorarzone III: 31 bis 42 Punkte.

(6) Wird die Größe des Planungsgebiets während der Leistungserbringung geändert, so ist das Honorar für die Leistungsphasen, die bis zur Änderung noch nicht erbracht sind, nach der geänderten Größe des Planungsgebiets zu berechnen.

## § 31 Honorare für Grundleistungen bei Landschaftspflegerischen Begleitplänen

(1) Für die in § 26 und Anlage 7 genannten Grundleistungen bei Landschaftspflegerischen Begleitplänen sind die in der nachstehenden Honorartafel aufgeführten Honorarspannen Orientierungswerte:

| Fläche in Hektar | Honorarzone I geringe Anforderungen | | Honorarzone II durchschnittliche Anforderungen | | Honorarzone III hohe Anforderungen | |
|---|---|---|---|---|---|---|
| | von | bis | von | bis | von | bis |
| | Euro | | Euro | | Euro | |
| 6 | 5.324 | 6.189 | 6.189 | 7.121 | 7.121 | 7.986 |
| 8 | 6.130 | 7.126 | 7.126 | 8.199 | 8.199 | 9.195 |
| 12 | 7.600 | 8.836 | 8.836 | 10.166 | 10.166 | 11.401 |
| 16 | 8.947 | 10.401 | 10.401 | 11.966 | 11.966 | 13.420 |
| 20 | 10.207 | 11.866 | 11.866 | 13.652 | 13.652 | 15.311 |
| 40 | 15.755 | 18.315 | 18.315 | 21.072 | 21.072 | 23.632 |
| 100 | 29.126 | 33.859 | 33.859 | 38.956 | 38.956 | 43.689 |
| 200 | 47.180 | 54.846 | 54.846 | 63.103 | 63.103 | 70.769 |
| 300 | 62.748 | 72.944 | 72.944 | 83.925 | 83.925 | 94.121 |
| 400 | 76.829 | 89.314 | 89.314 | 102.759 | 102.759 | 115.244 |
| 500 | 89.855 | 104.456 | 104.456 | 120.181 | 120.181 | 134.782 |
| 600 | 102.062 | 118.647 | 118.647 | 136.508 | 136.508 | 153.093 |
| 700 | 113.602 | 132.062 | 132.062 | 151.942 | 151.942 | 170.402 |
| 800 | 124.575 | 144.819 | 144.819 | 166.620 | 166.620 | 186.863 |
| 1200 | 167.729 | 194.985 | 194.985 | 224.338 | 224.338 | 251.594 |
| 1600 | 207.279 | 240.961 | 240.961 | 277.235 | 277.235 | 310.918 |
| 2000 | 244.349 | 284.056 | 284.056 | 326.817 | 326.817 | 366.524 |
| 2400 | 279.559 | 324.987 | 324.987 | 373.910 | 373.910 | 419.338 |
| 3200 | 343.814 | 399.683 | 399.683 | 459.851 | 459.851 | 515.720 |
| 4000 | 400.847 | 465.985 | 465.985 | 536.133 | 536.133 | 601.270 |

(2) Das Honorar für Grundleistungen bei Landschaftspflegerischen Begleitplänen ist nach der Fläche des Planungsgebiets in Hektar und nach der Honorarzone zu berechnen.

(3) Welchen Honorarzonen die Grundleistungen zugeordnet werden, richtet sich nach folgenden Bewertungsmerkmalen:

1. ökologisch bedeutsame Strukturen und Schutzgebiete,
2. Landschaftsbild und Erholungsnutzung,

3. Nutzungsansprüche,
4. Anforderungen an die Gestaltung von Landschaft und Freiraum,
5. Empfindlichkeit gegenüber Umweltbelastungen und Beeinträchtigungen von Natur und Landschaft,
6. potenzielle Beeinträchtigungsintensität der Maßnahme.

(4) 1Sind für einen Landschaftspflegerischen Begleitplan Bewertungsmerkmale aus mehreren Honorarzonen anwendbar und bestehen deswegen Zweifel, welcher Honorarzone der Landschaftspflegerische Begleitplan zugeordnet werden kann, so ist zunächst die Anzahl der Bewertungspunkte zu ermitteln. 2Zur Ermittlung der Bewertungspunkte werden die Bewertungsmerkmale wie folgt gewichtet:
1. die Bewertungsmerkmale gemäß Absatz 3 Nummer 1, 2, 3 und 4 mit je bis zu 6 Punkten und
2. die Bewertungsmerkmale gemäß Absatz 3 Nummer 5 und 6 mit je bis zu 9 Punkten.

(5) Der Landschaftspflegerische Begleitplan ist anhand der nach Absatz 4 ermittelten Bewertungspunkte einer der Honorarzonen zuzuordnen:
1. Honorarzone I: bis zu 16 Punkte,
2. Honorarzone II: 17 bis 30 Punkte,
3. Honorarzone III: 31 bis 42 Punkte.

(6) Wird die Größe des Planungsgebiets während der Leistungserbringung geändert, so ist das Honorar für die Leistungsphasen, die bis zur Änderung noch nicht erbracht sind, nach der geänderten Größe des Planungsgebiets zu berechnen.

## § 32 Honorare für Grundleistungen bei Pflege- und Entwicklungsplänen

(1) Für die in § 27 und Anlage 8 genannten Grundleistungen bei Pflege- und Entwicklungsplänen sind die in der nachstehenden Honorartafel aufgeführten Honorarspannen Orientierungswerte:

| | Honorarzone I geringe Anforderungen | | Honorarzone II durchschnittliche Anforderungen | | Honorarzone III hohe Anforderungen | |
|---|---|---|---|---|---|---|
| Fläche in Hektar | von | bis | von | bis | von | bis |
| | Euro | | Euro | | Euro | |
| 5 | 3.852 | 7.704 | 7.704 | 11.556 | 11.556 | 15.408 |
| 10 | 4.802 | 9.603 | 9.603 | 14.405 | 14.405 | 19.207 |
| 15 | 5.481 | 10.963 | 10.963 | 16.444 | 16.444 | 21.925 |
| 20 | 6.029 | 12.058 | 12.058 | 18.087 | 18.087 | 24.116 |
| 30 | 6.906 | 13.813 | 13.813 | 20.719 | 20.719 | 27.626 |
| 40 | 7.612 | 15.225 | 15.225 | 22.837 | 22.837 | 30.450 |
| 50 | 8.213 | 16.425 | 16.425 | 24.638 | 24.638 | 32.851 |
| 75 | 9.433 | 18.866 | 18.866 | 28.298 | 28.298 | 37.731 |
| 100 | 10.408 | 20.816 | 20.816 | 31.224 | 31.224 | 41.633 |

(Fortsetzung)

| Fläche in Hektar | Honorarzone I geringe Anforderungen | | Honorarzone II durchschnittliche Anforderungen | | Honorarzone III hohe Anforderungen | |
|---|---|---|---|---|---|---|
| | von | bis | von | bis | von | bis |
| | Euro | | Euro | | Euro | |
| 150 | 11.949 | 23.899 | 23.899 | 35.848 | 35.848 | 47.798 |
| 200 | 13.165 | 26.330 | 26.330 | 39.495 | 39.495 | 52.660 |
| 300 | 15.318 | 30.636 | 30.636 | 45.954 | 45.954 | 61.272 |
| 400 | 17.087 | 34.174 | 34.174 | 51.262 | 51.262 | 68.349 |
| 500 | 18.621 | 37.242 | 37.242 | 55.863 | 55.863 | 74.484 |
| 750 | 21.833 | 43.666 | 43.666 | 65.500 | 65.500 | 87.333 |
| 1.000 | 24.507 | 49.014 | 49.014 | 73.522 | 73.522 | 98.029 |
| 1.500 | 28.966 | 57.932 | 57.932 | 86.898 | 86.898 | 115.864 |
| 2.500 | 36.065 | 72.131 | 72.131 | 108.196 | 108.196 | 144.261 |
| 5.000 | 49.288 | 98.575 | 98.575 | 147.863 | 147.863 | 197.150 |
| 10.000 | 69.015 | 138.029 | 138.029 | 207.044 | 207.044 | 276.058 |

(2) Das Honorar für Grundleistungen bei Pflege- und Entwicklungsplänen ist nach der Fläche des Planungsgebiets in Hektar und nach der Honorarzone zu berechnen.

(3) Welchen Honorarzonen die Grundleistungen zugeordnet werden, richtet sich nach folgenden Bewertungsmerkmalen:
1. fachliche Vorgaben,
2. Differenziertheit des floristischen Inventars oder der Pflanzengesellschaften,
3. Differenziertheit des faunistischen Inventars,
4. Beeinträchtigungen oder Schädigungen von Naturhaushalt und Landschaftsbild,
5. Aufwand für die Festlegung von Zielaussagen sowie für Pflege- und Entwicklungsmaßnahmen.

(4) 1Sind für einen Pflege- und Entwicklungsplan Bewertungsmerkmale aus mehreren Honorarzonen anwendbar und bestehen deswegen Zweifel, welcher Honorarzone der Pflege- und Entwicklungsplan zugeordnet werden kann, so ist zunächst die Anzahl der Bewertungspunkte zu ermitteln. 2Zur Ermittlung der Bewertungspunkte werden die Bewertungsmerkmale wie folgt gewichtet:
1. das Bewertungsmerkmal gemäß Absatz 3 Nummer 1 mit bis zu 4 Punkten,
2. die Bewertungsmerkmale gemäß Absatz 3 Nummer 4 und 5 mit je bis zu 6 Punkten und
3. die Bewertungsmerkmale gemäß Absatz 3 Nummer 2 und 3 mit je bis zu 9 Punkten.

(5) Der Pflege- und Entwicklungsplan ist anhand der nach Absatz 4 ermittelten Bewertungspunkte einer der Honorarzonen zuzuordnen:
1. Honorarzone I: bis zu 13 Punkte,
2. Honorarzone II: 14 bis 24 Punkte,
3. Honorarzone III: 25 bis 34 Punkte.

(6) Wird die Größe des Planungsgebiets während der Leistungserbringung geändert, so ist das Honorar für die Leistungsphasen, die bis zur Änderung noch nicht erbracht sind, nach der geänderten Größe des Planungsgebiets zu berechnen.

# Teil 3 – Objektplanung (§§ 33–48)

## Abschnitt 1 – Gebäude und Innenräume (§§ 33–37)

### § 33 Besondere Grundlagen des Honorars

(1) Für Grundleistungen bei Gebäuden und Innenräumen sind die Kosten der Baukonstruktion anrechenbar.

(2) Für Grundleistungen bei Gebäuden und Innenräumen sind auch die Kosten für Technische Anlagen, die der Auftragnehmer nicht fachlich plant oder deren Ausführung er nicht fachlich überwacht,
   1. vollständig anrechenbar bis zu einem Betrag von 25 % der sonstigen anrechenbaren Kosten und
   2. zur Hälfte anrechenbar mit dem Betrag, der 25 % der sonstigen anrechenbaren Kosten übersteigt.

(3) Nicht anrechenbar sind insbesondere die Kosten für das Herrichten, für die nichtöffentliche Erschließung sowie für Leistungen zur Ausstattung und zu Kunstwerken, soweit der Auftragnehmer die Leistungen weder plant noch bei der Beschaffung mitwirkt oder ihre Ausführung oder ihren Einbau fachlich überwacht.

### § 34 Leistungsbild Gebäude und Innenräume

(1) Das Leistungsbild Gebäude und Innenräume umfasst Leistungen für Neubauten, Neuanlagen, Wiederaufbauten, Erweiterungsbauten, Umbauten, Modernisierungen, Instandsetzungen und Instandhaltungen.

(2) Leistungen für Innenräume sind die Gestaltung oder Erstellung von Innenräumen ohne wesentliche Eingriffe in Bestand oder Konstruktion.



*HOAI 2021-Textausgabe/HOAI 2021-Text Edition*,
https://doi.org/10.1007/978-3-658-44116-6_3

(3) Die Grundleistungen sind in neun Leistungsphasen unterteilt und werden wie folgt in Prozentsätzen der Honorare des § 35 bewertet:
1. für die Leistungsphase 1 (Grundlagenermittlung) mit je 2 % für Gebäude und Innenräume,
2. für die Leistungsphase 2 (Vorplanung) mit je 7 % für Gebäude und Innenräume,
3. für die Leistungsphase 3 (Entwurfsplanung) mit 15 % für Gebäude und Innenräume,
4. für die Leistungsphase 4 (Genehmigungsplanung) mit 3 % für Gebäude und 2 % für Innenräume,
5. für die Leistungsphase 5 (Ausführungsplanung) mit 25 % für Gebäude und 30 % für Innenräume,
6. für die Leistungsphase 6 (Vorbereitung der Vergabe) mit 10 % für Gebäude und 7 % für Innenräume,
7. für die Leistungsphase 7 (Mitwirkung bei der Vergabe) mit 4 % für Gebäude und 3 % für Innenräume,
8. für die Leistungsphase 8 (Objektüberwachung – Bauüberwachung und Dokumentation) mit 32 % für Gebäude und Innenräume,
9. für die Leistungsphase 9 (Objektbetreuung) mit je 2 % für Gebäude und Innenräume.

(4) Anlage 10 Nummer 10.1 regelt die Grundleistungen jeder Leistungsphase und enthält Beispiele für Besondere Leistungen.

## § 35 Honorare für Grundleistungen bei Gebäuden und Innenräumen

(1) Für die in § 34 und der Anlage 10 Nummer 10.1 genannten Grundleistungen für Gebäude und Innenräume sind die in der nachstehenden Honorartafel aufgeführten Honorarspannen Orientierungswerte:

| Anrechenbare Kosten in Euro | Honorarzone I sehr geringe Anforderungen | | Honorarzone II geringe Anforderungen | | Honorarzone III durchschnittliche Anforderungen | | Honorarzone IV hohe Anforderungen | | Honorarzone V sehr hohe Anforderungen | |
|---|---|---|---|---|---|---|---|---|---|---|
| | von | bis | von | bis | von | bis | von | bis | von | bis |
| | Euro | | Euro | | Euro | | Euro | | Euro | |
| 25.000 | 3.120 | 3.657 | 3.657 | 4.339 | 4.339 | 5.412 | 5.412 | 6.094 | 6.094 | 6.631 |
| 35.000 | 4.217 | 4.942 | 4.942 | 5.865 | 5.865 | 7.315 | 7.315 | 8.237 | 8.237 | 8.962 |
| 50.000 | 5.804 | 6.801 | 6.801 | 8.071 | 8.071 | 10.066 | 10.066 | 11.336 | 11.336 | 12.333 |
| 75.000 | 8.342 | 9.776 | 9.776 | 11.601 | 11.601 | 14.469 | 14.469 | 16.293 | 16.293 | 17.727 |
| 100.000 | 10.790 | 12.644 | 12.644 | 15.005 | 15.005 | 18.713 | 18.713 | 21.074 | 21.074 | 22.928 |
| 150.000 | 15.500 | 18.164 | 18.164 | 21.555 | 21.555 | 26.883 | 26.883 | 30.274 | 30.274 | 32.938 |
| 200.000 | 20.037 | 23.480 | 23.480 | 27.863 | 27.863 | 34.751 | 34.751 | 39.134 | 39.134 | 42.578 |
| 300.000 | 28.750 | 33.692 | 33.692 | 39.981 | 39.981 | 49.864 | 49.864 | 56.153 | 56.153 | 61.095 |
| 500.000 | 45.232 | 53.006 | 53.006 | 62.900 | 62.900 | 78.449 | 78.449 | 88.343 | 88.343 | 96.118 |
| 750.000 | 64.666 | 75.781 | 75.781 | 89.927 | 89.927 | 112.156 | 112.156 | 126.301 | 126.301 | 137.416 |
| 1.000.000 | 83.182 | 97.479 | 97.479 | 115.675 | 115.675 | 144.268 | 144.268 | 162.464 | 162.464 | 176.761 |
| 1.500.000 | 119.307 | 139.813 | 139.813 | 165.911 | 165.911 | 206.923 | 206.923 | 233.022 | 233.022 | 253.527 |
| 2.000.000 | 153.965 | 180.428 | 180.428 | 214.108 | 214.108 | 267.034 | 267.034 | 300.714 | 300.714 | 327.177 |
| 3.000.000 | 220.161 | 258.002 | 258.002 | 306.162 | 306.162 | 381.843 | 381.843 | 430.003 | 430.003 | 467.843 |
| 5.000.000 | 343.879 | 402.984 | 402.984 | 478.207 | 478.207 | 596.416 | 596.416 | 671.640 | 671.640 | 730.744 |
| 7.500.000 | 493.923 | 578.816 | 578.816 | 686.862 | 686.862 | 856.648 | 856.648 | 964.694 | 964.694 | 1.049.587 |
| 10.000.000 | 638.277 | 747.981 | 747.981 | 887.604 | 887.604 | 1.107.012 | 1.107.012 | 1.246.635 | 1.246.635 | 1.356.339 |
| 15.000.000 | 915.129 | 1.072.416 | 1.072.416 | 1.272.601 | 1.272.601 | 1.587.176 | 1.587.176 | 1.787.360 | 1.787.360 | 1.944.648 |
| 20.000.000 | 1.180.414 | 1.383.298 | 1.383.298 | 1.641.513 | 1.641.513 | 2.047.281 | 2.047.281 | 2.305.496 | 2.305.496 | 2.508.380 |
| 25.000.000 | 1.436.874 | 1.683.837 | 1.683.837 | 1.998.153 | 1.998.153 | 2.492.079 | 2.492.079 | 2.806.395 | 2.806.395 | 3.053.358 |

(2) Welchen Honorarzonen die Grundleistungen für Gebäude zugeordnet werden, richtet sich nach folgenden Bewertungsmerkmalen:
   1. Anforderungen an die Einbindung in die Umgebung,
   2. Anzahl der Funktionsbereiche,
   3. gestalterische Anforderungen,
   4. konstruktive Anforderungen,
   5. technische Ausrüstung,
   6. Ausbau.

(3) Welchen Honorarzonen die Grundleistungen für Innenräume zugeordnet werden, richtet sich nach folgenden Bewertungsmerkmalen:
   1. Anzahl der Funktionsbereiche,
   2. Anforderungen an die Lichtgestaltung,
   3. Anforderungen an die Raumzuordnung und Raumproportion,
   4. technische Ausrüstung,
   5. Farb- und Materialgestaltung,
   6. konstruktive Detailgestaltung.

(4) 1Sind für ein Gebäude Bewertungsmerkmale aus mehreren Honorarzonen anwendbar und bestehen deswegen Zweifel, welcher Honorarzone das Gebäude oder der Innenraum zugeordnet werden kann, so ist zunächst die Anzahl der Bewertungspunkte zu ermitteln. 2Zur Ermittlung der Bewertungspunkte werden die Bewertungsmerkmale wie folgt gewichtet:
   1. die Bewertungsmerkmale gemäß Absatz 2 Nummer 1, 4 bis 6 mit je bis zu 6 Punkten und
   2. die Bewertungsmerkmale gemäß Absatz 2 Nummer 2 und 3 mit je bis zu 9 Punkten.

(5) 1Sind für Innenräume Bewertungsmerkmale aus mehreren Honorarzonen anwendbar und bestehen deswegen Zweifel, welcher Honorarzone das Gebäude oder der Innenraum zugeordnet werden kann, so ist zunächst die Anzahl der Bewertungspunkte zu ermitteln. 2Zur Ermittlung der Bewertungspunkte werden die Bewertungsmerkmale wie folgt gewichtet:
   1. die Bewertungsmerkmale gemäß Absatz 3 Nummer 1 bis 4 mit je bis zu 6 Punkten und
   2. die Bewertungsmerkmale gemäß Absatz 3 Nummer 5 und 6 mit je bis zu 9 Punkten.

(6) Das Gebäude oder der Innenraum ist anhand der nach Absatz 5 ermittelten Bewertungspunkte einer der Honorarzonen zuzuordnen:
   1. Honorarzone I: bis zu 10 Punkte,
   2. Honorarzone II: 11 bis 18 Punkte,
   3. Honorarzone III: 19 bis 26 Punkte,
   4. Honorarzone IV: 27 bis 34 Punkte,
   5. Honorarzone V: 35 bis 42 Punkte.

(7) Für die Zuordnung zu den Honorarzonen ist die Objektliste der Anlage 10 Nummer 10.2 und Nummer 10.3 zu berücksichtigen.

## § 36 Umbauten und Modernisierungen von Gebäuden und Innenräumen

(1) Für Umbauten und Modernisierungen von Gebäuden kann bei einem durchschnittlichen Schwierigkeitsgrad ein Zuschlag gemäß § 6 Absatz 2 Satz 3 bis 33 % auf das ermittelte Honorar in Textform vereinbart werden.
(2) Für Umbauten und Modernisierungen von Innenräumen in Gebäuden kann bei einem durchschnittlichen Schwierigkeitsgrad ein Zuschlag gemäß § 6 Absatz 2 Satz 3 bis 50 % auf das ermittelte Honorar in Textform vereinbart werden.

## § 37 Aufträge für Gebäude und Freianlagen oder für Gebäude und Innenräume

(1) § 11 Absatz 1 ist nicht anzuwenden, wenn die getrennte Berechnung der Honorare für Freianlagen weniger als 7500 € anrechenbare Kosten ergeben würde.
(2) 1Werden Grundleistungen für Innenräume in Gebäuden, die neu gebaut, wiederaufgebaut, erweitert oder umgebaut werden, einem Auftragnehmer übertragen, dem auch Grundleistungen für dieses Gebäude nach § 34 übertragen werden, so sind die Grundleistungen für Innenräume bei der Vereinbarung des Honorars für die Grundleistungen am Gebäude zu berücksichtigen. 2Ein gesondertes Honorar nach § 11 Absatz 1 darf für die Grundleistungen für Innenräume nicht berechnet werden.

# Abschnitt 2 – Freianlagen (§§ 38–40)

## § 38 Besondere Grundlagen des Honorars

(1) Für Grundleistungen bei Freianlagen sind die Kosten für Außenanlagen anrechenbar, insbesondere für folgende Bauwerke und Anlagen, soweit diese durch den Auftragnehmer geplant oder überwacht werden:
   1. Einzelgewässer mit überwiegend ökologischen und landschaftsgestalterischen Elementen,
   2. Teiche ohne Dämme,
   3. flächenhafter Erdbau zur Geländegestaltung,
   4. einfache Durchlässe und Uferbefestigungen als Mittel zur Geländegestaltung, soweit keine Grundleistungen nach Teil 4 Abschnitt 1 erforderlich sind,
   5. Lärmschutzwälle als Mittel zur Geländegestaltung,
   6. Stützbauwerke und Geländeabstützungen ohne Verkehrsbelastung als Mittel zur Geländegestaltung, soweit keine Tragwerke mit durchschnittlichem Schwierigkeitsgrad erforderlich sind,

7. Stege und Brücken, soweit keine Grundleistungen nach Teil 4 Abschnitt 1 erforderlich sind,
8. Wege ohne Eignung für den regelmäßigen Fahrverkehr mit einfachen Entwässerungsverhältnissen sowie andere Wege und befestigte Flächen, die als Gestaltungselement der Freianlagen geplant werden und für die keine Grundleistungen nach Teil 3 Abschnitt 3 und 4 erforderlich sind.

(2) Nicht anrechenbar sind für Grundleistungen bei Freianlagen die Kosten für
1. das Gebäude sowie die in § 33 Absatz 3 genannten Kosten und
2. den Unter- und Oberbau von Fußgängerbereichen ausgenommen die Kosten für die Oberflächenbefestigung.

## § 39 Leistungsbild Freianlagen

(1) Freianlagen sind planerisch gestaltete Freiflächen und Freiräume sowie entsprechend gestaltete Anlagen in Verbindung mit Bauwerken oder in Bauwerken und landschaftspflegerische Freianlagenplanungen in Verbindung mit Objekten.

(2) § 34 Absatz 1 gilt entsprechend.

(3) Die Grundleistungen bei Freianlagen sind in neun Leistungsphasen unterteilt und werden wie folgt in Prozentsätzen der Honorare des § 40 bewertet:
1. für die Leistungsphase 1 (Grundlagenermittlung) mit 3 %,
2. für die Leistungsphase 2 (Vorplanung) mit 10 %,
3. für die Leistungsphase 3 (Entwurfsplanung) mit 16 %,
4. für die Leistungsphase 4 (Genehmigungsplanung) mit 4 %,
5. für die Leistungsphase 5 (Ausführungsplanung) mit 25 %,
6. für die Leistungsphase 6 (Vorbereitung der Vergabe) mit 7 %,
7. für die Leistungsphase 7 (Mitwirkung bei der Vergabe) mit 3 %,
8. für die Leistungsphase 8 (Objektüberwachung – Bauüberwachung und Dokumentation) mit 30 % und
9. für die Leistungsphase 9 (Objektbetreuung ) mit 2 %.

(4) Anlage 11 Nummer 11.1 regelt die Grundleistungen jeder Leistungsphase und enthält Beispiele für Besondere Leistungen.

## § 40 Honorare für Grundleistungen bei Freianlagen

(1) Für die in § 39 und der Anlage 11 Nummer 11.1 genannten Grundleistungen für Freianlagen sind die in der nachstehenden Honorartafel aufgeführten Honorarspannen Orientierungswerte:

| Anrechenbare Kosten in Euro | Honorarzone I sehr geringe Anforderungen | | Honorarzone II geringe Anforderungen | | Honorarzone III durchschnittliche Anforderungen | | Honorarzone IV hohe Anforderungen | | Honorarzone V sehr hohe Anforderungen | |
|---|---|---|---|---|---|---|---|---|---|---|
| | von | bis | von | bis | von | bis | von | bis | von | bis |
| | Euro | | Euro | | Euro | | Euro | | Euro | |
| 20.000 | 3.643 | 4.348 | 4.348 | 5.229 | 5.229 | 6.521 | 6.521 | 7.403 | 7.403 | 8.108 |
| 25.000 | 4.406 | 5.259 | 5.259 | 6.325 | 6.325 | 7.888 | 7.888 | 8.954 | 8.954 | 9.807 |
| 30.000 | 5.147 | 6.143 | 6.143 | 7.388 | 7.388 | 9.215 | 9.215 | 10.460 | 10.460 | 11.456 |
| 35.000 | 5.870 | 7.006 | 7.006 | 8.426 | 8.426 | 10.508 | 10.508 | 11.928 | 11.928 | 13.064 |
| 40.000 | 6.577 | 7.850 | 7.850 | 9.441 | 9.441 | 11.774 | 11.774 | 13.365 | 13.365 | 14.638 |
| 50.000 | 7.953 | 9.492 | 9.492 | 11.416 | 11.416 | 14.238 | 14.238 | 16.162 | 16.162 | 17.701 |
| 60.000 | 9.287 | 11.085 | 11.085 | 13.332 | 13.332 | 16.627 | 16.627 | 18.874 | 18.874 | 20.672 |
| 75.000 | 11.227 | 13.400 | 13.400 | 16.116 | 16.116 | 20.100 | 20.100 | 22.816 | 22.816 | 24.989 |
| 100.000 | 14.332 | 17.106 | 17.106 | 20.574 | 20.574 | 25.659 | 25.659 | 29.127 | 29.127 | 31.901 |
| 125.000 | 17.315 | 20.666 | 20.666 | 24.855 | 24.855 | 30.999 | 30.999 | 35.188 | 35.188 | 38.539 |
| 150.000 | 20.201 | 24.111 | 24.111 | 28.998 | 28.998 | 36.166 | 36.166 | 41.053 | 41.053 | 44.963 |
| 200.000 | 25.746 | 30.729 | 30.729 | 36.958 | 36.958 | 46.094 | 46.094 | 52.323 | 52.323 | 57.306 |
| 250.000 | 31.053 | 37.063 | 37.063 | 44.576 | 44.576 | 55.594 | 55.594 | 63.107 | 63.107 | 69.117 |
| 350.000 | 41.147 | 49.111 | 49.111 | 59.066 | 59.066 | 73.667 | 73.667 | 83.622 | 83.622 | 91.586 |
| 500.000 | 55.300 | 66.004 | 66.004 | 79.383 | 79.383 | 99.006 | 99.006 | 112.385 | 112.385 | 123.088 |
| 650.000 | 69.114 | 82.491 | 82.491 | 99.212 | 99.212 | 123.736 | 123.736 | 140.457 | 140.457 | 153.834 |
| 800.000 | 82.430 | 98.384 | 98.384 | 118.326 | 118.326 | 147.576 | 147.576 | 167.518 | 167.518 | 183.472 |
| 1.000.000 | 99.578 | 118.851 | 118.851 | 142.942 | 142.942 | 178.276 | 178.276 | 202.368 | 202.368 | 221.641 |
| 1.250.000 | 120.238 | 143.510 | 143.510 | 172.600 | 172.600 | 215.265 | 215.265 | 244.355 | 244.355 | 267.627 |
| 1.500.000 | 140.204 | 167.340 | 167.340 | 201.261 | 201.261 | 251.011 | 251.011 | 284.931 | 284.931 | 312.067 |

(2) Welchen Honorarzonen die Grundleistungen zugeordnet werden, richtet sich nach folgenden Bewertungsmerkmalen:
   1. Anforderungen an die Einbindung in die Umgebung,
   2. Anforderungen an Schutz, Pflege und Entwicklung von Natur und Landschaft,
   3. Anzahl der Funktionsbereiche,
   4. gestalterische Anforderungen,
   5. Ver- und Entsorgungseinrichtungen.

(3) 1Sind für eine Freianlage Bewertungsmerkmale aus mehreren Honorarzonen anwendbar und bestehen deswegen Zweifel, welcher Honorarzone die Freianlage zugeordnet werden kann, so ist zunächst die Anzahl der Bewertungspunkte zu ermitteln. 2Zur Ermittlung der Bewertungspunkte werden die Bewertungsmerkmale wie folgt gewichtet:
   1. die Bewertungsmerkmale gemäß Absatz 2 Nummer 1, 2 und 4 mit je bis zu 8 Punkten,
   2. die Bewertungsmerkmale gemäß Absatz 2 Nummer 3 und 5 mit je bis zu 6 Punkten.

(4) Die Freianlage ist anhand der nach Absatz 3 ermittelten Bewertungspunkte einer der Honorarzonen zuzuordnen:
   1. Honorarzone I: bis zu 8 Punkte,
   2. Honorarzone II: 9 bis 15 Punkte,
   3. Honorarzone III: 16 bis 22 Punkte,
   4. Honorarzone IV: 23 bis 29 Punkte,
   5. Honorarzone V: 30 bis 36 Punkte.

(5) Für die Zuordnung zu den Honorarzonen ist die Objektliste der Anlage 11 Nummer 11.2 zu berücksichtigen.

(6) § 36 Absatz 1 ist für Freianlagen entsprechend anzuwenden.

## Abschnitt 3 – Ingenieurbauwerke (§§ 41–44)

### § 41 Anwendungsbereich

Ingenieurbauwerke umfassen:

1. Bauwerke und Anlagen der Wasserversorgung,
2. Bauwerke und Anlagen der Abwasserentsorgung,
3. Bauwerke und Anlagen des Wasserbaus ausgenommen Freianlagen nach § 39 Absatz 1,
4. Bauwerke und Anlagen für Ver- und Entsorgung mit Gasen, Feststoffen und wassergefährdenden Flüssigkeiten, ausgenommen Anlagen der Technischen Ausrüstung nach § 53 Absatz 2,
5. Bauwerke und Anlagen der Abfallentsorgung,
6. konstruktive Ingenieurbauwerke für Verkehrsanlagen,
7. sonstige Einzelbauwerke ausgenommen Gebäude und Freileitungsmaste.

## § 42 Besondere Grundlagen des Honorars

(1) 1Für Grundleistungen bei Ingenieurbauwerken sind die Kosten der Baukonstruktion anrechenbar. 2Die Kosten für die Anlagen der Maschinentechnik, die der Zweckbestimmung des Ingenieurbauwerks dienen, sind anrechenbar, soweit der Auftragnehmer diese plant oder deren Ausführung überwacht.

(2) Für Grundleistungen bei Ingenieurbauwerken sind auch die Kosten für Technische Anlagen, die der Auftragnehmer nicht fachlich plant oder deren Ausführung der Auftragnehmer nicht fachlich überwacht,
   1. vollständig anrechenbar bis zum Betrag von 25 % der sonstigen anrechenbaren Kosten und
   2. zur Hälfte anrechenbar mit dem Betrag, der 25 % der sonstigen anrechenbaren Kosten übersteigt.

(3) Nicht anrechenbar sind, soweit der Auftragnehmer die Anlagen weder plant noch ihre Ausführung überwacht, die Kosten für
   1. das Herrichten des Grundstücks,
   2. die öffentliche und die nichtöffentliche Erschließung, die Außenanlagen, das Umlegen und Verlegen von Leitungen,
   3. verkehrsregelnde Maßnahmen während der Bauzeit,
   4. die Ausstattung und Nebenanlagen von Ingenieurbauwerken.

## § 43 Leistungsbild Ingenieurbauwerke

(1) 1§ 34 Absatz 1 gilt entsprechend. 2Die Grundleistungen für Ingenieurbauwerke sind in neun Leistungsphasen unterteilt und werden wie folgt in Prozentsätzen der Honorare des § 44 bewertet:
   1. für die Leistungsphase 1 (Grundlagenermittlung) mit 2 %,
   2. für die Leistungsphase 2 (Vorplanung) mit 20 %,
   3. für die Leistungsphase 3 (Entwurfsplanung) mit 25 %,
   4. für die Leistungsphase 4 (Genehmigungsplanung) mit 5 %,
   5. für die Leistungsphase 5 (Ausführungsplanung) mit 15 %,
   6. für die Leistungsphase 6 (Vorbereitung der Vergabe) mit 13 %,
   7. für die Leistungsphase 7 (Mitwirkung bei der Vergabe) mit 4 %,
   8. für die Leistungsphase 8 (Bauoberleitung) mit 15 %,
   9. für die Leistungsphase 9 (Objektbetreuung) mit 1 %.

(2) Abweichend von Absatz 1 Nummer 2 wird die Leistungsphase 2 bei Objekten nach § 41 Nummer 6 und 7, die eine Tragwerksplanung erfordern, mit 10 % bewertet.

(3) Die Vertragsparteien können abweichend von Absatz 1 in Textform vereinbaren, dass
 1. die Leistungsphase 4 mit 5 bis 8 % bewertet wird, wenn dafür ein eigenständiges Planfeststellungsverfahren erforderlich ist,
 2. die Leistungsphase 5 mit 15 bis 35 % bewertet wird, wenn ein überdurchschnittlicher Aufwand an Ausführungszeichnungen erforderlich wird.

(4) Anlage 12 Nummer 12.1 regelt die Grundleistungen jeder Leistungsphase und enthält Beispiele für Besondere Leistungen.

## § 44 Honorare für Grundleistungen bei Ingenieurbauwerken

(1) Für die in § 43 und der Anlage 12 Nummer 12.1 genannten Grundleistungen bei Ingenieurbauwerken sind die in der nachstehenden Honorartafel aufgeführten Honorarspannen Orientierungswerte:

| Anrechenbare Kosten in Euro | Honorarzone I sehr geringe Anforderungen | | Honorarzone II geringe Anforderungen | | Honorarzone III durchschnittliche Anforderungen | | Honorarzone IV hohe Anforderungen | | Honorarzone V sehr hohe Anforderungen | |
|---|---|---|---|---|---|---|---|---|---|---|
| | von | bis | von | bis | Von | bis | von | bis | von | bis |
| | Euro | | Euro | | Euro | | Euro | | Euro | |
| 25.000 | 3.449 | 4.109 | 4.109 | 4.768 | 4.768 | 5.428 | 5.428 | 6.036 | 6.036 | 6.696 |
| 35.000 | 4.475 | 5.331 | 5.331 | 6.186 | 6.186 | 7.042 | 7.042 | 7.831 | 7.831 | 8.687 |
| 50.000 | 5.897 | 7.024 | 7.024 | 8.152 | 8.152 | 9.279 | 9.279 | 10.320 | 10.320 | 11.447 |
| 75.000 | 8.069 | 9.611 | 9.611 | 11.154 | 11.154 | 12.697 | 12.697 | 14.121 | 14.121 | 15.663 |
| 100.000 | 10.079 | 12.005 | 12.005 | 13.932 | 13.932 | 15.859 | 15.859 | 17.637 | 17.637 | 19.564 |
| 150.000 | 13.786 | 16.422 | 16.422 | 19.058 | 19.058 | 21.693 | 21.693 | 24.126 | 24.126 | 26.762 |
| 200.000 | 17.215 | 20.506 | 20.506 | 23.797 | 23.797 | 27.088 | 27.088 | 30.126 | 30.126 | 33.417 |
| 300.000 | 23.534 | 28.033 | 28.033 | 32.532 | 32.532 | 37.031 | 37.031 | 41.185 | 41.185 | 45.684 |
| 500.000 | 34.865 | 41.530 | 41.530 | 48.195 | 48.195 | 54.861 | 54.861 | 61.013 | 61.013 | 67.679 |
| 750.000 | 47.576 | 56.672 | 56.672 | 65.767 | 65.767 | 74.863 | 74.863 | 83.258 | 83.258 | 92.354 |
| 1.000.000 | 59.264 | 70.594 | 70.594 | 81.924 | 81.924 | 93.254 | 93.254 | 103.712 | 103.712 | 115.042 |
| 1.500.000 | 80.998 | 96.482 | 96.482 | 111.967 | 111.967 | 127.452 | 127.452 | 141.746 | 141.746 | 157.230 |
| 2.000.000 | 101.054 | 120.373 | 120.373 | 139.692 | 139.692 | 159.011 | 159.011 | 176.844 | 176.844 | 196.163 |
| 3.000.000 | 137.907 | 164.272 | 164.272 | 190.636 | 190.636 | 217.001 | 217.001 | 241.338 | 241.338 | 267.702 |
| 5.000.000 | 203.584 | 242.504 | 242.504 | 281.425 | 281.425 | 320.345 | 320.345 | 356.272 | 356.272 | 395.192 |
| 7.500.000 | 278.415 | 331.642 | 331.642 | 384.868 | 384.868 | 438.095 | 438.095 | 487.227 | 487.227 | 540.453 |
| 10.000.000 | 347.568 | 414.014 | 414.014 | 480.461 | 480.461 | 546.908 | 546.908 | 608.244 | 608.244 | 674.690 |
| 15.000.000 | 474.901 | 565.691 | 565.691 | 656.480 | 656.480 | 747.270 | 747.270 | 831.076 | 831.076 | 921.866 |
| 20.000.000 | 592.324 | 705.563 | 705.563 | 818.801 | 818.801 | 932.040 | 932.040 | 1.036.568 | 1.036.568 | 1.149.806 |
| 25.000.000 | 702.770 | 837.123 | 837.123 | 971.476 | 971.476 | 1.105.829 | 1.105.829 | 1.229.848 | 1.229.848 | 1.364.201 |

(2) Welchen Honorarzonen die Grundleistungen zugeordnet werden, richtet sich nach folgenden Bewertungsmerkmalen:
1. geologische und baugrundtechnische Gegebenheiten,
2. technische Ausrüstung und Ausstattung,
3. Einbindung in die Umgebung oder in das Objektumfeld,
4. Umfang der Funktionsbereiche oder der konstruktiven oder technischen Anforderungen,
5. fachspezifische Bedingungen.

(3) 1Sind für Ingenieurbauwerke Bewertungsmerkmale aus mehreren Honorarzonen anwendbar und bestehen deswegen Zweifel, welcher Honorarzone das Objekt zugeordnet werden kann, so ist zunächst die Anzahl der Bewertungspunkte zu ermitteln. 2Zur Ermittlung der Bewertungspunkte werden die Bewertungsmerkmale wie folgt gewichtet:
1. die Bewertungsmerkmale gemäß Absatz 2 Nummer 1, 2 und 3 mit bis zu 5 Punkten,
2. das Bewertungsmerkmal gemäß Absatz 2 Nummer 4 mit bis zu 10 Punkten,
3. das Bewertungsmerkmal gemäß Absatz 2 Nummer 5 mit bis zu 15 Punkten.

(4) Das Ingenieurbauwerk ist anhand der nach Absatz 3 ermittelten Bewertungspunkte einer der Honorarzonen zuzuordnen:
1. Honorarzone I: bis zu 10 Punkte,
2. Honorarzone II: 11 bis 17 Punkte,
3. Honorarzone III: 18 bis 25 Punkte,
4. Honorarzone IV: 26 bis 33 Punkte,
5. Honorarzone V: 34 bis 40 Punkte.

(5) Für die Zuordnung zu den Honorarzonen ist die Objektliste der Anlage 12 Nummer 12.2 zu berücksichtigen.

(6) Für Umbauten und Modernisierungen von Ingenieurbauwerken kann bei einem durchschnittlichen Schwierigkeitsgrad ein Zuschlag gemäß § 6 Absatz 2 Satz 3 bis 33 % in Textform vereinbart werden.

## Abschnitt 4 – Verkehrsanlagen (§§ 45–48)

### § 45 Anwendungsbereich

Verkehrsanlagen sind

1. Anlagen des Straßenverkehrs ausgenommen selbstständige Rad-, Geh- und Wirtschaftswege und Freianlagen nach § 39 Absatz 1,
2. Anlagen des Schienenverkehrs,
3. Anlagen des Flugverkehrs.

## § 46 Besondere Grundlagen des Honorars

(1) 1Für Grundleistungen bei Verkehrsanlagen sind die Kosten der Baukonstruktion anrechenbar. 2Soweit der Auftragnehmer die Ausstattung von Anlagen des Straßen-, Schienen- und Flugverkehrs einschließlich der darin enthaltenen Entwässerungsanlagen, die der Zweckbestimmung der Verkehrsanlagen dienen, plant oder deren Ausführung überwacht, sind die dadurch entstehenden Kosten anrechenbar.

(2) Für Grundleistungen bei Verkehrsanlagen sind auch die Kosten für Technische Anlagen, die der Auftragnehmer nicht fachlich plant oder deren Ausführung der Auftragnehmer nicht fachlich überwacht,
   1. vollständig anrechenbar bis zu einem Betrag von 25 % der sonstigen anrechenbaren Kosten und
   2. zur Hälfte anrechenbar mit dem Betrag, der 25 % der sonstigen anrechenbaren Kosten übersteigt.

(3) Nicht anrechenbar sind, soweit der Auftragnehmer die Anlagen weder plant noch ihre Ausführung überwacht, die Kosten für
   1. das Herrichten des Grundstücks,
   2. die öffentliche und die nichtöffentliche Erschließung, die Außenanlagen, das Umlegen und Verlegen von Leitungen,
   3. die Nebenanlagen von Anlagen des Straßen-, Schienen- und Flugverkehrs,
   4. verkehrsregelnde Maßnahmen während der Bauzeit.

(4) Für Grundleistungen der Leistungsphasen 1 bis 7 und 9 bei Verkehrsanlagen sind
   1. die Kosten für Erdarbeiten einschließlich Felsarbeiten anrechenbar bis zu einem Betrag von 40 % der sonstigen anrechenbaren Kosten nach Absatz 1 und
   2. 10 % der Kosten für Ingenieurbauwerke anrechenbar, wenn dem Auftragnehmer für diese Ingenieurbauwerke nicht gleichzeitig Grundleistungen nach § 43 übertragen werden.

(5) Die nach den Absätzen 1 bis 4 ermittelten Kosten sind für Grundleistungen des § 47 Absatz 1 Satz 2 Nummer 1 bis 7 und 9
   1. bei Straßen, die mehrere durchgehende Fahrspuren mit einer gemeinsamen Entwurfsachse und einer gemeinsamen Entwurfsgradiente haben, wie folgt anteilig anrechenbar:
      a) bei dreistreifigen Straßen zu 85 %,
      b) bei vierstreifigen Straßen zu 70 % und
      c) bei mehr als vierstreifigen Straßen zu 60 %,
   2. 1bei Gleis- und Bahnsteiganlagen, die zwei Gleise mit einem gemeinsamen Planum haben, zu 90 % anrechenbar. 2Das Honorar für Gleis- und Bahnsteiganlagen mit mehr als zwei Gleisen oder Bahnsteigen kann abweichend von den Grundsätzen des Satzes 1, der Absätze 1 bis 4 und der §§ 47 und 48 vereinbart werden.

## § 47 Leistungsbild Verkehrsanlagen

(1) 1§ 34 Absatz 1 gilt entsprechend. 2Die Grundleistungen für Verkehrsanlagen sind in neun Leistungsphasen unterteilt und werden wie folgt in Prozentsätzen der Honorare des § 48 bewertet:
1. für die Leistungsphase 1 (Grundlagenermittlung) mit 2 %,
2. für die Leistungsphase 2 (Vorplanung) mit 20 %,
3. für die Leistungsphase 3 (Entwurfsplanung) mit 25 %,
4. für die Leistungsphase 4 (Genehmigungsplanung) mit 8 %,
5. für die Leistungsphase 5 (Ausführungsplanung) mit 15 %,
6. für die Leistungsphase 6 (Vorbereitung der Vergabe) mit 10 %,
7. für die Leistungsphase 7 (Mitwirkung bei der Vergabe) mit 4 %,
8. für die Leistungsphase 8 (Bauoberleitung) mit 15 %,
9. für die Leistungsphase 9 (Objektbetreuung) mit 1 %.

(2) Anlage 13 Nummer 13.1 regelt die Grundleistungen jeder Leistungsphase und enthält Beispiele für Besondere Leistungen.

## § 48 Honorare für Grundleistungen bei Verkehrsanlagen

(1) Für die in § 47 und der Anlage 13 Nummer 13.1 genannten Grundleistungen bei Verkehrsanlagen sind die in der nachstehenden Honorartafel aufgeführten Honorarspannen Orientierungswerte:

| Anrechenbare Kosten in Euro | Honorarzone I sehr geringe Anforderungen | | Honorarzone II geringe Anforderungen | | Honorarzone III durchschnittliche Anforderungen | | Honorarzone IV hohe Anforderungen | | Honorarzone V sehr hohe Anforderungen | |
|---|---|---|---|---|---|---|---|---|---|---|
| | von | bis | von | bis | von | bis | von | bis | von | bis |
| | Euro | | Euro | | Euro | | Euro | | Euro | |
| 25.000 | 3.882 | 4.624 | 4.624 | 5.366 | 5.366 | 6.108 | 6.108 | 6.793 | 6.793 | 7.535 |
| 35.000 | 4.981 | 5.933 | 5.933 | 6.885 | 6.885 | 7.837 | 7.837 | 8.716 | 8.716 | 9.668 |
| 50.000 | 6.487 | 7.727 | 7.727 | 8.967 | 8.967 | 10.207 | 10.207 | 11.352 | 11.352 | 12.592 |
| 75.000 | 8.759 | 10.434 | 10.434 | 12.108 | 12.108 | 13.783 | 13.783 | 15.328 | 15.328 | 17.003 |
| 100.000 | 10.839 | 12.911 | 12.911 | 14.983 | 14.983 | 17.056 | 17.056 | 18.968 | 18.968 | 21.041 |
| 150.000 | 14.634 | 17.432 | 17.432 | 20.229 | 20.229 | 23.027 | 23.027 | 25.610 | 25.610 | 28.407 |
| 200.000 | 18.106 | 21.567 | 21.567 | 25.029 | 25.029 | 28.490 | 28.490 | 31.685 | 31.685 | 35.147 |
| 300.000 | 24.435 | 29.106 | 29.106 | 33.778 | 33.778 | 38.449 | 38.449 | 42.761 | 42.761 | 47.433 |
| 500.000 | 35.622 | 42.433 | 42.433 | 49.243 | 49.243 | 56.053 | 56.053 | 62.339 | 62.339 | 69.149 |
| 750.000 | 48.001 | 57.178 | 57.178 | 66.355 | 66.355 | 75.532 | 75.532 | 84.002 | 84.002 | 93.179 |
| 1.000.000 | 59.267 | 70.597 | 70.597 | 81.928 | 81.928 | 93.258 | 93.258 | 103.717 | 103.717 | 115.047 |
| 1.500.000 | 80.009 | 95.305 | 95.305 | 110.600 | 110.600 | 125.896 | 125.896 | 140.015 | 140.015 | 155.311 |
| 2.000.000 | 98.962 | 117.881 | 117.881 | 136.800 | 136.800 | 155.719 | 155.719 | 173.183 | 173.183 | 192.102 |
| 3.000.000 | 133.441 | 158.951 | 158.951 | 184.462 | 184.462 | 209.973 | 209.973 | 233.521 | 233.521 | 259.032 |
| 5.000.000 | 194.094 | 231.200 | 231.200 | 268.306 | 268.306 | 305.412 | 305.412 | 339.664 | 339.664 | 376.770 |
| 7.500.000 | 262.407 | 312.573 | 312.573 | 362.739 | 362.739 | 412.905 | 412.905 | 459.212 | 459.212 | 509.378 |
| 10.000.000 | 324.978 | 387.107 | 387.107 | 449.235 | 449.235 | 511.363 | 511.363 | 568.712 | 568.712 | 630.840 |
| 15.000.000 | 439.179 | 523.140 | 523.140 | 607.101 | 607.101 | 691.062 | 691.062 | 768.564 | 768.564 | 852.525 |
| 20.000.000 | 543.619 | 647.546 | 647.546 | 751.473 | 751.473 | 855.401 | 855.401 | 951.333 | 951.333 | 1.055.260 |
| 25.000.000 | 641.265 | 763.860 | 763.860 | 886.454 | 886.454 | 1.009.049 | 1.009.049 | 1.122.213 | 1.122.213 | 1.244.808 |

(2) Welchen Honorarzonen die Grundleistungen zugeordnet werden, richtet sich nach folgenden Bewertungsmerkmalen:
1. geologische und baugrundtechnische Gegebenheiten,
2. technische Ausrüstung und Ausstattung,
3. Einbindung in die Umgebung oder das Objektumfeld,
4. Umfang der Funktionsbereiche oder der konstruktiven oder technischen Anforderungen,
5. fachspezifische Bedingungen.

(3) 1Sind für Verkehrsanlagen Bewertungsmerkmale aus mehreren Honorarzonen anwendbar und bestehen deswegen Zweifel, welcher Honorarzone das Objekt zugeordnet werden kann, so ist zunächst die Anzahl der Bewertungspunkte zu ermitteln. 2Zur Ermittlung der Bewertungspunkte werden die Bewertungsmerkmale wie folgt gewichtet:
1. die Bewertungsmerkmale gemäß Absatz 2 Nummer 1, 2 mit bis zu 5 Punkten,
2. das Bewertungsmerkmal gemäß Absatz 2 Nummer 3 mit bis zu 15 Punkten,
3. das Bewertungsmerkmal gemäß Absatz 2 Nummer 4 mit bis zu 10 Punkten,
4. das Bewertungsmerkmal gemäß Absatz 2 Nummer 5 mit bis zu 5 Punkten,

(4) Die Verkehrsanlage ist anhand der nach Absatz 3 ermittelten Bewertungspunkte einer der Honorarzonen zuzuordnen:
1. Honorarzone I: bis zu 10 Punkte,
2. Honorarzone II: 11 bis 17 Punkte,
3. Honorarzone III: 18 bis 25 Punkte,
4. Honorarzone IV: 26 bis 33 Punkte,
5. Honorarzone V: 34 bis 40 Punkte.

(5) Für die Zuordnung zu den Honorarzonen ist die Objektliste der Anlage 13 Nummer 13.2 zu berücksichtigen.

(6) Für Umbauten und Modernisierungen von Verkehrsanlagen kann bei einem durchschnittlichen Schwierigkeitsgrad ein Zuschlag gemäß § 6 Absatz 2 Satz 3 bis 33 % in Textform vereinbart werden.

# Teil 4 – Fachplanung (§§ 49–56)

## Abschnitt 1 – Tragwerksplanung (§§ 49–52)

### § 49 Anwendungsbereich

(1) Leistungen der Tragwerksplanung sind die statische Fachplanung für die Objektplanung Gebäude und Ingenieurbauwerke.
(2) Das Tragwerk bezeichnet das statische Gesamtsystem der miteinander verbundenen, lastabtragenden Konstruktionen, die für die Standsicherheit von Gebäuden, Ingenieurbauwerken und Traggerüsten bei Ingenieurbauwerken maßgeblich sind.

### § 50 Besondere Grundlagen des Honorars

(1) Bei Gebäuden und zugehörigen baulichen Anlagen sind 55 % der Baukonstruktionskosten und 10 % der Kosten der Technischen Anlagen anrechenbar.
(2) Die Vertragsparteien können bei Gebäuden mit einem hohen Anteil an Kosten der Gründung und der Tragkonstruktionen in Textform vereinbaren, dass die anrechenbaren Kosten abweichend von Absatz 1 nach Absatz 3 ermittelt werden.
(3) Bei Ingenieurbauwerken sind 90 % der Baukonstruktionskosten und 15 % der Kosten der Technischen Anlagen anrechenbar.
(4) 1Für Traggerüste bei Ingenieurbauwerken sind die Herstellkosten einschließlich der zugehörigen Kosten für Baustelleneinrichtungen anrechenbar. 2Bei mehrfach verwendeten Bauteilen ist der Neuwert anrechenbar.
(5) Die Vertragsparteien können vereinbaren, dass Kosten von Arbeiten, die nicht in den Absätzen 1 bis 3 erfasst sind, ganz oder teilweise anrechenbar sind, wenn der Auftragnehmer wegen dieser Arbeiten Mehrleistungen für das Tragwerk nach § 51 erbringt.

 
*HOAI 2021-Textausgabe/HOAI 2021-Text Edition*,
https://doi.org/10.1007/978-3-658-44116-6_4

## § 51 Leistungsbild Tragwerksplanung

(1) Die Grundleistungen der Tragwerksplanung sind für Gebäude und zugehörige bauliche Anlagen sowie für Ingenieurbauwerke nach § 41 Nummer 1 bis 5 in den Leistungsphasen 1 bis 6 sowie für Ingenieurbauwerke nach § 41 Nummer 6 und 7 in den Leistungsphasen 2 bis 6 zusammengefasst und werden wie folgt in Prozentsätzen der Honorare des § 52 bewertet:
1. für die Leistungsphase 1 (Grundlagenermittlung) mit 3 %,
2. für die Leistungsphase 2 (Vorplanung) mit 10 %,
3. für die Leistungsphase 3 (Entwurfsplanung) mit 15 %,
4. für die Leistungsphase 4 (Genehmigungsplanung) mit 30 %,
5. für die Leistungsphase 5 (Ausführungsplanung) mit 40 %,
6. für die Leistungsphase 6 (Vorbereitung der Vergabe) mit 2 %.

(2) Die Leistungsphase 5 ist abweichend von Absatz 1 mit 30 % der Honorare des § 52 zu bewerten
1. im Stahlbetonbau, sofern keine Schalpläne in Auftrag gegeben werden,
2. im Holzbau mit unterdurchschnittlichem Schwierigkeitsgrad.

(3) Die Leistungsphase 5 ist abweichend von Absatz 1 mit 20 % der Honorare des § 52 zu bewerten, sofern nur Schalpläne in Auftrag gegeben werden.

(4) Bei sehr enger Bewehrung kann die Bewertung der Leistungsphase 5 um bis zu 4 % erhöht werden.

(5) 1Anlage 14 Nummer 14.1 regelt die Grundleistungen jeder Leistungsphase und enthält Beispiele für Besondere Leistungen. 2Für Ingenieurbauwerke nach § 41 Nummer 6 und 7 sind die Grundleistungen der Tragwerksplanung zur Leistungsphase 1 im Leistungsbild der Ingenieurbauwerke gemäß § 43 enthalten.

## § 52 Honorare für Grundleistungen bei Tragwerksplanungen

(1) Für die in § 51 und der Anlage 14 Nummer 14.1 genannten Grundleistungen der Tragwerksplanungen sind die in der nachstehenden Honorartafel aufgeführten Honorarspannen Orientierungswerte:

| Anrechenbare Kosten in Euro | Honorarzone I sehr geringe Anforderungen | | Honorarzone II geringe Anforderungen | | Honorarzone III durchschnittliche Anforderungen | | Honorarzone IV hohe Anforderungen | | Honorarzone V sehr hohe Anforderungen | |
|---|---|---|---|---|---|---|---|---|---|---|
| | von | bis | von | bis | von | bis | von | bis | von | bis |
| | Euro | | Euro | | Euro | | Euro | | Euro | |
| 10.000 | 1.461 | 1.624 | 1.624 | 2.064 | 2.064 | 2.575 | 2.575 | 3.015 | 3.015 | 3.178 |
| 15.000 | 2.011 | 2.234 | 2.234 | 2.841 | 2.841 | 3.543 | 3.543 | 4.149 | 4.149 | 4.373 |
| 25.000 | 3.006 | 3.340 | 3.340 | 4.247 | 4.247 | 5.296 | 5.296 | 6.203 | 6.203 | 6.537 |
| 50.000 | 5.187 | 5.763 | 5.763 | 7.327 | 7.327 | 9.139 | 9.139 | 10.703 | 10.703 | 11.279 |
| 75.000 | 7.135 | 7.928 | 7.928 | 10.080 | 10.080 | 12.572 | 12.572 | 14.724 | 14.724 | 15.517 |
| 100.000 | 8.946 | 9.940 | 9.940 | 12.639 | 12.639 | 15.763 | 15.763 | 18.461 | 18.461 | 19.455 |
| 150.000 | 12.303 | 13.670 | 13.670 | 17.380 | 17.380 | 21.677 | 21.677 | 25.387 | 25.387 | 26.754 |
| 250.000 | 18.370 | 20.411 | 20.411 | 25.951 | 25.951 | 32.365 | 32.365 | 37.906 | 37.906 | 39.947 |
| 350.000 | 23.909 | 26.565 | 26.565 | 33.776 | 33.776 | 42.125 | 42.125 | 49.335 | 49.335 | 51.992 |
| 500.000 | 31.594 | 35.105 | 35.105 | 44.633 | 44.633 | 55.666 | 55.666 | 65.194 | 65.194 | 68.705 |
| 750.000 | 43.463 | 48.293 | 48.293 | 61.401 | 61.401 | 76.578 | 76.578 | 89.686 | 89.686 | 94.515 |
| 1.000.000 | 54.495 | 60.550 | 60.550 | 76.984 | 76.984 | 96.014 | 96.014 | 112.449 | 112.449 | 118.504 |
| 1.250.000 | 64.940 | 72.155 | 72.155 | 91.740 | 91.740 | 114.418 | 114.418 | 134.003 | 134.003 | 141.218 |
| 1.500.000 | 74.938 | 83.265 | 83.265 | 105.865 | 105.865 | 132.034 | 132.034 | 154.635 | 154.635 | 162.961 |
| 2.000.000 | 93.923 | 104.358 | 104.358 | 132.684 | 132.684 | 165.483 | 165.483 | 193.808 | 193.808 | 204.244 |
| 3.000.000 | 129.059 | 143.398 | 143.398 | 182.321 | 182.321 | 227.389 | 227.389 | 266.311 | 266.311 | 280.651 |
| 5.000.000 | 192.384 | 213.760 | 213.760 | 271.781 | 271.781 | 338.962 | 338.962 | 396.983 | 396.983 | 418.359 |
| 7.500.000 | 264.487 | 293.874 | 293.874 | 373.640 | 373.640 | 466.001 | 466.001 | 545.767 | 545.767 | 575.154 |
| 10.000.000 | 331.398 | 368.220 | 368.220 | 468.166 | 468.166 | 583.892 | 583.892 | 683.838 | 683.838 | 720.660 |
| 15.000.000 | 455.117 | 505.686 | 505.686 | 642.943 | 642.943 | 801.873 | 801.873 | 939.131 | 939.131 | 989.699 |

(2) Die Honorarzone wird nach dem statisch-konstruktiven Schwierigkeitsgrad anhand der in Anlage 14 Nummer
14.2 dargestellten Bewertungsmerkmale ermittelt.
(3) Sind für ein Tragwerk Bewertungsmerkmale aus mehreren Honorarzonen anwendbar und bestehen deswegen Zweifel, welcher Honorarzone das Tragwerk zugeordnet werden kann, so ist für die Zuordnung die Mehrzahl der in den jeweiligen Honorarzonen nach Absatz 2 aufgeführten Bewertungsmerkmale und ihre Bedeutung im Einzelfall maßgebend.
(4) Für Umbauten und Modernisierungen kann bei einem durchschnittlichen Schwierigkeitsgrad ein Zuschlag gemäß § 6 Absatz 2 Satz 3 bis 50 % in Textform vereinbart werden.

## Abschnitt 2 – Technische Ausrüstung (§§ 53–56)

### § 53 Anwendungsbereich

(1) Die Leistungen der Technischen Ausrüstung umfassen die Fachplanungen für Objekte.
(2) Zur Technischen Ausrüstung gehören folgende Anlagengruppen:
1. Abwasser-, Wasser- und Gasanlagen,
2. Wärmeversorgungsanlagen,
3. Lufttechnische Anlagen,
4. Starkstromanlagen,
5. Fernmelde- und informationstechnische Anlagen,
6. Förderanlagen,
7. nutzungsspezifische Anlagen und verfahrenstechnische Anlagen,
8. Gebäudeautomation und Automation von Ingenieurbauwerken.

### § 54 Besondere Grundlagen des Honorars

(1) 1Das Honorar für Grundleistungen bei der Technischen Ausrüstung richtet sich für das jeweilige Objekt im Sinne des § 2 Absatz 1 Satz 1 nach der Summe der anrechenbaren Kosten der Anlagen jeder Anlagengruppe. 2Dies gilt für nutzungsspezifische Anlagen nur, wenn die Anlagen funktional gleichartig sind. 3Anrechenbar sind auch sonstige Maßnahmen für Technische Anlagen.
(2) 1Umfasst ein Auftrag für unterschiedliche Objekte im Sinne des § 2 Absatz 1 Satz 1 mehrere Anlagen, die unter funktionalen und technischen Kriterien eine Einheit bilden, werden die anrechenbaren Kosten der Anlagen jeder Anlagengruppe zusammengefasst. 2Dies gilt für nutzungsspezifische Anlagen nur, wenn diese Anlagen funktional gleichartig sind. 3§ 11 Absatz 1 ist nicht anzuwenden.

(3) 1Umfasst ein Auftrag im Wesentlichen gleiche Anlagen, die unter weitgehend vergleichbaren Bedingungen für im Wesentlichen gleiche Objekte geplant werden, ist die Rechtsfolge des § 11 Absatz 3 anzuwenden. 2Umfasst ein Auftrag im Wesentlichen gleiche Anlagen, die bereits Gegenstand eines anderen Vertrags zwischen den Vertragsparteien waren, ist die Rechtsfolge des § 11 Absatz 4 anzuwenden.

(4) Nicht anrechenbar sind die Kosten für die nichtöffentliche Erschließung und die Technischen Anlagen in Außenanlagen, soweit der Auftragnehmer diese nicht plant oder ihre Ausführung nicht überwacht.

(5) 1Werden Teile der Technischen Ausrüstung in Baukonstruktionen ausgeführt, so können die Vertragsparteien in Textform vereinbaren, dass die Kosten hierfür ganz oder teilweise zu den anrechenbaren Kosten gehören. 2Satz 1 ist entsprechend für Bauteile der Kostengruppe Baukonstruktionen anzuwenden, deren Abmessung oder Konstruktion durch die Leistung der Technischen Ausrüstung wesentlich beeinflusst wird.

## § 55 Leistungsbild Technische Ausrüstung

(1) 1Das Leistungsbild Technische Ausrüstung umfasst Grundleistungen für Neuanlagen, Wiederaufbauten, Erweiterungsbauten, Umbauten, Modernisierungen, Instandhaltungen und Instandsetzungen. 2Die Grundleistungen bei der Technischen Ausrüstung sind in neun Leistungsphasen zusammengefasst und werden wie folgt in Prozentsätzen der Honorare des § 56 bewertet:

1. für die Leistungsphase 1 (Grundlagenermittlung) mit 2 %,
2. für die Leistungsphase 2 (Vorplanung) mit 9 %,
3. für die Leistungsphase 3 (Entwurfsplanung) mit 17 %,
4. für die Leistungsphase 4 (Genehmigungsplanung) mit 2 %,
5. für die Leistungsphase 5 (Ausführungsplanung) mit 22 %,
6. für die Leistungsphase 6 (Vorbereitung der Vergabe) mit 7 %,
7. für die Leistungsphase 7 (Mitwirkung bei der Vergabe) mit 5 %,
8. für die Leistungsphase 8 (Objektüberwachung – Bauüberwachung) mit 35 %,
9. für die Leistungsphase 9 (Objektbetreuung) mit 1 %.

(2) Die Leistungsphase 5 ist abweichend von Absatz 1 Satz 2 mit einem Abschlag von jeweils 4 % zu bewerten, sofern das Anfertigen von Schlitz- und Durchbruchsplänen oder das Prüfen der Montage- und Werkstattpläne der ausführenden Firmen nicht in Auftrag gegeben wird.

(3) Anlage 15 Nummer 15.1 regelt die Grundleistungen jeder Leistungsphase und enthält Beispiele für Besondere Leistungen.

## § 56 Honorare für Grundleistungen der Technischen Ausrüstung

(1) Für die in § 55 und der Anlage 15 Nummer 15.1 genannten Grundleistungen bei einzelnen Anlagen sind die in der nachstehenden Honorartafel aufgeführten Honorarspannen Orientierungswerte:

| Anrechenbare Kosten in Euro | Honorarzone I geringe Anforderungen | | Honorarzone II durchschnittliche Anforderungen | | Honorarzone III hohe Anforderungen | |
|---|---|---|---|---|---|---|
| | von | bis | von | bis | von | bis |
| | Euro | | Euro | | Euro | |
| 5.000 | 2.132 | 2.547 | 2.547 | 2.990 | 2.990 | 3.405 |
| 10.000 | 3.689 | 4.408 | 4.408 | 5.174 | 5.174 | 5.893 |
| 15.000 | 5.084 | 6.075 | 6.075 | 7.131 | 7.131 | 8.122 |
| 25.000 | 7.615 | 9.098 | 9.098 | 10.681 | 10.681 | 12.164 |
| 35.000 | 9.934 | 11.869 | 11.869 | 13.934 | 13.934 | 15.869 |
| 50.000 | 13.165 | 15.729 | 15.729 | 18.465 | 18.465 | 21.029 |
| 75.000 | 18.122 | 21.652 | 21.652 | 25.418 | 25.418 | 28.948 |
| 100.000 | 22.723 | 27.150 | 27.150 | 31.872 | 31.872 | 36.299 |
| 150.000 | 31.228 | 37.311 | 37.311 | 43.800 | 43.800 | 49.883 |
| 250.000 | 46.640 | 55.726 | 557.26 | 65.418 | 65.418 | 74.504 |
| 500.000 | 80.684 | 96.402 | 96.402 | 113.168 | 113.168 | 128.886 |
| 750.000 | 11.105 | 132.749 | 132.749 | 155.836 | 155.836 | 177.480 |
| 1.000.000 | 139.347 | 166.493 | 166.493 | 195.448 | 195.448 | 222.594 |
| 1.250.000 | 166.043 | 198.389 | 198.389 | 232.891 | 232.891 | 265.237 |
| 1.500.000 | 191.545 | 228.859 | 228.859 | 268.660 | 268.660 | 305.974 |
| 2.000.000 | 239.792 | 286.504 | 286.504 | 336.331 | 336.331 | 383.044 |
| 2.500.000 | 285.649 | 341.295 | 341.295 | 400.650 | 400.650 | 456.296 |
| 3.000.000 | 329.420 | 393.593 | 393.593 | 462.044 | 462.044 | 526.217 |
| 3.500.000 | 371.491 | 443.859 | 443.859 | 521.052 | 521.052 | 593.420 |
| 4.000.000 | 412.126 | 492.410 | 492.410 | 578.046 | 578.046 | 658.331 |

(2) Welchen Honorarzonen die Grundleistungen zugeordnet werden, richtet sich nach folgenden Bewertungsmerkmalen:
1. Anzahl der Funktionsbereiche,
2. Integrationsansprüche,
3. technische Ausgestaltung,
4. Anforderungen an die Technik,
5. konstruktive Anforderungen.

(3) Für die Zuordnung zu den Honorarzonen ist die Objektliste der Anlage 15 Nummer 15.2 zu berücksichtigen.

(4) 1Werden Anlagen einer Gruppe verschiedenen Honorarzonen zugeordnet, so ergibt sich das Honorar nach Absatz 1 aus der Summe der Einzelhonorare. 2Ein Einzelhonorar wird dabei für alle Anlagen ermittelt, die einer Honorarzone zugeordnet werden. 3Für die Ermittlung des Einzelhonorars ist zunächst das Honorar für die Anlagen jeder Honorarzone zu berechnen, das sich ergeben würde, wenn die gesamten anrechenbaren Kosten der Anlagengruppe nur der Honorarzone zugeordnet würden, für die das Einzelhonorar berechnet wird. 4Das Einzelhonorar ist dann nach dem Verhältnis der Summe der anrechenbaren Kosten der Anlagen einer Honorarzone zu den gesamten anrechenbaren Kosten der Anlagengruppe zu ermitteln.

(5) Für Umbauten und Modernisierungen kann bei einem durchschnittlichen Schwierigkeitsgrad ein Zuschlag gemäß § 6 Absatz 2 Satz 3 bis 50 % in Textform vereinbart werden.

# Teil 5 – Übergangs- und Schlussvorschriften (§§ 57–58)

## § 57 Übergangsvorschrift

(1) Diese Verordnung ist nicht auf Grundleistungen anzuwenden, die vor dem 17. Juli 2013 vertraglich vereinbart wurden; insoweit bleiben die bisherigen Vorschriften anwendbar.

(2) Die durch die Erste Verordnung zur Änderung der Honorarordnung für Architekten und Ingenieure vom 2. Dezember 2020 (BGBl. I S. 2636) geänderten Vorschriften sind erst auf diejenigen Vertragsverhältnisse anzuwenden, die nach Ablauf des 31. Dezember 2020 begründet worden sind.

## § 58 Inkrafttreten, Außerkrafttreten

1Diese Verordnung tritt am Tag nach der Verkündung in Kraft. 2Gleichzeitig tritt die Honorarordnung für Architekten und Ingenieure vom 11. August 2009 (BGBl. I S. 2732) außer Kraft.



*HOAI 2021-Textausgabe/HOAI 2021-Text Edition*,
https://doi.org/10.1007/978-3-658-44116-6_5

# Honorarordnung für Architekten und Ingenieure (Verordnung über die Honorare für Architekten- und Ingenieurleistungen)

Verordnung vom 10.07.2013 (BGBl. I S. 2276), in Kraft getreten am 17.07.2013 geändert durch Verordnung vom 02.12.2020 (BGBl. I S. 2636) m.W.v. 01.01.2021

## Anlage 1 (zu § 3 Absatz 1) Weitere Fachplanungs- und Beratungsleistungen

### Umweltverträglichkeitsstudie

#### Leistungsbild Umweltverträglichkeitsstudie

(1) Die Grundleistungen bei Umweltverträglichkeitsstudien sind in vier Leistungsphasen unterteilt und werden wie folgt in Prozentsätzen der Honorare in Nummer 1.1.2 bewertet:

1. für die Leistungsphase 1 (Klären der Aufgabenstellung und Ermitteln des Leistungsumfangs) mit 3 %,
2. für die Leistungsphase 2 (Grundlagenermittlung) mit 37 %,
3. für die Leistungsphase 3 (Vorläufige Fassung) mit 50 %,
4. für die Leistungsphase 4 (Abgestimmte Fassung) mit 10 %.

(2) Das Leistungsbild setzt sich wie folgt zusammen:

*Leistungsphase 1:* Klären der Aufgabenstellung und Ermitteln des Leistungsumfangs

- Zusammenstellen und Prüfen der vom Auftraggeber zur Verfügung gestellten untersuchungsrelevanten Unterlagen,
- Ortsbesichtigungen,
- Abgrenzen der Untersuchungsräume,
- Ermitteln der Untersuchungsinhalte,
- Konkretisieren weiteren Bedarfs an Daten und Unterlagen,
- Beraten zum Leistungsumfang für ergänzende Untersuchungen und Fachleistungen,
- Aufstellen eines verbindlichen Arbeitsplans unter Berücksichtigung der sonstigen Fachbeiträge.

*Leistungsphase 2:* Grundlagenermittlung

- Ermitteln und Beschreiben der untersuchungsrelevanten Sachverhalte auf Grund vorhandener Unterlagen,



*HOAI 2021-Textausgabe/HOAI 2021-Text Edition*,
https://doi.org/10.1007/978-3-658-44116-6_6

- Beschreiben der Umwelt einschließlich des rechtlichen Schutzstatus, der fachplanerischen Vorgaben und Ziele sowie der für die Bewertung relevanten Funktionselemente für jedes Schutzgut einschließlich der Wechselwirkungen,
- Beschreiben der vorhandenen Beeinträchtigungen der Umwelt,
- Bewerten der Funktionselemente und der Leistungsfähigkeit der einzelnen Schutzgüter hinsichtlich ihrer Bedeutung und Empfindlichkeit,
- Raumwiderstandsanalyse, soweit nach Art des Vorhabens erforderlich, einschließlich des Ermittelns konfliktarmer Bereiche,
- Darstellen von Entwicklungstendenzen des Untersuchungsraums für den Prognose-Null-Fall,
- Überprüfen der Abgrenzung des Untersuchungsraums und der Untersuchungsinhalte,
- Zusammenfassendes Darstellen der Erfassung und Bewertung als Grundlage für die Erörterung mit dem Auftraggeber.

*Leistungsphase 3:* Vorläufige Fassung

- Ermitteln und Beschreiben der Umweltauswirkungen und Erstellen der vorläufigen Fassung,
- Mitwirken bei der Entwicklung und der Auswahl vertieft zu untersuchender planerischer Lösungen,
- Mitwirken bei der Optimierung von bis zu drei planerischen Lösungen (Hauptvarianten) zur Vermeidung von Beeinträchtigungen,
- Ermitteln, Beschreiben und Bewerten der unmittelbaren und mittelbaren Auswirkungen von bis zu drei planerischen Lösungen (Hauptvarianten) auf die Schutzgüter im Sinne des Gesetzes über die Umweltverträglichkeitsprüfung vom 24. Februar 2010 (BGBl. I S. 94) einschließlich der Wechselwirkungen,
- Einarbeiten der Ergebnisse vorhandener Untersuchungen zum Gebiets- und Artenschutz sowie zum Boden- und Wasserschutz,
- Vergleichendes Darstellen und Bewerten der Auswirkungen von bis zu drei planerischen Lösungen,
- Zusammenfassendes vergleichendes Bewerten des Projekts mit dem Prognose-Null-Fall,
- Erstellen von Hinweisen auf Maßnahmen zur Vermeidung und Verminderung von Beeinträchtigungen sowie zur Ausgleichbarkeit der unvermeidbaren Beeinträchtigungen,
- Erstellen von Hinweisen auf Schwierigkeiten bei der Zusammenstellung der Angaben,
- Zusammenführen und Darstellen der Ergebnisse als vorläufige Fassung in Text und Karten einschließlich des Herausarbeitens der grundsätzlichen Lösung der wesentlichen Teile der Aufgabe,
- Abstimmen der Vorläufigen Fassung mit dem Auftraggeber.

*Leistungsphase 4:* Abgestimmte Fassung

Darstellen der mit dem Auftraggeber abgestimmten Fassung der Umweltverträglichkeitsstudie in Text und Karte einschließlich einer Zusammenfassung.

(3) Im Leistungsbild Umweltverträglichkeitsstudie können insbesondere die Besonderen Leistungen der Anlage 9 Anwendung finden.

**Honorare für Grundleistungen bei Umweltverträglichkeitsstudien**

(1) Für die in Nummer 1.1.1 genannten Grundleistungen bei Umweltverträglichkeitsstudien sind die in der nachstehenden Honorartafel aufgeführten Honorarspannen Orientierungswerte:

| Fläche in Hektar | Honorarzone I geringe Anforderungen | | Honorarzone II durchschnittliche Anforderungen | | Honorarzone III hohe Anforderungen | |
|---|---|---|---|---|---|---|
| | von | bis | von | bis | von | bis |
| | Euro | | Euro | | Euro | |
| 50 | 10.176 | 12.862 | 12.862 | 15.406 | 15.406 | 18.091 |
| 100 | 14.972 | 18.923 | 18.923 | 22.666 | 22.666 | 26.617 |
| 150 | 18.942 | 23.940 | 23.940 | 28.676 | 28.676 | 33.674 |
| 200 | 22.454 | 28.380 | 28.380 | 33.994 | 33.994 | 39.919 |
| 300 | 28.644 | 36.203 | 36.203 | 43.364 | 43.364 | 50.923 |
| 400 | 34.117 | 43.120 | 43.120 | 51.649 | 51.649 | 60.653 |
| 500 | 39.110 | 49.431 | 49.431 | 59.209 | 59.209 | 69.530 |
| 750 | 50.211 | 63.461 | 63.461 | 76.014 | 76.014 | 89.264 |
| 1.000 | 60.004 | 75.838 | 75.838 | 90.839 | 90.839 | 106.674 |
| 1.500 | 77.182 | 97.550 | 97.550 | 116.846 | 116.846 | 137.213 |
| 2.000 | 92.278 | 116.629 | 116.629 | 139.698 | 139.698 | 164.049 |
| 2.500 | 105.963 | 133.925 | 133.925 | 160.416 | 160.416 | 188.378 |
| 3.000 | 118.598 | 149.895 | 149.895 | 179.544 | 179.544 | 210.841 |
| 4.000 | 141.533 | 178.883 | 178.883 | 214.266 | 214.266 | 251.615 |
| 5.000 | 162.148 | 204.937 | 204.937 | 245.474 | 245.474 | 288.263 |
| 6.000 | 182.186 | 230.263 | 230.263 | 275.810 | 275.810 | 323.887 |
| 7.000 | 201.072 | 254.133 | 254.133 | 304.401 | 304.401 | 357.461 |
| 8.000 | 218.466 | 276.117 | 276.117 | 330.734 | 330.734 | 388.384 |
| 9.000 | 234.394 | 296.247 | 296.247 | 354.846 | 354.846 | 416.700 |
| 10.000 | 249.492 | 315.330 | 315.330 | 377.704 | 377.704 | 443.542 |

(2) Das Honorar für die Erstellung von Umweltverträglichkeitsstudien berechnet sich nach der Gesamtfläche des Untersuchungsraums in Hektar und nach der Honorarzone.

(3) Umweltverträglichkeitsstudien sind folgenden Honorarzonen zuzuordnen:
1. Honorarzone I (geringe Anforderungen),
2. Honorarzone II (durchschnittliche Anforderungen),
3. Honorarzone III (hohe Anforderungen).

(4) Die Zuordnung zu den Honorarzonen ist anhand folgender Bewertungsmerkmale für zu erwartende nachteilige Auswirkungen auf die Umwelt zu ermitteln:
1. Bedeutung des Untersuchungsraums für die Schutzgüter im Sinne des Gesetzes über die Umweltverträglichkeitsprüfung (UVPG),
2. Ausstattung des Untersuchungsraums mit Schutzgebieten,

3. Landschaftsbild und -struktur,
4. Nutzungsansprüche,
5. Empfindlichkeit des Untersuchungsraums gegenüber Umweltbelastungen und -beeinträchtigungen,
6. Intensität und Komplexität potenzieller nachteiliger Wirkfaktoren auf die Umwelt.

(5) Sind für eine Umweltverträglichkeitsstudie Bewertungsmerkmale aus mehreren Honorarzonen anwendbar und bestehen deswegen Zweifel, welcher Honorarzone die Umweltverträglichkeitsstudie zugeordnet werden kann, ist die Anzahl der Bewertungspunkte nach Absatz 4 zu ermitteln; die Umweltverträglichkeitsstudie ist nach der Summe der Bewertungspunkte folgenden Honorarzonen zuzuordnen:
1. Honorarzone I: Umweltverträglichkeitsstudien mit bis zu 16 Punkten,
2. Honorarzone II: Umweltverträglichkeitsstudien mit 17 bis 30 Punkten,
3. Honorarzone III: Umweltverträglichkeitsstudien mit 31 bis 42 Punkten.

(6) Bei der Zuordnung einer Umweltverträglichkeitsstudie zu den Honorarzonen werden nach dem Schwierigkeitsgrad der Anforderungen die Bewertungsmerkmale wie folgt gewichtet:
1. die Bewertungsmerkmale gemäß Absatz 4 Nummer 1 bis 4 mit je bis zu 6 Punkten und
2. die Bewertungsmerkmale gemäß Absatz 4 Nummer 5 und 6 mit je bis zu 9 Punkten.

(7) Wird die Größe des Untersuchungsraums während der Leistungserbringung geändert, so ist das Honorar für die Leistungsphasen, die bis zur Änderung noch nicht erbracht sind, nach der geänderten Größe des Untersuchungsraums zu berechnen.

## Bauphysik

### Anwendungsbereich

(1) Zu den Grundleistungen für Bauphysik gehören:
- Wärmeschutz und Energiebilanzierung,
- Bauakustik (Schallschutz),
- Raumakustik.

(2) Wärmeschutz und Energiebilanzierung umfassen den Wärmeschutz von Gebäuden und Ingenieurbauwerken und die fachübergreifende Energiebilanzierung.

(3) Die Bauakustik umfasst den Schallschutz von Objekten zur Erreichung eines regelgerechten Luft- und Trittschallschutzes und zur Begrenzung der von außen einwirkenden Geräusche sowie der Geräusche von Anlagen der Technischen Ausrüstung. Dazu gehört auch der Schutz der Umgebung vor schädlichen Umwelteinwirkungen durch Lärm (Schallimmissionsschutz).

(4) Die Raumakustik umfasst die Beratung zu Räumen mit besonderen raumakustischen Anforderungen.

(5) Die Besonderen Grundlagen der Honorare werden gesondert in den Teilgebieten Wärmeschutz und Energiebilanzierung, Bauakustik, Raumakustik aufgeführt.

## Leistungsbild Bauphysik

(1) Die Grundleistungen für Bauphysik sind in sieben Leistungsphasen unterteilt und werden wie folgt in Prozentsätzen der Honorare in Nummer 1.2.3 bewertet:

1. für die Leistungsphase 1 (Grundlagenermittlung) mit 3 %,
2. für die Leistungsphase 2 (Mitwirken bei der Vorplanung) mit 20 %,
3. für die Leistungsphase 3 (Mitwirken bei der Entwurfsplanung) mit 40 %,
4. für die Leistungsphase 4 (Mitwirken bei der Genehmigungsplanung) mit 6 %,
5. für die Leistungsphase 5 (Mitwirken bei der Ausführungsplanung) mit 27 %,
6. für die Leistungsphase 6 (Mitwirken bei der Vorbereitung der Vergabe) mit 2 %,
7. für die Leistungsphase 7 (Mitwirken bei der Vergabe) mit 2 %.

(2) Das Leistungsbild setzt sich wie folgt zusammen:

| Grundleistungen | Besondere Leistungen |
|---|---|
| **LPH 1 Grundlagenermittlung** | |
| a) Klären der Aufgabenstellung<br>b) Festlegen der Grundlagen, Vorgaben und Ziele | – Mitwirken bei der Ausarbeitung von Auslobungen und bei Vorprüfungen für Wettbewerbe<br>– Bestandsaufnahme bestehender Gebäude, Ermitteln und Bewerten von Kennwerten<br>– Schadensanalyse bestehender Gebäude<br>– Mitwirken bei Vorgaben für Zertifizierungen |
| **LPH 2 Mitwirkung bei der Vorplanung** | |
| a) Analyse der Grundlagen<br>b) Klären der wesentlichen Zusammenhänge von Gebäuden und technischen Anlagen einschließlich Betrachtung von Alternativen<br>c) Vordimensionieren der relevanten Bauteile des Gebäudes<br>d) Mitwirken beim Abstimmen der fachspezifischen Planungskonzepte der Objektplanung und der Fachplanungen<br>e) Erstellen eines Gesamtkonzeptes in Abstimmung mit der Objektplanung und den Fachplanungen<br>f) Erstellen von Rechenmodellen, Auflisten der wesentlichen Kennwerte als Arbeitsgrundlage für Objektplanung und Fachplanungen | – Mitwirken beim Klären von Vorgaben für Fördermaßnahmen und bei deren Umsetzung<br>– Mitwirken an Projekt-, Käufer- oder Mieterbaubeschreibungen<br>– Erstellen eines fachübergreifenden Bauteilkatalogs |
| **LPH 3 Mitwirkung bei der Entwurfsplanung** | |
| a) Fortschreiben der Rechenmodelle und der wesentlichen Kennwerte für das Gebäude<br>b) Mitwirken beim Fortschreiben der Planungskonzepte der Objektplanung und Fachplanung bis zum vollständigen Entwurf<br>c) Bemessen der Bauteile des Gebäudes<br>d) Erarbeiten von Übersichtsplänen und des Erläuterungsberichtes mit Vorgaben, Grundlagen und Auslegungsdaten | – Simulationen zur Prognose des Verhaltens von Bauteilen, Räumen, Gebäuden und Freiräumen |

(Fortsetzung)

| Grundleistungen | Besondere Leistungen |
|---|---|
| **LPH 4 Mitwirkung bei der Genehmigungsplanung** | |
| a) Mitwirken beim Aufstellen der Genehmigungsplanung und bei Vorgesprächen mit Behörden<br>b) Aufstellen der förmlichen Nachweise<br>c) Vervollständigen und Anpassen der Unterlagen | – Mitwirken bei Vorkontrollen in Zertifizierungsprozessen<br>– Mitwirken beim Einholen von Zustimmungen im Einzelfall |
| **LPH 5 Mitwirkung bei der Ausführungsplanung** | |
| a) Durcharbeiten der Ergebnisse der Leistungsphasen 3 und 4 unter Beachtung der durch die Objektplanung integrierten Fachplanungen<br>b) Mitwirken bei der Ausführungsplanung durch ergänzende Angaben für die Objektplanung und Fachplanungen | – Mitwirken beim Prüfen und Anerkennen der Montage- und Werkstattplanung der ausführenden Unternehmen auf Übereinstimmung mit der Ausführungsplanung |
| **LPH 6 Mitwirkung bei der Vorbereitung der Vergabe** | |
| Beiträge zu Ausschreibungsunterlagen | |
| **LPH 7 Mitwirkung bei der Vergabe** | |
| Mitwirken beim Prüfen und Bewerten der Angebote auf Erfüllung der Anforderungen | – Prüfen von Nebenangeboten |
| **LPH 8 Objektüberwachung und Dokumentation** | |
| | – Mitwirken bei der Baustellenkontrolle<br>– Messtechnisches Überprüfen der Qualität der Bauausführung und von Bauteil- oder Raumeigenschaften |
| **LPH 9 Objektbetreuung** | |
| | – Mitwirken bei Audits in Zertifizierungsprozessen |

## Honorare für Grundleistungen für Wärmeschutz und Energiebilanzierung

(1) Das Honorar für die Grundleistungen nach Nummer 1.2.2 Absatz 2 richtet sich nach den anrechenbaren Kosten des Gebäudes gemäß § 33 nach der Honorarzone nach § 35, der das Gebäude zuzuordnen ist, und nach der Honorartafel in Absatz 2.

(2) Für die in Nummer 1.2.2 Absatz 2 genannten Grundleistungen für Wärmeschutz und Energiebilanzierung sind die in der nachstehenden Honorartafel aufgeführten Honorarspannen Orientierungswerte:

| Anrechenbare Kosten in Euro | Honorarzone I sehr geringe Anforderungen | | Honorarzone II geringe Anforderungen | | Honorarzone III durchschnittliche Anforderungen | | Honorarzone IV hohe Anforderungen | | Honorarzone V sehr hohe Anforderungen | |
|---|---|---|---|---|---|---|---|---|---|---|
| | von | bis | von | bis | von | bis | von | bis | von | bis |
| | Euro | | Euro | | Euro | | Euro | | Euro | |
| 250.000 | 1.757 | 2.023 | 2.023 | 2.395 | 2.395 | 2.928 | 2.928 | 3.300 | 3.300 | 3.566 |
| 275.000 | 1.789 | 2.061 | 2.061 | 2.440 | 2.440 | 2.982 | 2.982 | 3.362 | 3.362 | 3.633 |
| 300.000 | 1.821 | 2.097 | 2.097 | 2.484 | 2.484 | 3.036 | 3.036 | 3.422 | 3.422 | 3.698 |
| 350.000 | 1.883 | 2.168 | 2.168 | 2.567 | 2.567 | 3.138 | 3.138 | 3.537 | 3.537 | 3.822 |
| 400.000 | 1.941 | 2.235 | 2.235 | 2.647 | 2.647 | 3.235 | 3.235 | 3.646 | 3.646 | 3.941 |
| 500.000 | 2.049 | 2.359 | 2.359 | 2.793 | 2.793 | 3.414 | 3.414 | 3.849 | 3.849 | 4.159 |
| 600.000 | 2.146 | 2.471 | 2.471 | 2.926 | 2.926 | 3.576 | 3.576 | 4.031 | 4.031 | 4.356 |
| 750.000 | 2.273 | 2.617 | 2.617 | 3.099 | 3.099 | 3.788 | 3.788 | 4.270 | 4.270 | 4.614 |
| 1.000.000 | 2.440 | 2.809 | 2.809 | 3.327 | 3.327 | 4.066 | 4.066 | 4.583 | 4.583 | 4.953 |
| 1.250.000 | 2.748 | 3.164 | 3.164 | 3.747 | 3.747 | 4.579 | 4.579 | 5.162 | 5.162 | 5.579 |
| 1.500.000 | 3.050 | 3.512 | 3.512 | 4.159 | 4.159 | 5.083 | 5.083 | 5.730 | 5.730 | 6.192 |
| 2.000.000 | 3.639 | 4.190 | 4.190 | 4.962 | 4.962 | 6.065 | 6.065 | 6.837 | 6.837 | 7.388 |
| 2.500.000 | 4.213 | 4.851 | 4.851 | 5.745 | 5.745 | 7.022 | 7.022 | 7.916 | 7.916 | 8.554 |
| 3.500.000 | 5.329 | 6.136 | 6.136 | 7.266 | 7.266 | 8.881 | 8.881 | 10.012 | 10.012 | 10.819 |
| 5.000.000 | 6.944 | 7.996 | 7.996 | 9.469 | 9.469 | 11.573 | 11.573 | 13.046 | 13.046 | 14.098 |
| 7.500.000 | 9.532 | 10.977 | 10.977 | 12.999 | 12.999 | 15.887 | 15.887 | 17.909 | 17.909 | 19.354 |
| 10.000.000 | 12.033 | 13.856 | 13.856 | 16.408 | 16.408 | 20.055 | 20.055 | 22.607 | 22.607 | 24.430 |
| 15.000.000 | 16.856 | 19.410 | 19.410 | 22.986 | 22.986 | 28.094 | 28.094 | 31.670 | 31.670 | 34.224 |
| 20.000.000 | 21.516 | 24.776 | 24.776 | 29.339 | 29.339 | 35.859 | 35.859 | 40.423 | 40.423 | 43.683 |
| 25.000.000 | 26.056 | 30.004 | 30.004 | 35.531 | 35.531 | 43.427 | 43.427 | 48.954 | 48.954 | 52.902 |

(3) Für Umbauten und Modernisierungen kann bei einem durchschnittlichen Schwierigkeitsgrad ein Zuschlag gemäß § 6 Absatz 2 Satz 3 bis 33 % auf das Honorar in Textform vereinbart werden.

### Honorare für Grundleistungen der Bauakustik

(1) Für Grundleistungen der Bauakustik sind die Kosten für Baukonstruktionen und Anlagen der Technischen Ausrüstung anrechenbar. Der Umfang der mitzuverarbeitenden Bausubstanz kann angemessen berücksichtigt werden.

(2) Die Vertragsparteien können vereinbaren, dass die Kosten für besondere Bauausführungen ganz oder teilweise zu den anrechenbaren Kosten gehören, wenn hierdurch dem Auftragnehmer ein erhöhter Arbeitsaufwand entsteht.

(3) Für die in Nummer 1.2.2 Absatz 2 genannten Grundleistungen der Bauakustik sind die in der nachstehenden Honorartafel aufgeführten Honorarspannen Orientierungswerte:

| Anrechenbare Kosten in Euro | Honorarzone I geringe Anforderungen | | Honorarzone II durchschnittliche Anforderungen | | Honorarzone III hohe Anforderungen | |
|---|---|---|---|---|---|---|
| | von | bis | von | bis | von | bis |
| | Euro | | Euro | | Euro | |
| 250.000 | 1.729 | 1.985 | 1.985 | 2.284 | 2.284 | 2.625 |
| 275.000 | 1.840 | 2.113 | 2.113 | 2.431 | 2.431 | 2.794 |
| 300.000 | 1.948 | 2.237 | 2.237 | 2.574 | 2.574 | 2.959 |
| 350.000 | 2.156 | 2.475 | 2.475 | 2.847 | 2.847 | 3.273 |
| 400.000 | 2.353 | 2.701 | 2.701 | 3.108 | 3.108 | 3.573 |
| 500.000 | 2.724 | 3.127 | 3.127 | 3.598 | 3.598 | 4.136 |
| 600.000 | 3.069 | 3.524 | 3.524 | 4.055 | 4.055 | 4.661 |
| 750.000 | 3.553 | 4.080 | 4.080 | 4.694 | 4.694 | 5.396 |
| 1.000.000 | 4.291 | 4.927 | 4.927 | 5.669 | 5.669 | 6.516 |
| 1.250.000 | 4.968 | 5.704 | 5.704 | 6.563 | 6.563 | 7.544 |
| 1.500.000 | 5.599 | 6.429 | 6.429 | 7.397 | 7.397 | 8.503 |
| 2.000.000 | 6.763 | 7.765 | 7.765 | 8.934 | 8.934 | 10.270 |
| 2.500.000 | 7.830 | 8.990 | 8.990 | 10.343 | 10.343 | 11.890 |
| 3.500.000 | 9.766 | 11.213 | 11.213 | 12.901 | 12.901 | 14.830 |
| 5.000.000 | 12.345 | 14.174 | 14.174 | 16.307 | 16.307 | 18.746 |
| 7.500.000 | 16.114 | 18.502 | 18.502 | 21.287 | 21.287 | 24.470 |
| 10.000.000 | 19.470 | 22.354 | 22.354 | 25.719 | 25.719 | 29.565 |
| 15.000.000 | 25.422 | 29.188 | 29.188 | 33.582 | 33.582 | 38.604 |
| 20.000.000 | 30.722 | 35.273 | 35.273 | 40.583 | 40.583 | 46.652 |
| 25.000.000 | 35.585 | 40.857 | 40.857 | 47.008 | 47.008 | 54.037 |

(4) Für Umbauten und Modernisierungen kann bei einem durchschnittlichen Schwierigkeitsgrad ein Zuschlag gemäß § 6 Absatz 2 Satz 3 bis 33 % auf das Honorar in Textform vereinbart werden.

(5) Die Leistungen der Bauakustik werden den Honorarzonen anhand folgender Bewertungsmerkmale zugeordnet:

1. Art der Nutzung,
2. Anforderungen des Immissionsschutzes,

3. Anforderungen des Emissionsschutzes,
4. Art der Hüllkonstruktion, Anzahl der Konstruktionstypen,
5. Art und Intensität der Außenlärmbelastung,
6. Art und Umfang der Technischen Ausrüstung.

(6) § 52 Absatz 3 ist sinngemäß anzuwenden.

(7) Objektliste für die Bauakustik

Die nachstehend aufgeführten Innenräume werden in der Regel den Honorarzonen wie folgt zugeordnet:

| Objektliste – Bauakustik | Honorarzone | | |
|---|---|---|---|
| | I | II | III |
| Wohnhäuser, Heime, Schulen, Verwaltungsgebäude oder Banken mit jeweils durchschnittlicher Technischer Ausrüstung oder entsprechendem Ausbau | x | | |
| Heime, Schulen, Verwaltungsgebäude mit jeweils überdurchschnittlicher Technischer Ausrüstung oder entsprechendem Ausbau | | x | |
| Wohnhäuser mit versetzten Grundrissen | | x | |
| Wohnhäuser mit Außenlärmbelastungen | | x | |
| Hotels, soweit nicht in Honorarzone III erwähnt | | x | |
| Universitäten oder Hochschulen | | x | |
| Krankenhäuser, soweit nicht in Honorarzone III erwähnt | | x | |
| Gebäude für Erholung, Kur oder Genesung | | x | |
| Versammlungsstätten, soweit nicht in Honorarzone III erwähnt | | x | |
| Werkstätten mit schutzbedürftigen Räumen | | x | |
| Hotels mit umfangreichen gastronomischen Einrichtungen | | | x |
| Gebäude mit gewerblicher Nutzung oder Wohnnutzung | | | x |
| Krankenhäuser in bauakustisch besonders ungünstigen Lagen oder mit ungünstiger Anordnung der Versorgungseinrichtungen | | | x |
| Theater-, Konzert- oder Kongressgebäude | | | x |
| Tonstudios oder akustische Messräume | | | x |

## Honorare für Grundleistungen der Raumakustik

(1) Das Honorar für jeden Innenraum, für den Grundleistungen zur Raumakustik erbracht werden, richtet sich nach den anrechenbaren Kosten nach Absatz 2, nach der Honorarzone, der der Innenraum zuzuordnen ist, sowie nach der Honorartafel in Absatz 3.

(2) Für Grundleistungen der Raumakustik sind die Kosten für Baukonstruktionen und Technische Ausrüstung sowie die Kosten für die Ausstattung (DIN 276 – 1: 2008-12, Kostengruppe 610) des Innenraums anrechenbar. Die Kosten für die Baukonstruktionen und Technische Ausrüstung werden für die Anrechnung durch den Bruttorauminhalt des Gebäudes geteilt und mit dem Rauminhalt des Innenraums multipliziert. Der Umfang der mitzuverarbeitenden Bausubstanz kann angemessen berücksichtigt werden.

(3) Für die in Nummer 1.2.2 Absatz 2 genannten Grundleistungen der Raumakustik sind die in der nachstehenden Honorartafel aufgeführten Honorarspannen Orientierungswerte:

| Anrechenbare Kosten in Euro | Honorarzone I sehr geringe Anforderungen | | Honorarzone II geringe Anforderungen | | Honorarzone III durchschnittliche Anforderungen | | Honorarzone IV hohe Anforderungen | | Honorarzone V sehr hohe Anforderungen | |
|---|---|---|---|---|---|---|---|---|---|---|
| | von | bis | von | bis | von | bis | von | bis | von | bis |
| | Euro | | Euro | | Euro | | Euro | | Euro | |
| 50.000 | 1.714 | 2.226 | 2.226 | 2.737 | 2.737 | 3.279 | 3.279 | 3.790 | 3.790 | 4.301 |
| 75.000 | 1.805 | 2.343 | 2.343 | 2.882 | 2.882 | 3.452 | 3.452 | 3.990 | 3.990 | 4.528 |
| 100.000 | 1.892 | 2.457 | 2.457 | 3.021 | 3.021 | 3.619 | 3.619 | 4.183 | 4.183 | 4.748 |
| 150.000 | 2.061 | 2.676 | 2.676 | 3.291 | 3.291 | 3.942 | 3.942 | 4.557 | 4.557 | 5.171 |
| 200.000 | 2.225 | 2.888 | 2.888 | 3.551 | 3.551 | 4.254 | 4.254 | 4.917 | 4.917 | 5.581 |
| 250.000 | 2.384 | 3.095 | 3.095 | 3.806 | 3.806 | 4.558 | 4.558 | 5.269 | 5.269 | 5.980 |
| 300.000 | 2.540 | 3.297 | 3.297 | 4.055 | 4.055 | 4.857 | 4.857 | 5.614 | 5.614 | 6.371 |
| 400.000 | 2.844 | 3.693 | 3.693 | 4.541 | 4.541 | 5.439 | 5.439 | 6.287 | 6.287 | 7.136 |
| 500.000 | 3.141 | 4.078 | 4.078 | 5.015 | 5.015 | 6.007 | 6.007 | 6.944 | 6.944 | 7.881 |
| 750.000 | 3.860 | 5.011 | 5.011 | 6.163 | 6.163 | 7.382 | 7.382 | 8.533 | 8.533 | 9.684 |
| 1.000.000 | 4.555 | 5.913 | 5.913 | 7.272 | 7.272 | 8.710 | 8.710 | 10.069 | 10.069 | 11.427 |
| 1.500.000 | 5.896 | 7.655 | 7.655 | 9.413 | 9.413 | 11.275 | 11.275 | 13.034 | 13.034 | 14.792 |
| 2.000.000 | 7.193 | 9.338 | 9.338 | 11.483 | 11.483 | 13.755 | 13.755 | 15.900 | 15.900 | 18.045 |
| 2.500.000 | 8.457 | 10.979 | 10.979 | 13.501 | 13.501 | 16.172 | 16.172 | 18.694 | 18.694 | 21.217 |
| 3.000.000 | 9.696 | 12.588 | 12.588 | 15.479 | 15.479 | 18.541 | 18.541 | 21.433 | 21.433 | 24.325 |
| 4.000.000 | 12.115 | 15.729 | 15.729 | 19.342 | 19.342 | 23.168 | 23.168 | 26.781 | 26.781 | 30.395 |
| 5.000.000 | 14.474 | 18.791 | 18.791 | 23.108 | 23.108 | 27.679 | 27.679 | 31.996 | 31.996 | 36.313 |
| 6.000.000 | 16.786 | 21.793 | 21.793 | 26.799 | 26.799 | 32.100 | 32.100 | 37.107 | 37.107 | 42.113 |
| 7.000.000 | 19.060 | 24.744 | 24.744 | 30.429 | 30.429 | 36.448 | 36.448 | 42.133 | 42.133 | 47.817 |
| 7.500.000 | 20.184 | 26.204 | 26.204 | 32.224 | 32.224 | 38.598 | 38.598 | 44.618 | 44.618 | 50.638 |

(4) Für Umbauten und Modernisierungen kann bei einem durchschnittlichen Schwierigkeitsgrad ein Zuschlag gemäß § 6 Absatz 2 Satz 3 bis 33 % auf das Honorar in Textform vereinbart werden.

(5) Innenräume werden nach den in Absatz 6 genannten Bewertungsmerkmalen folgenden Honorarzonen zugeordnet:
1. Honorarzone I: Innenräume mit sehr geringen Anforderungen,
2. Honorarzone II: Innenräume mit geringen Anforderungen,
3. Honorarzone III: Innenräume mit durchschnittlichen Anforderungen,
4. Honorarzone IV: Innenräume mit hohen Anforderungen,
5. Honorarzone V: Innenräume mit sehr hohen Anforderungen.

(6) Die Leistungen der Raumakustik werden den Honorarzonen anhand folgender Bewertungsmerkmale zugeordnet:
1. Anforderungen an die Einhaltung der Nachhallzeit,
2. Einhalten eines bestimmten Frequenzganges der Nachhallzeit,
3. Anforderungen an die räumliche und zeitliche Schallverteilung,
4. akustische Nutzungsart des Innenraums,
5. Veränderbarkeit der akustischen Eigenschaften des Innenraums.

(7) Objektliste für die Raumakustik

Die nachstehend aufgeführten Innenräume werden in der Regel den Honorarzonen wie folgt zugeordnet:

| Objektliste – Raumakustik | Honorarzone | | | | |
|---|---|---|---|---|---|
| | I | II | III | IV | V |
| Pausenhallen, Spielhallen, Liege- und Wandelhallen | x | | | | |
| Großraumbüros | | x | | | |
| Unterrichts-, Vortrags- und Sitzungsräume | | | | | |
| – bis 500 m³ | | x | | | |
| – 500 bis 1500 m³ | | | x | | |
| – über 1500 m³ | | | | x | |
| Filmtheater | | | | | |
| – bis 1000 m³ | | x | | | |
| – 1000 bis 3000 m³ | | | x | | |
| – über 3000 m³ | | | | x | |
| Kirchen | | | | | |
| – bis 1000 m³ | | x | | | |
| – 1000 bis 3000 m³ | | | x | | |
| – über 3000 m³ | | | | x | |
| Sporthallen, Turnhallen | | | | | |
| – nicht teilbar, bis 1000 m³ | | x | | | |
| – teilbar, bis 3000 m³ | | | x | | |
| Mehrzweckhallen | | | | | |
| – bis 3000 m³ | | | | x | |
| – über 3000 m³ | | | | | x |
| Konzertsäle, Theater, Opernhäuser | | | | | x |
| Tonaufnahmeräume, akustische Messräume | | | | | x |
| Innenräume mit veränderlichen akustischen Eigenschaften | | | | | x |

(8) § 52 Absatz 3 kann sinngemäß angewendet werden.

## Geotechnik

### Anwendungsbereich

(1) Die Leistungen für Geotechnik umfassen die Beschreibung und Beurteilung der Baugrund- und Grundwasserverhältnisse für Gebäude und Ingenieurbauwerke im Hinblick auf das Objekt und die Erarbeitung einer Gründungsempfehlung. Dazu gehört auch die Beschreibung der Wechselwirkung zwischen Baugrund und Bauwerk sowie die Wechselwirkung mit der Umgebung.

(2) Die Leistungen umfassen insbesondere das Festlegen von Baugrundkennwerten und von Kennwerten für rechnerische Nachweise zur Standsicherheit und Gebrauchstauglichkeit des Objektes, die Abschätzung zum Schwankungsbereich des Grundwassers sowie die Einordnung des Baugrunds nach bautechnischen Klassifikationsmerkmalen.

### Besondere Grundlagen des Honorars

(1) Das Honorar der Grundleistungen richtet sich nach den anrechenbaren Kosten der Tragwerksplanung nach § 50 Absatz 1 bis 3 für das gesamte Objekt aus Bauwerk und Baugrube.

(2) *(weggefallen)*

### Leistungsbild Geotechnik

(1) Grundleistungen umfassen die Beschreibung und Beurteilung der Baugrund- und Grundwasserverhältnisse sowie die daraus abzuleitenden Empfehlungen für die Gründung einschließlich der Angabe der Bemessungsgrößen für eine Flächen- oder Pfahlgründung, Hinweise zur Herstellung und Trockenhaltung der Baugrube und des Bauwerks, Angaben zur Auswirkung des Bauwerks auf die Umgebung und auf Nachbarbauwerke sowie Hinweise zur Bauausführung. Die Darstellung der Inhalte erfolgt im Geotechnischen Bericht.

(2) Die Grundleistungen werden in folgenden Teilleistungen zusammengefasst und wie folgt in Prozentsätzen der Honorare der Nummer 1.3.4 bewertet:

1. für die Teilleistung a (Grundlagenermittlung und Erkundungskonzept) mit 15 %,
2. für die Teilleistung b (Beschreiben der Baugrund- und Grundwasserverhältnisse) mit 35 %,
3. für die Teilleistung c (Beurteilung der Baugrund- und Grundwasserverhältnisse, Empfehlungen, Hinweise, Angaben zur Bemessung der Gründung) mit 50 %.

(3) Das Leistungsbild setzt sich wie folgt zusammen:

| Grundleistungen | Besondere Leistungen |
|---|---|
| **Geotechnischer Bericht** | |
| a) Grundlagenermittlung und Erkundungskonzept<br>– Klären der Aufgabenstellung, Ermitteln der Baugrund- und Grundwasserverhältnisse auf Basis vorhandener Unterlagen<br>– Festlegen und Darstellen der erforderlichen Baugrunderkundungen<br>b) Beschreiben der Baugrund- und Grundwasserverhältnisse<br>– Auswerten und Darstellen der Baugrunderkundungen sowie der Labor- und Felduntersuchungen<br>– Abschätzen des Schwankungsbereichs von Wasserständen und/oder Druckhöhen im Boden<br>– Klassifizieren des Baugrunds und Festlegen der Baugrundkennwerte<br>c) Beurteilung der Baugrund- und Grundwasserverhältnisse, Empfehlungen, Hinweise, Angaben zur Bemessung der Gründung<br>– Beurteilung des Baugrunds<br>– Empfehlung für die Gründung mit Angabe der geotechnischen Bemessungsparameter (zum Beispiel Angaben zur Bemessung einer Flächen- oder Pfahlgründung)<br>– Angabe der zu erwartenden Setzungen für die vom Tragwerksplaner im Rahmen der Entwurfsplanung nach § 49 zu erbringenden Grundleistungen<br>– Hinweise zur Herstellung und Trockenhaltung der Baugrube und des Bauwerks sowie Angaben zur Auswirkung der Baumaßnahme auf Nachbarbauwerke<br>– Allgemeine Angaben zum Erdbau<br>– Angaben zur geotechnischen Eignung von Aushubmaterial zur Wiederverwendung bei der betreffenden Baumaßnahme sowie Hinweise zur Bauausführung | – Beschaffen von Bestandsunterlagen<br>– Vorbereiten und Mitwirken bei der Vergabe von Aufschlussarbeiten und deren Überwachung<br>– Veranlassen von Labor- und Felduntersuchungen<br>– Aufstellen von geotechnischen Berechnungen zur Standsicherheit oder Gebrauchstauglichkeit, wie zum Beispiel Setzungs-, Grundbruch- und Geländebruchberechnungen<br>– Aufstellen von hydrogeologischen, geohydraulischen und besonderen numerischen Berechnungen<br>– Beratung zu Dränanlagen, Anlagen zur Grundwasserabsenkung oder sonstigen ständigen oder bauzeitlichen Eingriffen in das Grundwasser<br>– Beratung zu Probebelastungen sowie fachtechnisches Betreuen und Auswerten<br>– geotechnische Beratung zu Gründungselementen, Baugruben- oder Hangsicherungen und Erdbauwerken, Mitwirkung bei der Beratung zur Sicherung von Nachbarbauwerken<br>– Untersuchungen zur Berücksichtigung dynamischer Beanspruchungen bei der Bemessung des Objekts oder seiner Gründung sowie Beratungsleistungen zur Vermeidung oder Beherrschung von dynamischen Einflüssen<br>– Mitwirken bei der Bewertung von Nebenangeboten aus geotechnischer Sicht<br>– Mitwirken während der Planung oder Ausführung des Objekts sowie Besprechungs- und Ortstermine<br>– geotechnische Freigaben |

## Honorare Geotechnik

(1) Für die in Nummer 1.3.3 Absatz 3 genannten Grundleistungen sind die in der nachstehenden Honorartafel aufgeführten Honorarspannen Orientierungswerte:

| Anrechenbare Kosten in Euro | Honorarzone I sehr geringe Anforderungen | | Honorarzone II geringe Anforderungen | | Honorarzone III durchschnittliche Anforderungen | | Honorarzone IV hohe Anforderungen | | Honorarzone V sehr hohe Anforderungen | |
|---|---|---|---|---|---|---|---|---|---|---|
| | von | bis | von | bis | von | bis | von | bis | von | bis |
| | Euro | | Euro | | Euro | | Euro | | Euro | |
| 50.000 | 789 | 1.222 | 1.222 | 1.654 | 1.654 | 2.105 | 2.105 | 2.537 | 2.537 | 2.970 |
| 75.000 | 951 | 1.472 | 1.472 | 1.993 | 1.993 | 2.537 | 2.537 | 3.058 | 3.058 | 3.579 |
| 100.000 | 1.086 | 1.681 | 1.681 | 2.276 | 2.276 | 2.896 | 2.896 | 3.491 | 3.491 | 4.086 |
| 125.000 | 1.204 | 1.863 | 1.863 | 2.522 | 2.522 | 3.210 | 3.210 | 3.869 | 3.869 | 4.528 |
| 150.000 | 1.309 | 2.026 | 2.026 | 2.742 | 2.742 | 3.490 | 3.490 | 4.207 | 4.207 | 4.924 |
| 200.000 | 1.494 | 2.312 | 312 | 3.130 | 3.130 | 3.984 | 3.984 | 4.802 | 4.802 | 5.621 |
| 300.000 | 1.800 | 2.786 | 2.786 | 3.772 | 3.772 | 4.800 | 4.800 | 5.786 | 5.786 | 6.772 |
| 400.000 | 2.054 | 3.179 | 3.179 | 4.304 | 4.304 | 5.478 | 5.478 | 6.603 | 6.603 | 7.728 |
| 500.000 | 2.276 | 3.522 | 3.522 | 4.768 | 4.768 | 6.069 | 6.069 | 7.315 | 7.315 | 8.561 |
| 750.000 | 2.740 | 4.241 | 4.241 | 5.741 | 5.741 | 7.307 | 7.307 | 8.808 | 8.808 | 10.308 |
| 1.000.000 | 3.125 | 4.836 | 4.836 | 6.548 | 6.548 | 8.334 | 8.334 | 10.045 | 10.045 | 11.756 |
| 1.500.000 | 3.765 | 5.827 | 5.827 | 7.889 | 7.889 | 10.041 | 10.041 | 12.103 | 12.103 | 14.165 |
| 2.000.000 | 4.297 | 6.650 | 6.650 | 9.003 | 9.003 | 11.459 | 11.459 | 13.812 | 13.812 | 16.165 |
| 3.000.000 | 5.175 | 8.009 | 8.009 | 10.842 | 10.842 | 13.799 | 13.799 | 16.633 | 16.633 | 19.467 |
| 5.000.000 | 6.535 | 10.114 | 10.114 | 13.693 | 13.693 | 17.428 | 17.428 | 21.007 | 21.007 | 24.586 |
| 7.500.000 | 7.878 | 12.192 | 12.192 | 16.506 | 16.506 | 21.007 | 21.007 | 25.321 | 25.321 | 29.635 |
| 10.000.000 | 8.994 | 13.919 | 13.919 | 18.844 | 18.844 | 23.983 | 23.983 | 28.909 | 28.909 | 33.834 |
| 15.000.000 | 10.839 | 16.775 | 16.775 | 22.711 | 22.711 | 28.905 | 28.905 | 34.840 | 34.840 | 40.776 |
| 20.000.000 | 12.373 | 19.148 | 19.148 | 25.923 | 25.923 | 32.993 | 32.993 | 39.769 | 39.769 | 46.544 |
| 25.000.000 | 13.708 | 21.215 | 21.215 | 28.722 | 28.722 | 36.556 | 36.556 | 44.063 | 44.063 | 51.570 |

(2) Die Honorarzone wird bei den geotechnischen Grundleistungen auf Grund folgender Bewertungsmerkmale ermittelt:

1. Honorarzone I: Gründungen mit sehr geringem Schwierigkeitsgrad, insbesondere gering setzungsempfindliche Objekte mit einheitlicher Gründungsart bei annähernd regelmäßigem Schichtenaufbau des Untergrunds mit einheitlicher Tragfähigkeit und Setzungsfähigkeit innerhalb der Baufläche;
2. Honorarzone II: Gründungen mit geringem Schwierigkeitsgrad, insbesondere
   - setzungsempfindliche Objekte sowie gering setzungsempfindliche Objekte mit bereichsweise unterschiedlicher Gründungsart oder bereichsweise stark unterschiedlichen Lasten bei annähernd regelmäßigem Schichtenaufbau des Untergrunds mit einheitlicher Tragfähigkeit und Setzungsfähigkeit innerhalb der Baufläche,
   - gering setzungsempfindliche Objekte mit einheitlicher Gründungsart bei unregelmäßigem Schichtenaufbau des Untergrunds mit unterschiedlicher Tragfähigkeit und Setzungsfähigkeit innerhalb der Baufläche;
3. Honorarzone III: Gründungen mit durchschnittlichem Schwierigkeitsgrad, insbesondere
   - stark setzungsempfindliche Objekte bei annähernd regelmäßigem Schichtenaufbau des Untergrunds mit einheitlicher Tragfähigkeit und Setzungsfähigkeit innerhalb der Baufläche,
   - setzungsempfindliche Objekte sowie gering setzungsempfindliche Bauwerke mit bereichsweise unterschiedlicher Gründungsart oder bereichsweise stark unterschiedlichen Lasten bei unregelmäßigem Schichtenaufbau des Untergrunds mit unterschiedlicher Tragfähigkeit und Setzungsfähigkeit innerhalb der Baufläche,
   - gering setzungsempfindliche Objekte mit einheitlicher Gründungsart bei unregelmäßigem Schichtenaufbau des Untergrunds mit stark unterschiedlicher Tragfähigkeit und Setzungsfähigkeit innerhalb der Baufläche;
4. Honorarzone IV: Gründungen mit hohem Schwierigkeitsgrad, insbesondere
   - stark setzungsempfindliche Objekte bei unregelmäßigem Schichtenaufbau des Untergrunds mit unterschiedlicher Tragfähigkeit und Setzungsfähigkeit innerhalb der Baufläche,
   - setzungsempfindliche Objekte sowie gering setzungsempfindliche Objekte mit bereichsweise unterschiedlicher Gründungsart oder bereichsweise stark unterschiedlichen Lasten bei unregelmäßigem Schichtenaufbau des Untergrunds mit stark unterschiedlicher Tragfähigkeit und Setzungsfähigkeit innerhalb der Baufläche;
5. Honorarzone V: Gründungen mit sehr hohem Schwierigkeitsgrad, insbesondere stark setzungsempfindliche Objekte bei unregelmäßigem Schichtenaufbau des Untergrunds mit stark unterschiedlicher Tragfähigkeit und Setzungsfähigkeit innerhalb der Baufläche.

(3) § 52 Absatz 3 ist sinngemäß anzuwenden.

(4) Die Aspekte des Grundwassereinflusses auf das Objekt und die Nachbarbebauung sind bei der Festlegung der Honorarzone zusätzlich zu berücksichtigen.

## Ingenieurvermessung

### Anwendungsbereich

(1) Leistungen der Ingenieurvermessung beziehen das Erfassen raumbezogener Daten über Bauwerke und Anlagen, Grundstücke und Topografie, das Erstellen von Plänen, das Übertragen von Planungen in die Örtlichkeit sowie das vermessungstechnische Überwachen der Bauausführung ein, soweit die Leistungen mit besonderen instrumentellen und vermessungstechnischen Verfahrensanforderungen erbracht werden müssen. Ausgenommen von Satz 1 sind Leistungen, die nach landesrechtlichen Vorschriften für Zwecke der Landesvermessung und des Liegenschaftskatasters durchgeführt werden.

(2) Zur Ingenieurvermessung gehören:

1. Planungsbegleitende Vermessungen für die Planung und den Entwurf von Gebäuden, Ingenieurbauwerken, Verkehrsanlagen sowie für Flächenplanungen,
2. Bauvermessung vor und während der Bauausführung und die abschließende Bestandsdokumentation von Gebäuden, Ingenieurbauwerken und Verkehrsanlagen,
3. sonstige vermessungstechnische Leistungen:
   - Vermessung an Objekten außerhalb der Planungs- und Bauphase,
   - Vermessung bei Wasserstraßen,
   - Fernerkundungen, die das Aufnehmen, Auswerten und Interpretieren von Luftbildern und anderer raumbezogener Daten umfassen, die durch Aufzeichnung über eine große Distanz erfasst sind, als Grundlage insbesondere für Zwecke der Raumordnung und des Umweltschutzes,
   - vermessungstechnische Leistungen zum Aufbau von geografisch-geometrischen Datenbasen für raumbezogene Informationssysteme sowie
   - vermessungstechnische Leistungen, soweit sie nicht in Absatz 1 und Absatz 2 erfasst sind.

### Grundlagen des Honorars bei der Planungsbegleitenden Vermessung

(1) Das Honorar für Grundleistungen der Planungsbegleitenden Vermessung richtet sich nach der Summe der Verrechnungseinheiten, der Honorarzone in Nummer 1.4.3 und der Honorartafel in Nummer 1.4.8.

(2) Die Verrechnungseinheiten berechnen sich aus der Größe der aufzunehmenden Flächen und deren Punktdichte. Die Punktdichte beschreibt die durchschnittliche Anzahl der für die Erfassung der planungsrelevanten Daten je Hektar zu messenden Punkte.

(3) Abhängig von der Punktdichte werden die Flächen den nachstehenden Verrechnungseinheiten (VE) je Hektar (ha) zugeordnet:

| | |
|---|---|
| Flächenklasse 1<br>(bis 50 Punkte/ha) | 40 VE |
| Flächenklasse 2<br>(51–73 Punkte/ha) | 50 VE |

(Fortsetzung)

| | |
|---|---|
| Flächenklasse 3<br>(74–100 Punkte/ha) | 60 VE |
| Flächenklasse 4<br>(101–131 Punkte/ha) | 70 VE |
| Flächenklasse 5<br>(132–166 Punkte/ha) | 80 VE |
| Flächenklasse 6<br>(167–203 Punkte/ha) | 90 VE |
| Flächenklasse 7<br>(204–244 Punkte/ha) | 100 VE |
| Flächenklasse 8<br>(245–335 Punkte/ha) | 120 VE |
| Flächenklasse 9<br>(336–494 Punkte/ha) | 150 VE |
| Flächenklasse 10<br>(495–815 Punkte/ha) | 200 VE |
| Flächenklasse 11<br>(816–1650 Punkte/ha) | 300 VE |
| Flächenklasse 12<br>(1651–4000 Punkte/ha) | 500 VE |
| Flächenklasse 13<br>(4001–9000 Punkte/ha) | 800 VE. |

(4) Umfasst ein Auftrag Vermessungen für mehrere Objekte, so werden die Honorare für die Vermessung jedes Objekts getrennt berechnet.

## Honorarzonen für Grundleistungen bei der Planungsbegleitenden Vermessung

(1) Die Honorarzone wird bei der Planungsbegleitenden Vermessung auf Grund folgender Bewertungsmerkmale ermittelt:

a) Qualität der vorhandenen Daten und Kartenunterlagen
sehr hoch ........................................ 1 Punkt
hoch ........................................ 2 Punkte
befriedigend ........................................ 3 Punkte
kaum ausreichend ........................................ 4 Punkte
mangelhaft ........................................ 5 Punkte

b) Qualität des vorhandenen geodätischen Raumbezugs
sehr hoch ........................................ 1 Punkt
hoch ........................................ 2 Punkte
befriedigend ........................................ 3 Punkte
kaum ausreichend ........................................ 4 Punkte
mangelhaft ........................................ 5 Punkte

c) Anforderungen an die Genauigkeit
sehr gering ........ 1 Punkt
gering ........ 2 Punkte
durchschnittlich ........ 3 Punkte
hoch ........ 4 Punkte
sehr hoch ........ 5 Punkte

d) Beeinträchtigungen durch die Geländebeschaffenheit und bei der Begehbarkeit
sehr gering ........ 1 bis 2 Punkte
gering ........ 3 bis 4 Punkte
durchschnittlich ........ 5 bis 6 Punkte
hoch ........ 7 bis 8 Punkte
sehr hoch 9 bis 10 Punkte

e) Behinderung durch Bebauung und Bewuchs
sehr gering ........ 1 bis 3 Punkte
gering ........ 4 bis 6 Punkte
durchschnittlich ........ 7 bis 9 Punkte
hoch ........ 10 bis 12 Punkte
sehr hoch ........ 13 bis 15 Punkte

f) Behinderung durch Verkehr
sehr gering ........ 1 bis 3 Punkte
gering ........ 4 bis 6 Punkte
durchschnittlich ........ 7 bis 9 Punkte
hoch ........ 10 bis 12 Punkte
sehr hoch ........ 13 bis 15 Punkte

(2) Die Honorarzone ergibt sich aus der Summe der Bewertungspunkte wie folgt:
Honorarzone I ........ bis 13 Punkte
Honorarzone II ........ 14 bis 23 Punkte
Honorarzone III ........ 24 bis 34 Punkte
Honorarzone IV ........ 35 bis 44 Punkte
Honorarzone V ........ 45 bis 55 Punkte.

## Leistungsbild Planungsbegleitende Vermessung

(1) Das Leistungsbild Planungsbegleitende Vermessung umfasst die Aufnahme planungsrelevanter Daten und die Darstellung in analoger und digitaler Form für die Planung und den Entwurf von Gebäuden, Ingenieurbauwerken, Verkehrsanlagen sowie für Flächenplanungen.

(2) Die Grundleistungen sind in vier Leistungsphasen zusammengefasst und werden wie folgt in Prozentsätzen der Honorare der Nummer 1.4.8 Absatz 1 bewertet:

1. für die Leistungsphase 1 (Grundlagenermittlung) mit 5 %,
2. für die Leistungsphase 2 (Geodätischer Raumbezug) mit 20 %,
3. für die Leistungsphase 3 (Vermessungstechnische Grundlagen) mit 65 %,
4. für die Leistungsphase 4 (Digitales Geländemodell) mit 10 %.

(3) Das Leistungsbild setzt sich wie folgt zusammen:

| Grundleistungen | Besondere Leistungen |
|---|---|
| **1. Grundlagenermittlung** | |
| a) Einholen von Informationen und Beschaffen von Unterlagen über die Örtlichkeit und das geplante Objekt<br>b) Beschaffen vermessungstechnischer Unterlagen und Daten<br>c) Ortsbesichtigung<br>d) Ermitteln des Leistungsumfangs in Abhängigkeit von den Genauigkeitsanforderungen und dem Schwierigkeitsgrad | – Schriftliches Einholen von Genehmigungen zum Betreten von Grundstücken, von Bauwerken, zum Befahren von Gewässern und für anordnungsbedürftige Verkehrssicherungsmaßnahmen |
| **2. Geodätischer Raumbezug** | |
| a) Erkunden und Vermarken von Lage- und Höhenfestpunkten<br>b) Fertigen von Punktbeschreibungen und Einmessungsskizzen<br>c) Messungen zum Bestimmen der Fest- und Passpunkte<br>d) Auswerten der Messungen und Erstellen des Koordinaten- und Höhenverzeichnisses | – Entwurf, Messung und Auswertung von Sondernetzen hoher Genauigkeit<br>– Vermarken auf Grund besonderer Anforderungen<br>– Aufstellung von Rahmenmessprogrammen |
| **3. Vermessungstechnische Grundlagen** | |
| a) Topografische/morphologische Geländeaufnahme einschließlich Erfassen von Zwangspunkten und planungsrelevanter Objekte<br>b) Aufbereiten und Auswerten der erfassten Daten<br>c) Erstellen eines digitalen Lagemodells mit ausgewählten planungsrelevanten Höhenpunkten<br>d) Übernehmen von Kanälen, Leitungen, Kabeln und unterirdischen Bauwerken aus vorhandenen Unterlagen<br>e) Übernehmen des Liegenschaftskatasters<br>f) Übernehmen der bestehenden öffentlich-rechtlichen Festsetzungen<br>g) Erstellen von Plänen mit Darstellen der Situation im Planungsbereich mit ausgewählten planungsrelevanten Höhenpunkten<br>h) Liefern der Pläne und Daten in analoger und digitaler Form | – Maßnahmen für anordnungsbedürftige Verkehrssicherung<br>– Orten und Aufmessen des unterirdischen Bestandes<br>– Vermessungsarbeiten unter Tage, unter Wasser oder bei Nacht<br>– Detailliertes Aufnehmen bestehender Objekte und Anlagen neben der normalen topografischen Aufnahme wie zum Beispiel Fassaden und Innenräume von Gebäuden<br>– Ermitteln von Gebäudeschnitten<br>– Aufnahmen über den festgelegten Planungsbereich hinaus<br>– Erfassen zusätzlicher Merkmale wie zum Beispiel Baumkronen<br>– Eintragen von Eigentümerangaben<br>– Darstellen in verschiedenen Maßstäben<br>– Ausarbeiten der Lagepläne entsprechend der rechtlichen Bedingungen für behördliche Genehmigungsverfahren<br>– Übernahme der Objektplanung in ein digitales Lagemodell |

(Fortsetzung)

| Grundleistungen | Besondere Leistungen |
|---|---|
| **4. Digitales Geländemodell** | |
| a) Selektion der die Geländeoberfläche beschreibenden Höhenpunkte und Bruchkanten aus der Geländeaufnahme<br>b) Berechnung eines digitalen Geländemodells<br>c) Ableitung von Geländeschnitten<br>d) Darstellen der Höhen in Punkt-, Raster- oder Schichtlinienform<br>e) Liefern der Pläne und Daten in analoger und digitaler Form | |

## Grundlagen des Honorars bei der Bauvermessung

(1) Das Honorar für Grundleistungen bei der Bauvermessung richtet sich nach den anrechenbaren Kosten des Objekts, der Honorarzone in Nummer 1.4.6 und der Honorartafel in Nummer 1.4.8 Absatz 2.

(2) Anrechenbare Kosten sind die Herstellungskosten des Objekts. Diese werden entsprechend § 4 Absatz 1 und
1. bei Gebäuden entsprechend § 33,
2. bei Ingenieurbauwerken entsprechend § 42,
3. bei Verkehrsanlagen entsprechend § 46

ermittelt. Anrechenbar sind bei Ingenieurbauwerken 100 %, bei Gebäuden und Verkehrsanlagen 80 % der ermittelten Kosten.

(3) Die Absätze 1 und 2 sowie die Nummer 1.4.6 und Nummer 1.4.7 finden keine Anwendung für vermessungstechnische Grundleistungen bei ober- und unterirdischen Leitungen, Tunnel-, Stollen- und Kavernenbauwerken, innerörtlichen Verkehrsanlagen mit überwiegend innerörtlichem Verkehr, bei Geh- und Radwegen sowie Gleis- und Bahnsteiganlagen.

## Honorarzonen für Grundleistungen bei der Bauvermessung

(1) Die Honorarzone wird bei der Bauvermessung auf Grund folgender Bewertungsmerkmale ermittelt:

a) Beeinträchtigungen durch die Geländebeschaffenheit und bei der Begehbarkeit
sehr gering ........................................................ 1 Punkt
gering ................................................................ 2 Punkte
durchschnittlich ................................................ 3 Punkte
hoch .................................................................. 4 Punkte
sehr hoch .......................................................... 5 Punkte

b) Behinderungen durch Bebauung und Bewuchs
sehr gering ........................................................ 1 bis 2 Punkte
gering ................................................................ 3 bis 4 Punkte
durchschnittlich ................................................. 5 bis 6 Punkte
hoch .................................................................. 7 bis 8 Punkte
sehr hoch .......................................................... 9 bis 10 Punkte

c) Behinderung durch den Verkehr
sehr gering ........................................................ 1 bis 2 Punkte
gering ................................................................ 3 bis 4 Punkte
durchschnittlich ................................................. 5 bis 6 Punkte
hoch .................................................................. 7 bis 8 Punkte
sehr hoch .......................................................... 9 bis 10 Punkte

d) Anforderungen an die Genauigkeit
sehr gering ........................................................ 1 bis 2 Punkte
gering ................................................................ 3 bis 4 Punkte
durchschnittlich ................................................. 5 bis 6 Punkte
hoch .................................................................. 7 bis 8 Punkte
sehr hoch .......................................................... 9 bis 10 Punkte

e) Anforderungen durch die Geometrie des Objekts
sehr gering ........................................................ 1 bis 2 Punkte
gering ................................................................ 3 bis 4 Punkte
durchschnittlich ................................................. 5 bis 6 Punkte
hoch .................................................................. 7 bis 8 Punkte
sehr hoch 9 bis 10 Punkte

f) Behinderung durch den Baubetrieb
sehr gering ........................................................ 1 bis 3 Punkte
gering ................................................................ 4 bis 6 Punkte
durchschnittlich ................................................. 7 bis 9 Punkte
hoch .................................................................. 10 bis 12 Punkte
sehr hoch .......................................................... 13 bis 15 Punkte.

(2) Die Honorarzone ergibt sich aus der Summe der Bewertungspunkte wie folgt:
Honorarzone I ..................................................... bis 14 Punkte
Honorarzone II .................................................... 15 bis 25 Punkte
Honorarzone III ................................................... 26 bis 37 Punkte
Honorarzone IV ................................................... 38 bis 48 Punkte
Honorarzone V .................................................... 49 bis 60 Punkte.

## Leistungsbild Bauvermessung

(1) Das Leistungsbild Bauvermessung umfasst die Vermessungsleistungen für den Bau und die abschließende Bestandsdokumentation von Gebäuden, Ingenieurbauwerken und Verkehrsanlagen.

(2) Die Grundleistungen werden in fünf Leistungsphasen zusammengefasst und wie folgt in Prozentsätzen der Honorare der Nummer 1.4.8 Absatz 2 bewertet:
1. für die Leistungsphase 1 (Baugeometrische Beratung) mit 2 %,
2. für die Leistungsphase 2 (Absteckungsunterlagen) mit 5 %,
3. für die Leistungsphase 3 (Bauvorbereitende Vermessung) mit 16 %,
4. für die Leistungsphase 4 (Bauausführungsvermessung) mit 62 %,
5. für die Leistungsphase 5 (Vermessungstechnische Überwachung der Bauausführung) mit 15 %.

(3) Das Leistungsbild setzt sich wie folgt zusammen:

| Grundleistungen | Besondere Leistungen |
|---|---|
| **1. Baugeometrische Beratung** | |
| a) Ermitteln des Leistungsumfanges in Abhängigkeit vom Projekt<br>b) Beraten, insbesondere im Hinblick auf die erforderlichen Genauigkeiten und zur Konzeption eines Messprogramms<br>c) Festlegen eines für alle Beteiligten verbindlichen Maß-, Bezugs- und Benennungssystems | – Erstellen von vermessungstechnischen Leistungsbeschreibungen<br>– Erarbeiten von Organisationsvorschlägen über Zuständigkeiten, Verantwortlichkeit und Schnittstellen der Objektvermessung<br>– Erstellen von Messprogrammen für Bewegungsund Deformationsmessungen einschließlich Vorgaben für die Baustelleneinrichtung |
| **2. Absteckungsunterlagen** | |
| a) Berechnen der Detailgeometrie anhand der Ausführungsplanung, Erstellen eines Absteckungsplanes und Berechnen von Absteckungsdaten einschließlich Aufzeigen von Widersprüchen (Absteckungsunterlagen) | – Durchführen von zusätzlichen Aufnahmen und ergänzenden Berechnungen, falls keine qualifizierten Unterlagen aus der Leistungsphase vermessungstechnische Grundlagen vorliegen<br>– Durchführen von Optimierungsberechnungen im Rahmen der Baugeometrie (zum Beispiel Flächennutzung, Abstandsflächen)<br>– Erarbeitung von Vorschlägen zur Beseitigung von Widersprüchen bei der Verwendung von Zwangspunkten (zum Beispiel bauordnungsrechtliche Vorgaben) |
| **3. Bauvorbereitende Vermessung** | |
| a) Prüfen und Ergänzen des bestehenden Festpunktfelds<br>b) Zusammenstellung und Aufbereitung der Absteckungsdaten<br>c) Absteckung: Übertragen der Projektgeometrie (Hauptpunkte) und des Baufelds in die Örtlichkeit<br>d) Übergabe der Lage- und Höhenfestpunkte, der Hauptpunkte und der Absteckungsunterlagen an das bauausführende Unternehmen | – Absteckung auf besondere Anforderungen (zum Beispiel Archäologie, Ausholzung, Grobabsteckung, Kampfmittelräumung) |

(Fortsetzung)

| Grundleistungen | Besondere Leistungen |
|---|---|
| **4. Bauausführungsvermessung** | |
| a) Messungen zur Verdichtung des Lage- und Höhenfestpunktfeldes<br>b) Messungen zur Überprüfung und Sicherung von Fest- und Achspunkten<br>c) Baubegleitende Absteckungen der geometriebestimmenden Bauwerkspunkte nach Lage und Höhe<br>d) Messungen zur Erfassung von Bewegungen und Deformationen des zu erstellenden Objekts an konstruktiv bedeutsamen Punkten<br>e) Baubegleitende Eigenüberwachungsmessungen und deren Dokumentation<br>f) Fortlaufende Bestandserfassung während der Bauausführung als Grundlage für den Bestandplan | – Erstellen und Konkretisieren des Messprogramms<br>– Absteckungen unter Berücksichtigung von belastungs- und fertigungstechnischen Verformungen<br>– Prüfen der Maßgenauigkeit von Fertigteilen<br>– Aufmaß von Bauleistungen, soweit besondere vermessungstechnische Leistungen gegeben sind<br>– Ausgabe von Baustellenbestandsplänen während der Bauausführung<br>– Fortführen der vermessungstechnischen Bestandspläne nach Abschluss der Grundleistungen<br>– Herstellen von Bestandsplänen |
| **5. Vermessungstechnische Überwachung der Bauausführung** | |
| a) Kontrollieren der Bauausführung durch stichprobenartige Messungen an Schalungen und entstehenden Bauteilen (Kontrollmessungen)<br>b) Fertigen von Messprotokollen<br>c) Stichprobenartige Bewegungs- und Deformationsmessungen an konstruktiv bedeutsamen Punkten des zu erstellenden Objekts | – Prüfen der Mengenermittlungen<br>– Beratung zu langfristigen vermessungstechnischen Objektüberwachungen im Rahmen der Ausführungskontrolle baulicher Maßnahmen und deren Durchführung<br>– Vermessungen für die Abnahme von Bauleistungen, soweit besondere vermessungstechnische Anforderungen gegeben sind |

(4) Die Leistungsphase 4 ist abweichend von Absatz 2 bei Gebäuden mit 45 bis 62 % zu bewerten.

## Honorare für Grundleistungen bei der Ingenieurvermessung

(1) Für die in Nummer 1.4.4 Absatz 3 genannten Grundleistungen der Planungsbegleitenden Vermessung sind die in der nachstehenden Honorartafel aufgeführten Honorarspannen Orientierungswerte:

| Verrechnungs-einheiten | Honorarzone I sehr geringe Anforderungen | | Honorarzone II geringe Anforderungen | | Honorarzone III durchschnittliche Anforderungen | | Honorarzone IV hohe Anforderungen | | Honorarzone V sehr hohe Anforderungen | |
|---|---|---|---|---|---|---|---|---|---|---|
| | von | bis | von | bis | von | bis | von | bis | von | bis |
| | Euro | | Euro | | Euro | | Euro | | Euro | |
| 6 | 658 | 777 | 777 | 914 | 914 | 1.051 | 1.051 | 1.170 | 1.170 | 1.289 |
| 20 | 953 | 1.123 | 1.123 | 1.306 | 1.306 | 1.489 | 1.489 | 1.659 | 1.659 | 1.828 |
| 50 | 1.480 | 1.740 | 1.740 | 2.000 | 2.000 | 2.260 | 2.260 | 2.520 | 2.520 | 2.780 |
| 103 | 2.225 | 2.616 | 2.616 | 3.007 | 3.007 | 3.399 | 3.399 | 3.790 | 3.790 | 4.182 |
| 188 | 3.325 | 3.826 | 3.826 | 4.327 | 4.327 | 4.829 | 4.829 | 5.330 | 5.330 | 5.831 |
| 278 | 4.320 | 4.931 | 4.931 | 5.542 | 5.542 | 6.153 | 6.153 | 6.765 | 6.765 | 7.376 |
| 359 | 5.156 | 5.826 | 5.826 | 6.547 | 6.547 | 7.217 | 7.217 | 7.939 | 7.939 | 8.609 |
| 435 | 5.881 | 6.656 | 6.656 | 7.437 | 7.437 | 8.212 | 8.212 | 8.994 | 8.994 | 9.768 |
| 506 | 6.547 | 7.383 | 7.383 | 8.219 | 8.219 | 9.055 | 9.055 | 9.892 | 9.892 | 10.728 |
| 659 | 7.867 | 8.859 | 8.859 | 9.815 | 9.815 | 10.809 | 10.809 | 11.765 | 11.765 | 12.757 |
| 822 | 9.187 | 10.299 | 10.299 | 11.413 | 11.413 | 12.513 | 12.513 | 13.625 | 13.625 | 14.737 |
| 1.105 | 11.332 | 12.667 | 12.667 | 14.002 | 14.002 | 15.336 | 15.336 | 16.672 | 16.672 | 18.006 |
| 1.400 | 13.525 | 14.977 | 14.977 | 16.532 | 16.532 | 18.086 | 18.086 | 19.642 | 19.642 | 21.196 |
| 2.033 | 17.714 | 19.597 | 19.597 | 21.592 | 21.592 | 23.586 | 23.586 | 25.582 | 25.582 | 27.576 |
| 2.713 | 21.894 | 24.217 | 24.217 | 26.652 | 26.652 | 29.086 | 29.086 | 31.522 | 31.522 | 33.956 |
| 3.430 | 26.074 | 28.837 | 28.837 | 31.712 | 31.712 | 34.586 | 34.586 | 37.462 | 37.462 | 40.336 |
| 4.949 | 34.434 | 38.077 | 38.077 | 41.832 | 41.832 | 45.586 | 45.586 | 49.342 | 49.342 | 53.096 |
| 7.385 | 46.974 | 51.937 | 51.937 | 57.012 | 57.012 | 62.086 | 62.086 | 67.162 | 67.162 | 72.236 |
| 11.726 | 67.874 | 75.037 | 75.037 | 82.312 | 82.312 | 89.586 | 89.586 | 96.862 | 96.862 | 104.136 |

(2) Für die in Nummer 1.4.7 Absatz 3 genannten Grundleistungen der Bauvermessung sind die in der nachstehenden Honorartafel aufgeführten Honorarspannen Orientierungswerte:

| Anrechenbare Kosten | Honorarzone I sehr geringe Anforderungen | | Honorarzone II geringe Anforderungen | | Honorarzone III durchschnittliche Anforderungen | | Honorarzone IV hohe Anforderungen | | Honorarzone V sehr hohe Anforderungen | |
|---|---|---|---|---|---|---|---|---|---|---|
| in Euro | von | bis | von | bis | von | bis | von | bis | von | bis |
| | Euro | | Euro | | Euro | | Euro | | Euro | |
| 50.000 | 4.282 | 4.782 | 4.782 | 5.283 | 5.283 | 5.839 | 5.839 | 6.339 | 6.339 | 6.840 |
| 75.000 | 4.648 | 5.191 | 5.191 | 5.734 | 5.734 | 6.338 | 6.338 | 6.881 | 6.881 | 7.424 |
| 100.000 | 5.002 | 5.586 | 5.586 | 6.171 | 6.171 | 6.820 | 6.820 | 7.405 | 7.405 | 7.989 |
| 150.000 | 5.684 | 6.349 | 6.349 | 7.013 | 7.013 | 7.751 | 7.751 | 8.416 | 8.416 | 9.080 |
| 200.000 | 6.344 | 7.086 | 7.086 | 7.827 | 7.827 | 8.651 | 8.651 | 9.393 | 9.393 | 10.134 |
| 250.000 | 6.987 | 7.804 | 7.804 | 8.621 | 8.621 | 9.528 | 9.528 | 10.345 | 10.345 | 11.162 |
| 300.000 | 7.618 | 8.508 | 8.508 | 9.399 | 9.399 | 10.388 | 10.388 | 11.278 | 11.278 | 12.169 |
| 400.000 | 8.848 | 9.883 | 9.883 | 10.917 | 10.917 | 12.066 | 12.066 | 13.100 | 13.100 | 14.134 |
| 500.000 | 10.048 | 11.222 | 11.222 | 12.397 | 12.397 | 13.702 | 13.702 | 14.876 | 14.876 | 16.051 |
| 600.000 | 11.223 | 12.535 | 12.535 | 13.847 | 13.847 | 15.304 | 15.304 | 16.616 | 16.616 | 17.928 |
| 750.000 | 12.950 | 14.464 | 14.464 | 15.978 | 15.978 | 17.659 | 17.659 | 19.173 | 19.173 | 20.687 |
| 1.000.000 | 15.754 | 17.596 | 17.596 | 19.437 | 19.437 | 21.483 | 21.483 | 23.325 | 23.325 | 25.166 |
| 1.500.000 | 21.165 | 23.639 | 23.639 | 26.113 | 26.113 | 28.862 | 28.862 | 31.336 | 31.336 | 33.810 |
| 2.000.000 | 26.393 | 29.478 | 29.478 | 32.563 | 32.563 | 35.990 | 35.990 | 39.075 | 39.075 | 42.160 |
| 2.500.000 | 31.488 | 35.168 | 35.168 | 38.849 | 38.849 | 42.938 | 42.938 | 46.619 | 46.619 | 50.299 |
| 3.000.000 | 36.480 | 40.744 | 40.744 | 45.008 | 45.008 | 49.745 | 49.745 | 54.009 | 54.009 | 58.273 |
| 4.000.000 | 46.224 | 51.626 | 51.626 | 57.029 | 57.029 | 63.032 | 63.032 | 68.435 | 68.435 | 73.838 |
| 5.000.000 | 55.720 | 62.232 | 62.232 | 68.745 | 68.745 | 75.981 | 75.981 | 82.494 | 82.494 | 89.007 |
| 7.500.000 | 78.690 | 87.888 | 87.888 | 97.085 | 97.085 | 107.305 | 107.305 | 116.502 | 116.502 | 125.700 |
| 10.000.000 | 100.876 | 112.667 | 112.667 | 124.458 | 124.458 | 137.559 | 137.559 | 149.350 | 149.350 | 161.140 |

### Sonstige vermessungstechnische Leistungen

Für sonstige vermessungstechnische Leistungen nach Nummer 1.4.1 kann ein Honorar abweichend von den Grundsätzen gemäß Nummer 1.4 vereinbart werden.

## Anlage 2 (zu § 18 Absatz 2) Grundleistungen im Leistungsbild Flächennutzungsplan

Das Leistungsbild Flächennutzungsplan setzt sich aus folgenden Grundleistungen je Leistungsphase zusammen:

1. *Leistungsphase 1:* Vorentwurf für die frühzeitigen Beteiligungen
   a) Zusammenstellen und Werten des vorhandenen Grundlagenmaterials
   b) Erfassen der abwägungsrelevanten Sachverhalte
   c) Ortsbesichtigungen
   d) Festlegen ergänzender Fachleistungen und Formulieren von Entscheidungshilfen für die Auswahl anderer fachlich Beteiligter, soweit notwendig
   e) Analysieren und Darstellen des Zustandes des Plangebiets, soweit für die Planung von Bedeutung und abwägungsrelevant, unter Verwendung hierzu vorliegender Fachbeiträge
   f) Mitwirken beim Festlegen von Zielen und Zwecken der Planung
   g) Erarbeiten des Vorentwurfes in der vorgeschriebenen Fassung mit Begründung für die frühzeitigen Beteiligungen nach den Bestimmungen des Baugesetzbuchs
   h) Darlegen der wesentlichen Auswirkungen der Planung
   i) Berücksichtigen von Fachplanungen
   j) Mitwirken an der frühzeitigen Öffentlichkeitsbeteiligung einschließlich Erörterung der Planung
   k) Mitwirken an der frühzeitigen Beteiligung der Behörden und Stellen, die Träger öffentlicher Belange sind
   l) Mitwirken an der frühzeitigen Abstimmung mit den Nachbargemeinden
   m) Abstimmen des Vorentwurfes für die frühzeitigen Beteiligungen in der vorgeschriebenen Fassung mit der Gemeinde
2. *Leistungsphase 2:* Entwurf zur öffentlichen Auslegung
   a) Erarbeiten des Entwurfes in der vorgeschriebenen Fassung mit Begründung für die Öffentlichkeits- und Behördenbeteiligung nach den Bestimmungen des Baugesetzbuchs
   b) Mitwirken an der Öffentlichkeitsbeteiligung
   c) Mitwirken an der Beteiligung der Behörden und Stellen, die Träger öffentlicher Belange sind
   d) Mitwirken an der Abstimmung mit den Nachbargemeinden

   e) Mitwirken bei der Abwägung der Gemeinde zu Stellungnahmen aus frühzeitigen Beteiligungen
   f) Abstimmen des Entwurfs mit der Gemeinde
3. *Leistungsphase 3:* Plan zur Beschlussfassung
   a) Erarbeiten des Planes in der vorgeschriebenen Fassung mit Begründung für den Beschluss durch die Gemeinde
   b) Mitwirken bei der Abwägung der Gemeinde zu Stellungnahmen
   c) Erstellen des Planes in der durch Beschluss der Gemeinde aufgestellten Fassung.

## Anlage 3 (zu § 19 Absatz 2) Grundleistungen im Leistungsbild Bebauungsplan

Das Leistungsbild Bebauungsplan setzt sich aus folgenden Grundleistungen je Leistungsphase zusammen:

1. *Leistungsphase 1:* Vorentwurf für die frühzeitigen Beteiligungen
   a) Zusammenstellen und Werten des vorhandenen Grundlagenmaterials
   b) Erfassen der abwägungsrelevanten Sachverhalte
   c) Ortsbesichtigungen
   d) Festlegen ergänzender Fachleistungen und Formulieren von Entscheidungshilfen für die Auswahl anderer fachlich Beteiligter, soweit notwendig
   e) Analysieren und Darstellen des Zustandes des Plangebiets, soweit für die Planung von Bedeutung und abwägungsrelevant, unter Verwendung hierzu vorliegender Fachbeiträge
   f) Mitwirken beim Festlegen von Zielen und Zwecken der Planung
   g) Erarbeiten des Vorentwurfes in der vorgeschriebenen Fassung mit Begründung für die frühzeitigen Beteiligungen nach den Bestimmungen des Baugesetzbuchs
   h) Darlegen der wesentlichen Auswirkungen der Planung
   i) Berücksichtigen von Fachplanungen
   j) Mitwirken an der frühzeitigen Öffentlichkeitsbeteiligung einschließlich Erörterung der Planung
   k) Mitwirken an der frühzeitigen Beteiligung der Behörden und Stellen, die Träger öffentlicher Belange sind
   l) Mitwirken an der frühzeitigen Abstimmung mit den Nachbargemeinden
   m) Abstimmen des Vorentwurfes für die frühzeitigen Beteiligungen in der vorgeschriebenen Fassung mit der Gemeinde
2. *Leistungsphase 2:* Entwurf zur öffentlichen Auslegung
   a) Erarbeiten des Entwurfes in der vorgeschriebenen Fassung mit Begründung für die Öffentlichkeits- und Behördenbeteiligung nach den Bestimmungen des Baugesetzbuchs
   b) Mitwirken an der Öffentlichkeitsbeteiligung

c) Mitwirken an der Beteiligung der Behörden und Stellen, die Träger öffentlicher Belange sind
d) Mitwirken an der Abstimmung mit den Nachbargemeinden
e) Mitwirken bei der Abwägung der Gemeinde zu Stellungnahmen aus frühzeitigen Beteiligungen
f) Abstimmen des Entwurfs mit der Gemeinde

3. *Leistungsphase 3:* Plan zur Beschlussfassung
   a) Erarbeiten des Planes in der vorgeschriebenen Fassung mit Begründung für den Beschluss durch die Gemeinde
   b) Mitwirken bei der Abwägung der Gemeinde zu Stellungnahmen
   c) Erstellen des Planes in der durch Beschluss der Gemeinde aufgestellten Fassung.

## Anlage 4 (zu § 23 Absatz 2) Grundleistungen im Leistungsbild Landschaftsplan

Das Leistungsbild Landschaftsplan setzt sich aus folgenden Grundleistungen je Leistungsphase zusammen:

1. *Leistungsphase 1:* Klären der Aufgabenstellung und Ermitteln des Leistungsumfangs
   a) Zusammenstellen und Prüfen der vom Auftraggeber zur Verfügung gestellten planungsrelevanten Unterlagen
   b) Ortsbesichtigungen
   c) Abgrenzen des Planungsgebiets
   d) Konkretisieren weiteren Bedarfs an Daten und Unterlagen
   e) Beraten zum Leistungsumfang für ergänzende Untersuchungen und Fachleistungen
   f) Aufstellen eines verbindlichen Arbeitsplans unter Berücksichtigung der sonstigen Fachbeiträge
2. *Leistungsphase 2:* Ermitteln der Planungsgrundlagen
   a) Ermitteln und Beschreiben der planungsrelevanten Sachverhalte auf Grundlage vorhandener Unterlagen und Daten
   b) Landschaftsbewertung nach den Zielen und Grundsätzen des Naturschutzes und der Landschaftspflege
   c) Bewerten von Flächen und Funktionen des Naturhaushalts und des Landschaftsbildes hinsichtlich ihrer Eignung, Leistungsfähigkeit, Empfindlichkeit und Vorbelastung
   d) Bewerten geplanter Eingriffe in Natur und Landschaft
   e) Feststellen von Nutzungs- und Zielkonflikten
   f) Zusammenfassendes Darstellen der Erfassung und Bewertung
3. *Leistungsphase 3:* Vorläufige Fassung
   a) Formulieren von örtlichen Zielen und Grundsätzen zum Schutz, zur Pflege und Entwicklung von Natur und Landschaft einschließlich Erholungsvorsorge

b) Darlegen der angestrebten Flächenfunktionen und Flächennutzungen sowie der örtlichen Erfordernisse und Maßnahmen zur Umsetzung der konkretisierten Ziele des Naturschutzes und der Landschaftspflege
c) Erarbeiten von Vorschlägen zur Übernahme in andere Planungen, insbesondere in die Bauleitpläne
d) Hinweise auf Folgeplanungen und -maßnahmen
e) Mitwirken bei der Beteiligung der nach den Bestimmungen des Bundesnaturschutzgesetzes anerkannten Verbände
f) Mitwirken bei der Abstimmung der Vorläufigen Fassung mit der für Naturschutz und Landschaftspflege zuständigen Behörde
g) Abstimmen der Vorläufigen Fassung mit dem Auftraggeber

4. *Leistungsphase 4:* Abgestimmte Fassung

Darstellen des Landschaftsplans in der mit dem Auftraggeber abgestimmten Fassung in Text und Karte.

## Anlage 5 (zu § 24 Absatz 2) Grundleistungen im Leistungsbild Grünordnungsplan

Das Leistungsbild Grünordnungsplan setzt sich aus folgenden Grundleistungen je Leistungsphase zusammen:

1. *Leistungsphase 1:* Klären der Aufgabenstellung und Ermitteln des Leistungsumfangs
   a) Zusammenstellen und Prüfen der vom Auftraggeber zur Verfügung gestellten planungsrelevanten Unterlagen
   b) Ortsbesichtigungen
   c) Abgrenzen des Planungsgebiets
   d) Konkretisieren weiteren Bedarfs an Daten und Unterlagen
   e) Beraten zum Leistungsumfang für ergänzende Untersuchungen und Fachleistungen
   f) Aufstellen eines verbindlichen Arbeitsplans unter Berücksichtigung der sonstigen Fachbeiträge
2. *Leistungsphase 2:* Ermitteln der Planungsgrundlagen
   a) Ermitteln und Beschreiben der planungsrelevanten Sachverhalte auf Grundlage vorhandener Unterlagen und Daten
   b) Bewerten der Landschaft nach den Zielen des Naturschutzes und der Landschaftspflege einschließlich der Erholungsvorsorge
   c) Zusammenfassendes Darstellen der Bestandsaufnahme und Bewertung in Text und Karte
3. *Leistungsphase 3:* Vorläufige Fassung
   a) Lösen der Planungsaufgabe und Erläutern der Ziele, Erfordernisse und Maßnahmen in Text und Karte
   b) Darlegen der angestrebten Flächenfunktionen und Flächennutzungen

c) Darlegen von Gestaltungs-, Schutz-, Pflege- und Entwicklungsmaßnahmen
d) Vorschläge zur Übernahme in andere Planungen, insbesondere in die Bauleitplanung
e) Mitwirken bei der Abstimmung der vorläufigen Fassung mit der für den Naturschutz zuständigen Behörde
f) Bearbeiten der naturschutzrechtlichen Eingriffsregelung
   aa) Ermitteln und Bewerten der durch die Planung zu erwartenden Beeinträchtigungen des Naturhaushalts und des Landschaftsbildes nach Art, Umfang, Ort und zeitlichem Ablauf
   bb) Erarbeiten von Lösungen zur Vermeidung oder Verminderung erheblicher Beeinträchtigungen des Naturhaushalts und des Landschaftsbildes in Abstimmung mit den an der Planung fachlich Beteiligten
   cc) Ermitteln der unvermeidbaren Beeinträchtigungen
   dd) Vergleichendes Gegenüberstellen von unvermeidbaren Beeinträchtigungen und Ausgleich und Ersatz einschließlich Darstellen verbleibender, nicht ausgleichbarer oder ersetzbarer Beeinträchtigungen
   ee) Darstellen und Begründen von Maßnahmen des Naturschutzes und der Landschaftspflege, insbesondere Ausgleichs-, Ersatz-, Gestaltungs- und Schutzmaßnahmen sowie Maßnahmen zur Unterhaltung und rechtlichen Sicherung von Ausgleichs- und Ersatzmaßnahmen
   ff) Integrieren ergänzender, zulassungsrelevanter Regelungen und Maßnahmen auf Grund des Natura 2000-Gebietsschutzes und der Vorschriften zum besonderen Artenschutz auf Grundlage vorhandener Unterlagen

4. *Leistungsphase 4:* Abgestimmte Fassung

Darstellen des Grünordnungsplans oder Landschaftsplanerischen Fachbeitrags in der mit dem Auftraggeber abgestimmten Fassung in Text und Karte.

## Anlage 6 (zu § 25 Absatz 2) Grundleistungen im Leistungsbild Landschaftsrahmenplan

Das Leistungsbild Landschaftsrahmenplan setzt sich aus folgenden Grundleistungen je Leistungsphase zusammen:

1. *Leistungsphase 1:* Klären der Aufgabenstellung und Ermitteln des Leistungsumfangs
   a) Zusammenstellen und Prüfen der vom Auftraggeber zur Verfügung gestellten planungsrelevanten Unterlagen
   b) Ortsbesichtigungen
   c) Abgrenzen des Planungsgebiets
   d) Konkretisieren weiteren Bedarfs an Daten und Unterlagen
   e) Beraten zum Leistungsumfang für ergänzende Untersuchungen und Fachleistungen
   f) Aufstellen eines verbindlichen Arbeitsplans unter Berücksichtigung der sonstigen Fachbeiträge

2. *Leistungsphase 2:* Ermitteln der Planungsgrundlagen
   a) Ermitteln und Beschreiben der planungsrelevanten Sachverhalte auf Grundlage vorhandener Unterlagen und Daten
   b) Landschaftsbewertung nach den Zielen und Grundsätzen des Naturschutzes und der Landschaftspflege
   c) Bewerten von Flächen und Funktionen des Naturhaushalts und des Landschaftsbildes hinsichtlich ihrer Eignung, Leistungsfähigkeit, Empfindlichkeit und Vorbelastung
   d) Bewerten geplanter Eingriffe in Natur und Landschaft
   e) Feststellen von Nutzungs- und Zielkonflikten
   f) Zusammenfassendes Darstellen der Erfassung und Bewertung
3. *Leistungsphase 3:* Vorläufige Fassung
   a) Lösen der Planungsaufgabe und
   b) Erläutern der Ziele, Erfordernisse und Maßnahmen in Text und Karte Zu Buchstabe a) und b) gehören:
      aa) Erstellen des Zielkonzepts
      bb) Umsetzen des Zielkonzepts durch Schutz, Pflege und Entwicklung bestimmter Teile von Natur und Landschaft und durch Artenhilfsmaßnahmen für ausgewählte Tier- und Pflanzenarten
      cc) Vorschläge zur Übernahme in andere Planungen, insbesondere in Regionalplanung, Raumordnung und Bauleitplanung
      dd) Mitwirken bei der Abstimmung der vorläufigen Fassung mit der für den Naturschutz zuständigen Behörde
      ee) Abstimmen der Vorläufigen Fassung mit dem Auftraggeber
4. *Leistungsphase 4:* Abgestimmte Fassung

Darstellen des Landschaftsrahmenplans in der mit dem Auftraggeber abgestimmten Fassung in Text und Karte.

## Anlage 7 (zu § 26 Absatz 2) Grundleistungen im Leistungsbild Landschaftspflegerischer Begleitplan

Das Leistungsbild Landschaftspflegerischer Begleitplan setzt sich aus folgenden Grundleistungen je Leistungsphase zusammen:

1. *Leistungsphase 1:* Klären der Aufgabenstellung und Ermitteln des Leistungsumfangs
   a) Zusammenstellen und Prüfen der vom Auftraggeber zur Verfügung gestellten planungsrelevanten Unterlagen
   b) Ortsbesichtigungen
   c) Abgrenzen des Planungsgebiets anhand der planungsrelevanten Funktionen
   d) Konkretisieren weiteren Bedarfs an Daten und Unterlagen
   e) Beraten zum Leistungsumfang für ergänzende Untersuchungen und Fachleistungen

f) Aufstellen eines verbindlichen Arbeitsplans unter Berücksichtigung der sonstigen Fachbeiträge

2. *Leistungsphase 2:* Ermitteln und Bewerten der Planungsgrundlagen
   a) Bestandsaufnahme:
   Erfassen von Natur und Landschaft jeweils einschließlich des rechtlichen Schutzstatus und fachplanerischer Festsetzungen und Ziele für die Naturgüter auf Grundlage vorhandener Unterlagen und örtlicher Erhebungen
   b) Bestandsbewertung:
      aa) Bewerten der Leistungsfähigkeit und Empfindlichkeit des Naturhaushalts und des Landschaftsbildes nach den Zielen und Grundsätzen des Naturschutzes und der Landschaftspflege
      bb) Bewerten der vorhandenen Beeinträchtigungen von Natur und Landschaft (Vorbelastung)
      cc) Zusammenfassendes Darstellen der Ergebnisse als Grundlage für die Erörterung mit dem Auftraggeber
3. *Leistungsphase 3:* Vorläufige Fassung
   a) Konfliktanalyse
   b) Ermitteln und Bewerten der durch das Vorhaben zu erwartenden Beeinträchtigungen des Naturhaushalts und des Landschaftsbildes nach Art, Umfang, Ort und zeitlichem Ablauf
   c) Konfliktminderung
   d) Erarbeiten von Lösungen zur Vermeidung oder Verminderung erheblicher Beeinträchtigungen des Naturhaushalts und des Landschaftsbildes in Abstimmung mit den an der Planung fachlich Beteiligten
   e) Ermitteln der unvermeidbaren Beeinträchtigungen
   f) Erarbeiten und Begründen von Maßnahmen des Naturschutzes und der Landschaftspflege, insbesondere Ausgleichs-, Ersatz- und Gestaltungsmaßnahmen sowie von Angaben zur Unterhaltung dem Grunde nach und Vorschläge zur rechtlichen Sicherung von Ausgleichs- und Ersatzmaßnahmen
   g) Integrieren von Maßnahmen auf Grund des Natura 2000-Gebietsschutzes sowie auf Grund der Vorschriften zum besonderen Artenschutz und anderer Umweltfachgesetze auf Grundlage vorhandener Unterlagen und Erarbeiten eines Gesamtkonzepts
   h) Vergleichendes Gegenüberstellen von unvermeidbaren Beeinträchtigungen und Ausgleich und Ersatz einschließlich Darstellen verbleibender, nicht ausgleichbarer oder ersetzbarer Beeinträchtigungen
   i) Kostenermittlung nach Vorgaben des Auftraggebers
   j) Zusammenfassendes Darstellen der Ergebnisse in Text und Karte
   k) Mitwirken bei der Abstimmung mit der für Naturschutz und Landschaftspflege zuständigen Behörde
   l) Abstimmen der Vorläufigen Fassung mit dem Auftraggeber
4. *Leistungsphase 4:* Abgestimmte Fassung

Darstellen des Landschaftspflegerischen Begleitplans in der mit dem Auftraggeber abgestimmten Fassung in Text und Karte.

## Anlage 8 (zu § 27 Absatz 2) Grundleistungen im Leistungsbild Pflege- und Entwicklungsplan

Das Leistungsbild Pflege- und Entwicklungsplan setzt sich aus folgenden Grundleistungen je Leistungsphase zusammen:

1. *Leistungsphase 1:* Klären der Aufgabenstellung und Ermitteln des Leistungsumfangs
   a) Zusammenstellen und Prüfen der vom Auftraggeber zur Verfügung gestellten planungsrelevanten Unterlagen
   b) Ortsbesichtigungen
   c) Abgrenzen des Planungsgebiets anhand der planungsrelevanten Funktionen
   d) Konkretisieren weiteren Bedarfs an Daten und Unterlagen
   e) Beraten zum Leistungsumfang für ergänzende Untersuchungen und Fachleistungen
   f) Aufstellen eines verbindlichen Arbeitsplans unter Berücksichtigung der sonstigen Fachbeiträge
2. *Leistungsphase 2:* Ermitteln der Planungsgrundlagen
   a) Ermitteln und Beschreiben der planungsrelevanten Sachverhalte auf Grund vorhandener Unterlagen
   b) Auswerten und Einarbeiten von Fachbeiträgen
   c) Bewerten der Bestandsaufnahmen einschließlich vorhandener Beeinträchtigungen sowie der abiotischen Faktoren hinsichtlich ihrer Standort- und Lebensraumbedeutung nach den Zielen und Grundsätzen des Naturschutzes
   d) Beschreiben der Zielkonflikte mit bestehenden Nutzungen
   e) Beschreiben des zu erwartenden Zustands von Arten und ihren Lebensräumen (Zielkonflikte mit geplanten Nutzungen)
   f) Überprüfen der festgelegten Untersuchungsinhalte
   g) Zusammenfassendes Darstellen von Erfassung und Bewertung in Text und Karte
3. *Leistungsphase 3:* Vorläufige Fassung
   a) Lösen der Planungsaufgabe und Erläutern der Ziele, Erfordernisse und Maßnahmen in Text und Karte
   b) Formulieren von Zielen zum Schutz, zur Pflege, zur Erhaltung und Entwicklung von Arten, Biotoptypen und naturnahen Lebensräumen bzw. Standortbedingungen
   c) Erfassen und Darstellen von Flächen, auf denen eine Nutzung weiter betrieben werden soll und von Flächen, auf denen regelmäßig Pflegemaßnahmen durchzuführen sind sowie von Maßnahmen zur Verbesserung der ökologischen Standortverhältnisse und zur Änderung der Biotopstruktur
   d) Erarbeiten von Vorschlägen für Maßnahmen zur Förderung bestimmter Tier- und Pflanzenarten, zur Lenkung des Besucherverkehrs, für die Durchführung der Pflege- und Entwicklungsmaßnahmen und für Änderungen von Schutzzweck und -zielen sowie Grenzen von Schutzgebieten

   e) Erarbeiten von Hinweisen für weitere wissenschaftliche Untersuchungen (Monitoring), Folgeplanungen und Maßnahmen
   f) Kostenermittlung
   g) Abstimmen der Vorläufigen Fassung mit dem Auftraggeber
4. *Leistungsphase 4:* Abgestimmte Fassung

Darstellen des Pflege- und Entwicklungsplans in der mit dem Auftraggeber abgestimmten Fassung in Text und Karte.

## Anlage 9 (zu § 18 Absatz 2, § 19 Absatz 2, § 23 Absatz 2, § 24 Absatz 2, § 25 Absatz 2, § 26 Absatz 2, § 27 Absatz 2) Besondere Leistungen zur Flächenplanung

Für die Leistungsbilder der Flächenplanung können insbesondere folgende Besondere Leistungen vereinbart werden:

1. Rahmensetzende Pläne und Konzepte:
   a) Leitbilder
   b) Entwicklungskonzepte
   c) Masterpläne
   d) Rahmenpläne
2. Städtebaulicher Entwurf:
   a) Grundlagenermittlung
   b) Vorentwurf
   c) Entwurf
   Der Städtebauliche Entwurf kann als Grundlage für Leistungen nach § 19 der HOAI dienen und Ergebnis eines städtebaulichen Wettbewerbes sein.
3. Leistungen zur Verfahrens- und Projektsteuerung sowie zur Qualitätssicherung:
   a) Durchführen von Planungsaudits
   b) Vorabstimmungen mit Planungsbeteiligten und Fachbehörden
   c) Aufstellen und Überwachen von integrierten Terminplänen
   d) Vor- und Nachbereiten von planungsbezogenen Sitzungen
   e) Koordinieren von Planungsbeteiligten
   f) Moderation von Planungsverfahren
   g) Ausarbeiten von Leistungskatalogen für Leistungen Dritter
   h) Mitwirken bei Vergabeverfahren für Leistungen Dritter (Einholung von Angeboten, Vergabevorschläge)
   i) Prüfen und Bewerten von Leistungen Dritter
   j) Mitwirken beim Ermitteln von Fördermöglichkeiten
   k) Stellungnahmen zu Einzelvorhaben während der Planaufstellung

4. Leistungen zur Vorbereitung und inhaltlichen Ergänzung:
   a) Erstellen digitaler Geländemodelle
   b) Digitalisieren von Unterlagen
   c) Anpassen von Datenformaten
   d) Erarbeiten einer einheitlichen Planungsgrundlage aus unterschiedlichen Unterlagen
   e) Strukturanalysen
   f) Stadtbildanalysen, Landschaftsbildanalysen
   g) Statistische und örtliche Erhebungen sowie Bedarfsermittlungen, zum Beispiel zur Versorgung, zur Wirtschafts-, Sozial- und Baustruktur sowie zur soziokulturellen Struktur
   h) Befragungen und Interviews
   i) Differenziertes Erheben, Kartieren, Analysieren und Darstellen von spezifischen Merkmalen und Nutzungen
   j) Erstellen von Beiplänen, zum Beispiel für Verkehr, Infrastruktureinrichtungen, Flurbereinigungen, Grundbesitzkarten und Gütekarten unter Berücksichtigung der Pläne anderer an der Planung fachlich Beteiligter
   k) Modelle
   l) Erstellen zusätzlicher Hilfsmittel der Darstellung zum Beispiel Fotomontagen, 3D-Darstellungen, Videopräsentationen
5. Verfahrensbegleitende Leistungen:
   a) Vorbereiten und Durchführen des Scopings
   b) Vorbereiten, Durchführen, Auswerten und Dokumentieren der formellen Beteiligungsverfahren
   c) Ermitteln der voraussichtlich erheblichen Umweltauswirkungen für die Umweltprüfung
   d) Erarbeiten des Umweltberichtes
   e) Berechnen und Darstellen der Umweltschutzmaßnahmen
   f) Bearbeiten der Anforderungen aus der naturschutzrechtlichen Eingriffsregelung in Bauleitplanungsverfahren
   g) Erstellen von Sitzungsvorlagen, Arbeitsheften und anderen Unterlagen
   h) Wesentliche Änderungen oder Neubearbeitung des Entwurfs nach Offenlage oder Beteiligungen, insbesondere nach Stellungnahmen
   i) Ausarbeiten der Beratungsunterlagen der Gemeinde zu Stellungnahmen im Rahmen der formellen Beteiligungsverfahren
   j) Leistungen für die Drucklegung, Erstellen von Mehrausfertigungen
   k) Überarbeiten von Planzeichnungen und von Begründungen nach der Beschlussfassung (zum Beispiel Satzungsbeschluss)
   l) Verfassen von Bekanntmachungstexten und Organisation der öffentlichen Bekanntmachungen
   m) Mitteilen des Ergebnisses der Prüfung der Stellungnahmen an die Beteiligten

n) Benachrichtigen von Bürgern und Behörden, die Stellungnahmen abgegeben haben, über das Abwägungsergebnis
o) Erstellen der Verfahrensdokumentation
p) Erstellen und Fortschreiben eines digitalen Planungsordners
q) Mitwirken an der Öffentlichkeitsarbeit des Auftraggebers einschließlich Mitwirken an Informationsschriften und öffentlichen Diskussionen sowie Erstellen der dazu notwendigen Planungsunterlagen und Schriftsätze
r) Teilnehmen an Sitzungen von politischen Gremien des Auftraggebers oder an Sitzungen im Rahmen der Öffentlichkeitsbeteiligung
s) Mitwirken an Anhörungs- oder Erörterungsterminen
t) Leiten bzw. Begleiten von Arbeitsgruppen
u) Erstellen der zusammenfassenden Erklärung nach dem Baugesetzbuch
v) Anwenden komplexer Bilanzierungsverfahren im Rahmen der naturschutzrechtlichen Eingriffsregelung
w) Erstellen von Bilanzen nach fachrechtlichen Vorgaben
x) Entwickeln von Monitoringkonzepten und -maßnahmen
y) Ermitteln von Eigentumsverhältnissen, insbesondere Klären der Verfügbarkeit von geeigneten Flächen für Maßnahmen

6. Weitere besondere Leistungen bei landschaftsplanerischen Leistungen:
   a) Erarbeiten einer Planungsraumanalyse im Rahmen einer Umweltverträglichkeitsstudie
   b) Mitwirken an der Prüfung der Verpflichtung, zu einem Vorhaben oder einer Planung eine Umweltverträglichkeitsprüfung durchzuführen (Screening)
   c) Erstellen einer allgemein verständlichen nichttechnischen Zusammenfassung nach dem Gesetz über die Umweltverträglichkeitsprüfung
   d) Daten aus vorhandenen Unterlagen im Einzelnen ermitteln und aufbereiten
   e) Örtliche Erhebungen, die nicht überwiegend der Kontrolle der aus Unterlagen erhobenen Daten dienen
   f) Erstellen eines eigenständigen allgemein verständlichen Erläuterungsberichtes für Genehmigungsverfahren oder qualifizierende Zuarbeiten hierzu
   g) Erstellen von Unterlagen im Rahmen von artenschutzrechtlichen Prüfungen oder Prüfungen zur Vereinbarkeit mit der Fauna-Flora-Habitat-Richtlinie
   h) Kartieren von Biotoptypen, floristischen oder faunistischen Arten oder Artengruppen
   i) Vertiefendes Untersuchen des Naturhaushalts, wie z. B. der Geologie, Hydrogeologie, Gewässergüte und -morphologie, Bodenanalysen
   j) Mitwirken an Beteiligungsverfahren in der Bauleitplanung
   k) Mitwirken an Genehmigungsverfahren nach fachrechtlichen Vorschriften
   l) Fortführen der mit dem Auftraggeber abgestimmten Fassung im Rahmen eines Genehmigungsverfahrens, Erstellen einer genehmigungsfähigen Fassung auf der Grundlage von Anregungen Dritter.

# Anlage 10 (zu § 34 Absatz 4, § 35 Absatz 7) Grundleistungen im Leistungsbild Gebäude und Innenräume, Besondere Leistungen, Objektlisten

## 10.1 Leistungsbild Gebäude und Innenräume

| Grundleistungen | Besondere Leistungen |
|---|---|
| **LPH 1 Grundlagenermittlung** | |
| a) Klären der Aufgabenstellung auf Grundlage der Vorgaben oder der Bedarfsplanung des Auftraggebers<br>b) Ortsbesichtigung<br>c) Beraten zum gesamten Leistungs- und Untersuchungsbedarf<br>d) Formulieren der Entscheidungshilfen für die Auswahl anderer an der Planung fachlich Beteiligter<br>e) Zusammenfassen, Erläutern und Dokumentieren der Ergebnisse | – Bedarfsplanung<br>– Bedarfsermittlung<br>– Aufstellen eines Funktionsprogramms<br>– Aufstellen eines Raumprogramms<br>– Standortanalyse<br>– Mitwirken bei Grundstücks- und Objektauswahl, -beschaffung und -übertragung<br>– Beschaffen von Unterlagen, die für das Vorhaben erheblich sind<br>– Bestandsaufnahme<br>– technische Substanzerkundung<br>– Betriebsplanung<br>– Prüfen der Umwelterheblichkeit<br>– Prüfen der Umweltverträglichkeit<br>– Machbarkeitsstudie<br>– Wirtschaftlichkeitsuntersuchung<br>– Projektstrukturplanung<br>– Zusammenstellen der Anforderungen aus Zertifizierungssystemen<br>– Verfahrensbetreuung, Mitwirken bei der Vergabe von Planungs- und Gutachterleistungen |
| **LPH 2 Vorplanung (Projekt- und Planungsvorbereitung)** | |
| a) Analysieren der Grundlagen, Abstimmen der Leistungen mit den fachlich an der Planung Beteiligten<br>b) Abstimmen der Zielvorstellungen, Hinweisen auf Zielkonflikte<br>c) Erarbeiten der Vorplanung, Untersuchen, Darstellen und Bewerten von Varianten nach gleichen Anforderungen, Zeichnungen im Maßstab nach Art und Größe des Objekts<br>d) Klären und Erläutern der wesentlichen Zusammenhänge, Vorgaben und Bedingungen (zum Beispiel städtebauliche, gestalterische, funktionale, technische, wirtschaftliche, ökologische, bauphysikalische, energiewirtschaftliche, soziale, öffentlich-rechtliche) | – Aufstellen eines Katalogs für die Planung und Abwicklung der Programmziele<br>– Untersuchen alternativer Lösungsansätze nach verschiedenen Anforderungen einschließlich Kostenbewertung<br>– Beachten der Anforderungen des vereinbarten Zertifizierungssystems<br>– Durchführen des Zertifizierungssystems<br>– Ergänzen der Vorplanungsunterlagen auf Grund besonderer Anforderungen<br>– Aufstellen eines Finanzierungsplanes<br>– Mitwirken bei der Kredit- und Fördermittelbeschaffung<br>– Durchführen von Wirtschaftlichkeitsuntersuchungen<br>– Durchführen der Voranfrage (Bauanfrage) |

(Fortsetzung)

| Grundleistungen | Besondere Leistungen |
|---|---|
| e) Bereitstellen der Arbeitsergebnisse als Grundlage für die anderen an der Planung fachlich Beteiligten sowie Koordination und Integration von deren Leistungen<br>f) Vorverhandlungen über die Genehmigungsfähigkeit<br>g) Kostenschätzung nach DIN 276, Vergleich mit den finanziellen Rahmenbedingungen<br>h) Erstellen eines Terminplans mit den wesentlichen Vorgängen des Planungs- und Bauablaufs<br>i) Zusammenfassen, Erläutern und Dokumentieren der Ergebnisse | – Anfertigen von besonderen Präsentationshilfen, die für die Klärung im Vorentwurfsprozess nicht notwendig sind, zum Beispiel<br>– Präsentationsmodelle<br>– Perspektivische Darstellungen<br>– Bewegte Darstellung/Animation<br>– Farb- und Materialcollagen<br>– digitales Geländemodell<br>– 3-D oder 4-D Gebäudemodellbearbeitung (Building Information Modelling BIM)<br>– Aufstellen einer vertieften Kostenschätzung nach Positionen einzelner Gewerke<br>– Fortschreiben des Projektstrukturplanes<br>– Aufstellen von Raumbüchern<br>– Erarbeiten und Erstellen von besonderen bauordnungsrechtlichen Nachweisen für den vorbeugenden und organisatorischen Brandschutz bei baulichen Anlagen besonderer Art und Nutzung, Bestandsbauten oder im Falle von Abweichungen von der Bauordnung |
| **LPH 3 Entwurfsplanung (System- und Integrationsplanung)** | |
| a) Erarbeiten der Entwurfsplanung, unter weiterer Berücksichtigung der wesentlichen Zusammenhänge, Vorgaben und Bedingungen (zum Beispiel städtebauliche, gestalterische, funktionale, technische, wirtschaftliche, ökologische, soziale, öffentlich-rechtliche) auf der Grundlage der Vorplanung und als Grundlage für die weiteren Leistungsphasen und die erforderlichen öffentlich-rechtlichen Genehmigungen unter Verwendung der Beiträge anderer an der Planung fachlich Beteiligter. Zeichnungen nach Art und Größe des Objekts im erforderlichen Umfang und Detaillierungsgrad unter Berücksichtigung aller fachspezifischen Anforderungen, zum Beispiel bei Gebäuden im Maßstab 1:100, zum Beispiel bei Innenräumen im Maßstab 1:50 bis 1:20<br>b) Bereitstellen der Arbeitsergebnisse als Grundlage für die anderen an der Planung fachlich Beteiligten sowie Koordination und Integration von deren Leistungen<br>c) Objektbeschreibung<br>d) Verhandlungen über die Genehmigungsfähigkeit<br>e) Kostenberechnung nach DIN 276 und Vergleich mit der Kostenschätzung<br>f) Fortschreiben des Terminplans<br>g) Zusammenfassen, Erläutern und Dokumentieren der Ergebnisse | – Analyse der Alternativen/Varianten und deren Wertung mit Kostenuntersuchung (Optimierung)<br>– Wirtschaftlichkeitsberechnung<br>– Aufstellen und Fortschreiben einer vertieften Kostenberechnung<br>– Fortschreiben von Raumbüchern |

(Fortsetzung)

| Grundleistungen | Besondere Leistungen |
|---|---|
| **LPH 4 Genehmigungsplanung** | |
| a) Erarbeiten und Zusammenstellen der Vorlagen und Nachweise für öffentlich-rechtliche Genehmigungen oder Zustimmungen einschließlich der Anträge auf Ausnahmen und Befreiungen, sowie notwendiger Verhandlungen mit Behörden unter Verwendung der Beiträge anderer an der Planung fachlich Beteiligter<br>b) Einreichen der Vorlagen<br>c) Ergänzen und Anpassen der Planungsunterlagen, Beschreibungen und Berechnungen | – Mitwirken bei der Beschaffung der nachbarlichen Zustimmung<br>– Nachweise, insbesondere technischer, konstruktiver und bauphysikalischer Art, für die Erlangung behördlicher Zustimmungen im Einzelfall<br>– Fachliche und organisatorische Unterstützung des Bauherrn im Widerspruchsverfahren, Klageverfahren oder ähnlichen Verfahren |
| **LPH 5 Ausführungsplanung** | |
| a) Erarbeiten der Ausführungsplanung mit allen für die Ausführung notwendigen Einzelangaben (zeichnerisch und textlich) auf der Grundlage der Entwurfs- und Genehmigungsplanung bis zur ausführungsreifen Lösung, als Grundlage für die weiteren Leistungsphasen<br>b) Ausführungs-, Detail- und Konstruktionszeichnungen nach Art und Größe des Objekts im erforderlichen Umfang und Detaillierungsgrad unter Berücksichtigung aller fachspezifischen Anforderungen, zum Beispiel bei Gebäuden im Maßstab 1:50 bis 1:1, zum Beispiel bei Innenräumen im Maßstab 1:20 bis 1:1<br>c) Bereitstellen der Arbeitsergebnisse als Grundlage für die anderen an der Planung fachlich Beteiligten, sowie Koordination und Integration von deren Leistungen<br>d) Fortschreiben des Terminplans<br>e) Fortschreiben der Ausführungsplanung auf Grund der gewerkeorientierten Bearbeitung während der Objektausführung<br>f) Überprüfen erforderlicher Montagepläne der vom Objektplaner geplanten Baukonstruktionen und baukonstruktiven Einbauten auf Übereinstimmung mit der Ausführungsplanung | – Aufstellen einer detaillierten Objektbeschreibung als Grundlage der Leistungsbeschreibung mit Leistungsprogramm [x)]<br>– Prüfen der vom bauausführenden Unternehmen auf Grund der Leistungsbeschreibung mit Leistungsprogramm ausgearbeiteten Ausführungspläne auf Übereinstimmung mit der Entwurfsplanung[x)]<br>– Fortschreiben von Raumbüchern in detaillierter Form<br>– Mitwirken beim Anlagenkennzeichnungssystem (AKS)<br>– Prüfen und Anerkennen von Plänen Dritter, nicht an der Planung fachlich Beteiligter auf Übereinstimmung mit den Ausführungsplänen (zum Beispiel Werkstattzeichnungen von Unternehmen, Aufstellungs- und Fundamentpläne nutzungsspezifischer oder betriebstechnischer Anlagen), soweit die Leistungen Anlagen betreffen, die in den anrechenbaren Kosten nicht erfasst sind<br>[x)] Diese Besondere Leistung wird bei Leistungsbeschreibung mit Leistungsprogramm ganz oder teilweise Grundleistung. In diesem Fall entfallen die entsprechenden Grundleistungen dieser Leistungsphase. |

(Fortsetzung)

| Grundleistungen | Besondere Leistungen |
|---|---|
| **LPH 6 Vorbereitung der Vergabe** | |
| a) Aufstellen eines Vergabeterminplans<br>b) Aufstellen von Leistungsbeschreibungen mit Leistungsverzeichnissen nach Leistungsbereichen, Ermitteln und Zusammenstellen von Mengen auf der Grundlage der Ausführungsplanung unter Verwendung der Beiträge anderer an der Planung fachlich Beteiligter<br>c) Abstimmen und Koordinieren der Schnittstellen zu<br>den Leistungsbeschreibungen der an der Planung fachlich Beteiligten<br>d) Ermitteln der Kosten auf der Grundlage vom Planer bepreister Leistungsverzeichnisse<br>e) Kostenkontrolle durch Vergleich der vom Planer bepreisten Leistungsverzeichnisse mit der Kostenberechnung<br>f) Zusammenstellen der Vergabeunterlagen für alle Leistungsbereiche | – Aufstellen der Leistungsbeschreibungen mit Leistungsprogramm auf der Grundlage der detaillierten Objektbeschreibung[x)]<br>– Aufstellen von alternativen Leistungsbeschreibungen für geschlossene Leistungsbereiche<br>– Aufstellen von vergleichenden Kostenübersichten unter Auswertung der Beiträge anderer an der Planung fachlich Beteiligter<br>[x)] Diese Besondere Leistung wird bei einer Leistungsbeschreibung mit Leistungsprogramm ganz oder teilweise zur Grundleistung. In diesem Fall entfallen die entsprechenden Grundleistungen dieser Leistungsphase. |
| **LPH 7 Mitwirkung bei der Vergabe** | |
| a) Koordinieren der Vergaben der Fachplaner<br>b) Einholen von Angeboten<br>c) Prüfen und Werten der Angebote einschließlich Aufstellen eines Preisspiegels nach Einzelpositionen oder Teilleistungen, Prüfen und Werten der Angebote zusätzlicher und geänderter Leistungen der ausführenden Unternehmen und der Angemessenheit der Preise<br>d) Führen von Bietergesprächen<br>e) Erstellen der Vergabevorschläge, Dokumentation des Vergabeverfahrens<br>f) Zusammenstellen der Vertragsunterlagen für alle Leistungsbereiche<br>g) Vergleichen der Ausschreibungsergebnisse mit den vom Planer bepreisten Leistungsverzeichnissen oder der Kostenberechnung<br>h) Mitwirken bei der Auftragserteilung | – Prüfen und Werten von Nebenangeboten mit Auswirkungen auf die abgestimmte Planung<br>– Mitwirken bei der Mittelabflussplanung<br>– Fachliche Vorbereitung und Mitwirken bei Nachprüfungsverfahren<br>– Mitwirken bei der Prüfung von bauwirtschaftlich begründeten Nachtragsangeboten<br>– Prüfen und Werten der Angebote aus Leistungsbeschreibung mit Leistungsprogramm einschließlich Preisspiegel[x)]<br>– Aufstellen, Prüfen und Werten von Preisspiegeln nach besonderen Anforderungen<br>[x)] Diese Besondere Leistung wird bei Leistungsbeschreibung mit Leistungsprogramm ganz oder teilweise Grundleistung. In diesem Fall entfallen die entsprechenden Grundleistungen dieser Leistungsphase. |

(Fortsetzung)

| Grundleistungen | Besondere Leistungen |
|---|---|
| **LPH 8 Objektüberwachung (Bauüberwachung) und Dokumentation** | |
| a) Überwachen der Ausführung des Objektes auf Übereinstimmung mit der öffentlich-rechtlichen Genehmigung oder Zustimmung, den Verträgen mit ausführenden Unternehmen, den Ausführungsunterlagen, den einschlägigen Vorschriften sowie mit den allgemein anerkannten Regeln der Technik<br>b) Überwachen der Ausführung von Tragwerken mit sehr geringen und geringen Planungsanforderungen auf Übereinstimmung mit dem Standsicherheitsnachweis<br>c) Koordinieren der an der Objektüberwachung fachlich Beteiligten<br>d) Aufstellen, Fortschreiben und Überwachen eines Terminplans (Balkendiagramm)<br>e) Dokumentation des Bauablaufs (zum Beispiel Bautagebuch)<br>f) Gemeinsames Aufmaß mit den ausführenden Unternehmen<br>g) Rechnungsprüfung einschließlich Prüfen der Aufmaße der bauausführenden Unternehmen<br>h) Vergleich der Ergebnisse der Rechnungsprüfungen mit den Auftragssummen einschließlich Nachträgen<br>i) Kostenkontrolle durch Überprüfen der Leistungsabrechnung der bauausführenden Unternehmen im Vergleich zu den Vertragspreisen<br>j) Kostenfeststellung, zum Beispiel nach DIN 276<br>k) Organisation der Abnahme der Bauleistungen unter Mitwirkung anderer an der Planung und Objektüberwachung fachlich Beteiligter, Feststellung von Mängeln, Abnahmeempfehlung für den Auftraggeber<br>l) Antrag auf öffentlich-rechtliche Abnahmen und Teilnahme daran<br>m) Systematische Zusammenstellung der Dokumentation, zeichnerischen Darstellungen und rechnerischen Ergebnisse des Objekts<br>n) Übergabe des Objekts<br>o) Auflisten der Verjährungsfristen für Mängelansprüche<br>p) Überwachen der Beseitigung der bei der Abnahme festgestellten Mängel | – Aufstellen, Überwachen und Fortschreiben eines Zahlungsplanes<br>– Aufstellen, Überwachen und Fortschreiben von differenzierten Zeit-, Kosten- oder Kapazitätsplänen<br>– Tätigkeit als verantwortlicher Bauleiter, soweit diese Tätigkeit nach jeweiligem Landesrecht über die Grundleistungen der LPH 8 hinausgeht |

(Fortsetzung)

| Grundleistungen | Besondere Leistungen |
|---|---|
| **LPH 9 Objektbetreuung** | |
| a) Fachliche Bewertung der innerhalb der Verjährungsfristen für Gewährleistungsansprüche festgestellten Mängel, längstens jedoch bis zum Ablauf von fünf Jahren seit Abnahme der Leistung, einschließlich notwendiger Begehungen<br>b) Objektbegehung zur Mängelfeststellung vor Ablauf der Verjährungsfristen für Mängelansprüche gegenüber den ausführenden Unternehmen<br>c) Mitwirken bei der Freigabe von Sicherheitsleistungen | – Überwachen der Mängelbeseitigung innerhalb der Verjährungsfrist<br>– Erstellen einer Gebäudebestandsdokumentation,<br>– Aufstellen von Ausrüstungs- und Inventarverzeichnissen<br>– Erstellen von Wartungs- und Pflegeanweisungen<br>– Erstellen eines Instandhaltungskonzepts<br>– Objektbeobachtung<br>– Objektverwaltung<br>– Baubegehungen nach Übergabe<br>– Aufbereiten der Planungs- und Kostendaten für eine Objektdatei oder Kostenrichtwerte<br>– Evaluieren von Wirtschaftlichkeitsberechnungen |

## 10.2 Objektliste Gebäude

Nachstehende Gebäude werden in der Regel folgenden Honorarzonen zugerechnet.

| Objektliste Gebäude | Honorarzone | | | | |
|---|---|---|---|---|---|
| | I | II | III | IV | V |
| **Wohnen** | | | | | |
| – Einfache Behelfsbauten für vorübergehende Nutzung | x | | | | |
| – Einfache Wohnbauten mit gemeinschaftlichen Sanitär- und Kücheneinrichtungen | | x | | | |
| – Einfamilienhäuser, Wohnhäuser oder Hausgruppen in verdichteter Bauweise | | | x | x | |
| – Wohnheime, Gemeinschaftsunterkünfte, Jugendherbergen, -freizeitzentren, -stätten | | | x | x | |
| **Ausbildung/Wissenschaft/Forschung** | | | | | |
| – Offene Pausen-, Spielhallen | x | | | | |
| – Studentenhäuser | | | x | x | |
| – Schulen mit durchschnittlichen Planungsanforderungen, zum Beispiel Grundschulen, weiterführende Schulen und Berufsschulen | | | x | | |
| – Schulen mit hohen Planungsanforderungen, Bildungszentren, Hochschulen, Universitäten, Akademien | | | | x | |
| – Hörsaal-, Kongresszentren | | | | x | |
| – Labor- oder Institutsgebäude | | | | x | x |
| **Büro/Verwaltung/Staat/Kommune** | | | | | |
| – Büro-, Verwaltungsgebäude | | | x | x | |
| – Wirtschaftsgebäude, Bauhöfe | | | x | x | |
| – Parlaments-, Gerichtsgebäude | | | | x | |

(Fortsetzung)

| Objektliste Gebäude | Honorarzone | | | | |
|---|---|---|---|---|---|
| | I | II | III | IV | V |
| – Bauten für den Strafvollzug | | | | x | x |
| – Feuerwachen, Rettungsstationen | | | x | x | |
| – Sparkassen- oder Bankfilialen | | | x | x | |
| – Büchereien, Bibliotheken, Archive | | | x | x | |
| **Gesundheit/Betreuung** | | | | | |
| – Liege- oder Wandelhallen | x | | | | |
| – Kindergärten, Kinderhorte | | | x | | |
| – Jugendzentren, Jugendfreizeitstätten | | | x | | |
| – Betreuungseinrichtungen, Altentagesstätten | | | x | | |
| – Pflegeheime oder Bettenhäuser, ohne oder mit medizinisch-technischer Einrichtungen, | | | x | x | |
| – Unfall-, Sanitätswachen, Ambulatorien | | x | x | | |
| – Therapie- oder Rehabilitations-Einrichtungen, Gebäude für Erholung, Kur oder Genesung | | | x | x | |
| – Hilfskrankenhäuser | | | x | | |
| – Krankenhäuser der Versorgungsstufe I oder II, Krankenhäuser besonderer Zweckbestimmung | | | | x | |
| – Krankenhäuser der Versorgungsstufe III, Universitätskliniken | | | | | x |
| **Handel und Verkauf/Gastgewerbe** | | | | | |
| – Einfache Verkaufslager, Verkaufsstände, Kioske | | x | | | |
| – Ladenbauten, Discounter, Einkaufszentren, Märkte, Messehallen | | | x | x | |
| – Gebäude für Gastronomie, Kantinen oder Mensen | | | x | x | |
| – Großküchen, mit oder ohne Speiseräume | | | | x | |
| – Pensionen, Hotels | | | x | x | |
| **Freizeit/Sport** | | | | | |
| – Einfache Tribünenbauten | | x | | | |
| – Bootshäuser | | x | | | |
| – Turn- oder Sportgebäude | | | x | x | |
| – Mehrzweckhallen, Hallenschwimmbäder, Großsportstätten | | | | x | x |
| **Gewerbe/Industrie/Landwirtschaft** | | | | | |
| – Einfache Landwirtschaftliche Gebäude, zum Beispiel Feldscheunen, Einstellhallen | x | | | | |
| – Landwirtschaftliche Betriebsgebäude, Stallanlagen | | x | x | x | |
| – Gewächshäuser für die Produktion | | x | | | |
| – Einfache geschlossene, eingeschossige Hallen, Werkstätten | | x | | | |
| – Spezielle Lagergebäude, zum Beispiel Kühlhäuser | | | x | | |
| – Werkstätten, Fertigungsgebäude des Handwerks oder der Industrie | | x | x | x | |
| – Produktionsgebäude der Industrie | | | x | x | x |
| **Infrastruktur** | | | | | |
| – Offene Verbindungsgänge, Überdachungen, zum Beispiel Wetterschutzhäuser, Carports | x | | | | |
| – Einfache Garagenbauten | | x | | | |
| – Parkhäuser, -garagen, Tiefgaragen, jeweils mit integrierten weiteren Nutzungsarten | | x | x | | |

(Fortsetzung)

| Objektliste Gebäude | Honorarzone | | | | |
|---|---|---|---|---|---|
| | I | II | III | IV | V |
| – Bahnhöfe oder Stationen verschiedener öffentlicher Verkehrsmittel | | | | x | |
| – Flughäfen | | | | x | x |
| – Energieversorgungszentralen, Kraftwerksgebäude, Großkraftwerke | | | | x | x |
| **Kultur-/Sakralbauten** | | | | | |
| – Pavillons für kulturelle Zwecke | | x | x | | |
| – Bürger-, Gemeindezentren, Kultur-/Sakralbauten, Kirchen | | | | x | |
| – Mehrzweckhallen für religiöse oder kulturelle Zwecke | | | | x | |
| – Ausstellungsgebäude, Lichtspielhäuser | | | x | x | |
| – Museen | | | | x | x |
| – Theater-, Opern-, Konzertgebäude | | | | x | x |
| – Studiogebäude für Rundfunk oder Fernsehen | | | | x | x |

## 10.3 Objektliste Innenräume

Nachstehende Innenräume werden in der Regel folgenden Honorarzonen zugerechnet:

| Objektliste Innenräume | Honorarzone | | | | |
|---|---|---|---|---|---|
| | I | II | III | IV | V |
| – Einfachste Innenräume für vorübergehende Nutzung ohne oder mit einfachsten seriellen Einrichtungsgegenständen | x | | | | |
| – Innenräume mit geringer Planungsanforderung, unter Verwendung von serienmäßig hergestellten Möbeln und Ausstattungsgegenständen einfacher Qualität, ohne technische Ausstattung | | x | | | |
| – Innenräume mit durchschnittlicher Planungsanforderung, zum überwiegenden Teil unter Verwendung von serienmäßig hergestellten Möbeln und Ausstattungsgegenständen oder mit durchschnittlicher technischer Ausstattung | | | x | | |
| – Innenräume mit hohen Planungsanforderungen, unter Mitverwendung von serienmäßig hergestellten Möbeln und Ausstattungsgegenständen gehobener Qualität oder gehobener technischer Ausstattung | | | | x | |
| – Innenräume mit sehr hohen Planungsanforderungen, unter Verwendung von aufwendiger Einrichtung oder Ausstattung oder umfangreicher technischer Ausstattung | | | | | x |
| **Wohnen** | | | | | |
| – Einfachste Räume ohne Einrichtung oder für vorübergehende Nutzung | x | | | | |
| – Einfache Wohnräume mit geringen Anforderungen an Gestaltung oder Ausstattung | | x | | | |
| – Wohnräume mit durchschnittlichen Anforderungen, serielle Einbauküchen | | | x | | |
| – Wohnräume in Gemeinschaftsunterkünften oder Heimen | | | x | | |
| – Wohnräume gehobener Anforderungen, individuell geplante Küchen und Bäder | | | | x | |
| – Dachgeschoßausbauten, Wintergärten | | | | x | |
| – Individuelle Wohnräume in anspruchsvoller Gestaltung mit aufwendiger Einrichtung, Ausstattung und technischer Ausrüstung | | | | | x |

(Fortsetzung)

| Objektliste Innenräume | Honorarzone | | | | |
|---|---|---|---|---|---|
| | I | II | III | IV | V |
| **Ausbildung/Wissenschaft/Forschung** | | | | | |
| – Einfache offene Hallen | x | | | | |
| – Lager- oder Nebenräume mit einfacher Einrichtung oder Ausstattung | | x | | | |
| – Gruppenräume zum Beispiel in Kindergärten, Kinderhorten, Jugendzentren, Jugendherbergen, Jugendheimen | | | x | x | |
| – Klassenzimmer, Hörsäle, Seminarräume, Büchereien, Mensen | | | x | x | |
| – Aulen, Bildungszentren, Bibliotheken, Labore, Lehrküchen mit oder ohne Speise- oder Aufenthaltsräume, Fachunterrichtsräume mit technischer Ausstattung | | | | x | |
| – Kongress-, Konferenz-, Seminar-, Tagungsbereiche mit individuellem Ausbau und Einrichtung und umfangreicher technischer Ausstattung | | | | x | |
| – Räume wissenschaftlicher Forschung mit hohen Ansprüchen und technischer Ausrüstung | | | | | x |
| **Büro/Verwaltung/Staat/Kommune** | | | | | |
| – Innere Verkehrsflächen | x | | | | |
| – Post-, Kopier-, Putz- oder sonstige Nebenräume ohne baukonstruktive Einbauten | | x | | | |
| – Büro-, Verwaltungs-, Aufenthaltsräume mit durchschnittlichen Anforderungen, Treppenhäuser, Wartehallen, Teeküchen | | | x | | |
| – Räume für sanitäre Anlagen, Werkräume, Wirtschaftsräume, Technikräume | | | x | | |
| – Eingangshallen, Sitzungs- oder Besprechungsräume, Kantinen, Sozialräume | | | x | x | |
| – Kundenzentren, -ausstellungen, -präsentationen | | | x | x | |
| – Versammlungs-, Konferenzbereiche, Gerichtssäle, Arbeitsbereiche von Führungskräften mit individueller Gestaltung oder Einrichtung oder gehobener technischer Ausstattung | | | | x | |
| – Geschäfts-, Versammlungs- oder Konferenzräume mit anspruchsvollem Ausbau oder anspruchsvoller Einrichtung, aufwendiger Ausstattung oder sehr hohen technischen Anforderungen | | | | | x |
| **Gesundheit/Betreuung** | | | | | |
| – Offene Spiel- oder Wandelhallen | x | | | | |
| – Einfache Ruhe- oder Nebenräume | | x | | | |
| – Sprech-, Betreuungs-, Patienten-, Heimzimmer oder Sozialräume mit durchschnittlichen Anforderungen ohne medizintechnische Ausrüstung | | | x | | |
| – Behandlungs- oder Betreuungsbereiche mit medizintechnischer Ausrüstung oder Einrichtung in Kranken-, Therapie-, Rehabilitations- oder Pflegeeinrichtungen, Arztpraxen | | | | x | |
| – Operations-, Kreißsäle, Röntgenräume | | | | x | x |
| **Handel/Gastgewerbe** | | | | | |
| – Verkaufsstände für vorübergehende Nutzung | x | | | | |
| – Kioske, Verkaufslager, Nebenräume mit einfacher Einrichtung und Ausstattung | | x | | | |
| – Durchschnittliche Laden- oder Gasträume, Einkaufsbereiche, Schnellgaststätten | | | x | | |
| – Fachgeschäfte, Boutiquen, Showrooms, Lichtspieltheater, Großküchen | | | | x | |
| – Messestände, bei Verwendung von System- oder Modulbauteilen | | | x | | |
| – Individuelle Messestände | | | | x | |

(Fortsetzung)

| Objektliste Innenräume | Honorarzone | | | | |
|---|---|---|---|---|---|
| | I | II | III | IV | V |
| – Gasträume, Sanitärbereiche gehobener Gestaltung, zum Beispiel in Restaurants, Bars, Weinstuben, Cafés, Clubräumen | | | | x | |
| – Gast- oder Sanitärbereiche zum Beispiel in Pensionen oder Hotels mit durchschnittlichen Anforderungen oder Einrichtungen oder Ausstattungen | | | x | | |
| – Gast-, Informations- oder Unterhaltungsbereiche in Hotels mit individueller Gestaltung oder Möblierung oder gehobener Einrichtung oder technischer Ausstattung | | | | x | |
| **Freizeit/Sport** | | | | | |
| – Neben- oder Wirtschafträume in Sportanlagen oder Schwimmbädern | | x | | | |
| – Schwimmbäder, Fitness-, Wellness- oder Saunaanlagen, Großsportstätten | | | x | x | |
| – Sport-, Mehrzweck- oder Stadthallen, Gymnastikräume, Tanzschulen | | | x | x | |
| **Gewerbe/Industrie/Landwirtschaft/Verkehr** | | | | | |
| – Einfache Hallen oder Werkstätten ohne fachspezifische Einrichtung, Pavillons | | x | | | |
| – Landwirtschaftliche Betriebsbereiche | | x | x | | |
| – Gewerbebereiche, Werkstätten mit technischer oder maschineller Einrichtung | | | x | x | |
| – Umfassende Fabrikations- oder Produktionsanlagen | | | | x | |
| – Räume in Tiefgaragen, Unterführungen | | x | | | |
| – Gast- oder Betriebsbereiche in Flughäfen, Bahnhöfen | | | | x | x |
| **Kultur-/Sakralbauten** | | | | | |
| – Kultur- oder Sakralbereiche, Kirchenräume | | | | x | x |
| – Individuell gestaltete Ausstellungs-, Museums- oder Theaterbereiche | | | | x | x |
| – Konzert- oder Theatersäle, Studioräume für Rundfunk, Fernsehen oder Theater | | | | | x |

# Anlage 11 (zu § 39 Absatz 4, § 40 Absatz 5) Grundleistungen im Leistungsbild Freianlagen, Besondere Leistungen, Objektliste

## 11.1 Leistungsbild Freianlagen

| Grundleistungen | Besondere Leistungen |
|---|---|
| **LPH 1 Grundlagenermittlung** | |
| a) Klären der Aufgabenstellung auf Grund der Vorgaben oder der Bedarfsplanung des Auftraggebers oder vorliegender Planungs- und Genehmigungsunterlagen<br>b) Ortsbesichtigung<br>c) Beraten zum gesamten Leistungs- und Untersuchungsbedarf<br>d) Formulieren von Entscheidungshilfen für die Auswahl anderer an der Planung fachlich Beteiligter<br>e) Zusammenfassen, Erläutern und Dokumentieren der Ergebnisse | – Mitwirken bei der öffentlichen Erschließung<br>– Kartieren und Untersuchen des Bestandes, Floristische oder faunistische Kartierungen<br>– Begutachtung des Standortes mit besonderen Methoden zum Beispiel Bodenanalysen<br>– Beschaffen bzw. Aktualisieren bestehender Planunterlagen, Erstellen von Bestandskarten |

(Fortsetzung)

| Grundleistungen | Besondere Leistungen |
|---|---|
| **LPH 2 Vorplanung (Projekt- und Planungsvorbereitung)** | |
| a) Analysieren der Grundlagen, Abstimmen der Leistungen mit den fachlich an der Planung Beteiligten<br>b) Abstimmen der Zielvorstellungen<br>c) Erfassen, Bewerten und Erläutern der Wechselwirkungen im Ökosystem<br>d) Erarbeiten eines Planungskonzepts einschließlich Untersuchen und Bewerten von Varianten nach gleichen Anforderungen unter Berücksichtigung zum Beispiel<br>– der Topografie und der weiteren standörtlichen und ökologischen Rahmenbedingungen,<br>– der Umweltbelange einschließlich der natur- und artenschutzrechtlichen Anforderungen und der vegetationstechnischen Bedingungen,<br>– der gestalterischen und funktionalen Anforderungen,<br>– Klären der wesentlichen Zusammenhänge, Vorgänge und Bedingungen,<br>– Abstimmen oder Koordinieren unter Integration der Beiträge anderer an der Planung fachlich Beteiligter<br>e) Darstellen des Vorentwurfs mit Erläuterungen und Angaben zum terminlichen Ablauf<br>f) Kostenschätzung, zum Beispiel nach DIN 276, Vergleich mit den finanziellen Rahmenbedingungen<br>g) Zusammenfassen, Erläutern und Dokumentieren der Vorplanungsergebnisse | – Umweltfolgenabschätzung<br>– Bestandsaufnahme, Vermessung<br>– Fotodokumentationen<br>– Mitwirken bei der Beantragung von Fördermitteln und Beschäftigungsmaßnahmen<br>– Erarbeiten von Unterlagen für besondere technische Prüfverfahren<br>– Beurteilen und Bewerten der vorhandenen Bausubstanz, Bauteile, Materialien, Einbauten oder der zu schützenden oder zu erhaltenden Gehölze oder Vegetationsbestände |
| **LPH 3 Entwurfsplanung (System- und Integrationsplanung)** | |
| a) Erarbeiten der Entwurfsplanung auf Grundlage der Vorplanung unter Vertiefung zum Beispiel der gestalterischen, funktionalen, wirtschaftlichen, standörtlichen, ökologischen, natur- und artenschutzrechtlichen Anforderungen Abstimmen oder Koordinieren unter Integration der Beiträge anderer an der Planung fachlich Beteiligter<br>b) Abstimmen der Planung mit zu beteiligenden Stellen und Behörden | – Mitwirken beim Beschaffen nachbarlicher Zustimmungen<br>– Erarbeiten besonderer Darstellungen, zum Beispiel Modelle, Perspektiven, Animationen<br>– Beteiligung von externen Initiativ- und Betroffenengruppen bei Planung und Ausführung<br>– Mitwirken bei Beteiligungsverfahren oder Workshops<br>– Mieter- oder Nutzerbefragungen |

(Fortsetzung)

| Grundleistungen | Besondere Leistungen |
|---|---|
| c) Darstellen des Entwurfs zum Beispiel im Maßstab 1:500 bis 1:100, mit erforderlichen Angaben insbesondere<br>– zur Bepflanzung,<br>– zu Materialien und Ausstattungen,<br>– zu Maßnahmen auf Grund rechtlicher Vorgaben,<br>– zum terminlichen Ablauf<br>d) Objektbeschreibung mit Erläuterung von Ausgleichsund Ersatzmaßnahmen nach Maßgabe der naturschutzrechtlichen Eingriffsregelung<br>e) Kostenberechnung, zum Beispiel nach DIN 276 einschließlich zugehöriger Mengenermittlung<br>f) Vergleich der Kostenberechnung mit der Kostenschätzung<br>g) Zusammenfassen, Erläutern und Dokumentieren der Entwurfsplanungsergebnisse | – Erarbeiten von Ausarbeitungen nach den Anforderungen der naturschutzrechtlichen Eingriffsregelung sowie des besonderen Arten- und Biotopschutzrechtes, Eingriffsgutachten, Eingriffs- oder Ausgleichsbilanz nach landesrechtlichen Regelungen<br>– Mitwirken beim Erstellen von Kostenaufstellungen und Planunterlagen für Vermarktung und Vertrieb<br>– Erstellen und Zusammenstellen von Unterlagen für die Beauftragung von Dritten (Sachverständigenbeauftragung)<br>– Mitwirken bei der Beantragung und Abrechnung von Fördermitteln und Beschäftigungsmaßnahmen<br>– Abrufen von Fördermitteln nach Vergleich mit den Ist-Kosten (Baufinanzierungsleistung)<br>– Mitwirken bei der Finanzierungsplanung<br>– Erstellen einer Kosten-Nutzen-Analyse<br>– Aufstellen und Berechnen von Lebenszykluskosten |
| **LPH 4 Genehmigungsplanung** | |
| a) Erarbeiten und Zusammenstellen der Vorlagen und Nachweise für öffentlich-rechtliche Genehmigungen oder Zustimmungen einschließlich der Anträge auf Ausnahmen und Befreiungen sowie notwendiger Verhandlungen mit Behörden unter Verwendung der Beiträge anderer an der Planung fachlich Beteiligter<br>b) Einreichen der Vorlagen<br>c) Ergänzen und Anpassen der Planungsunterlagen, Beschreibungen und Berechnungen | – Teilnahme an Sitzungen in politischen Gremien oder im Rahmen der Öffentlichkeitsbeteiligung<br>– Erstellen von landschaftspflegerischen Fachbeiträgen oder natur- und artenschutzrechtlichen Beiträgen<br>– Mitwirken beim Einholen von Genehmigungen und Erlaubnissen nach Naturschutz-, Fach- und Satzungsrecht<br>– Erfassen, Bewerten und Darstellen des Bestandes gemäß Ortssatzung<br>– Erstellen von Rodungs- und Baumfällanträgen<br>– Erstellen von Genehmigungsunterlagen und Anträgen nach besonderen Anforderungen<br>– Erstellen eines Überflutungsnachweises für Grundstücke<br>– Prüfen von Unterlagen der Planfeststellung auf Übereinstimmung mit der Planung |

(Fortsetzung)

| Grundleistungen | Besondere Leistungen |
|---|---|
| **LPH 5 Ausführungsplanung** | |
| a) Erarbeiten der Ausführungsplanung auf Grundlage der Entwurfs- und Genehmigungsplanung bis zur ausführungsreifen Lösung als Grundlage für die weiteren Leistungsphasen<br>b) Erstellen von Plänen oder Beschreibungen, je nach Art des Bauvorhabens zum Beispiel im Maßstab 1:200 bis 1:50<br>c) Abstimmen oder Koordinieren unter Integration der Beiträge anderer an der Planung fachlich Beteiligter<br>d) Darstellen der Freianlagen mit den für die Ausführung notwendigen Angaben, Detail- oder Konstruktionszeichnungen, insbesondere<br>– zu Oberflächenmaterial, -befestigungen und -relief,<br>– zu ober- und unterirdischen Einbauten und Ausstattungen,<br>– zur Vegetation mit Angaben zu Arten, Sorten und Qualitäten,<br>– zu landschaftspflegerischen, naturschutzfachlichen oder artenschutzrechtlichen Maßnahmen<br>e) Fortschreiben der Angaben zum terminlichen Ablauf<br>f) Fortschreiben der Ausführungsplanung während der Objektausführung | – Erarbeitung von Unterlagen für besondere technische Prüfverfahren (zum Beispiel Lastplattendruckversuche)<br>– Auswahl von Pflanzen beim Lieferanten (Erzeuger) |
| **LPH 6 Vorbereitung der Vergabe** | |
| a) Aufstellen von Leistungsbeschreibungen mit Leistungsverzeichnissen<br>b) Ermitteln und Zusammenstellen von Mengen auf Grundlage der Ausführungsplanung<br>c) Abstimmen oder Koordinieren der Leistungsbeschreibungen mit den an der Planung fachlich Beteiligten<br>d) Aufstellen eines Terminplans unter Berücksichtigung jahreszeitlicher, bauablaufbedingter und witterungsbedingter Erfordernisse<br>e) Ermitteln der Kosten auf Grundlage der vom Planer bepreisten Leistungsverzeichnisse<br>f) Kostenkontrolle durch Vergleich der vom Planer bepreisten Leistungsverzeichnisse mit der Kostenberechnung<br>g) Zusammenstellen der Vergabeunterlagen | – Alternative Leistungsbeschreibung für geschlossene Leistungsbereiche<br>– Besondere Ausarbeitungen zum Beispiel für Selbsthilfearbeiten |

(Fortsetzung)

| Grundleistungen | Besondere Leistungen |
|---|---|
| **LPH 7 Mitwirkung bei der Vergabe** | |
| a) Einholen von Angeboten<br>b) Prüfen und Werten der Angebote einschließlich Aufstellen eines Preisspiegels nach Einzelpositionen oder Teilleistungen, Prüfen und Werten der Angebote zusätzlicher und geänderter Leistungen der ausführenden Unternehmen und der Angemessenheit der Preise<br>c) Führen von Bietergesprächen<br>d) Erstellen der Vergabevorschläge, Dokumentation des Vergabeverfahrens<br>e) Zusammenstellen der Vertragsunterlagen<br>f) Kostenkontrolle durch Vergleichen der Ausschreibungsergebnisse mit den vom Planer bepreisten Leistungsverzeichnissen und der Kostenberechnung<br>g) Mitwirken bei der Auftragserteilung | |
| **LPH 8 Objektüberwachung (Bauüberwachung) und Dokumentation** | |
| a) Überwachen der Ausführung des Objekts auf Übereinstimmung mit der Genehmigung oder Zustimmung, den Verträgen mit ausführenden Unternehmen, den Ausführungsunterlagen, den einschlägigen Vorschriften sowie mit den allgemein anerkannten Regeln der Technik<br>b) Überprüfen von Pflanzen- und Materiallieferungen<br>c) Abstimmen mit den oder Koordinieren der an der Objektüberwachung fachlich Beteiligten<br>d) Fortschreiben und Überwachen des Terminplans unter Berücksichtigung jahreszeitlicher, bauablaufbedingter und witterungsbedingter Erfordernisse<br>e) Dokumentation des Bauablaufes (zum Beispiel Bautagebuch), Feststellen des Anwuchsergebnisses<br>f) Mitwirken beim Aufmaß mit den bauausführenden Unternehmen<br>g) Rechnungsprüfung einschließlich Prüfen der Aufmaße der ausführenden Unternehmen<br>h) Vergleich der Ergebnisse der Rechnungsprüfungen mit den Auftragssummen einschließlich Nachträgen<br>i) Organisation der Abnahme der Bauleistungen unter Mitwirkung anderer an der Planung und Objektüberwachung fachlich Beteiligter, Feststellung von Mängeln, Abnahmeempfehlung für den Auftraggeber | – Dokumentation des Bauablaufs nach besonderen Anforderungen des Auftraggebers<br>– fachliches Mitwirken bei Gerichtsverfahren<br>– Bauoberleitung, künstlerische Oberleitung<br>– Erstellen einer Freianlagenbestandsdokumentation |

(Fortsetzung)

| Grundleistungen | Besondere Leistungen |
|---|---|
| j) Antrag auf öffentlich-rechtliche Abnahmen und Teilnahme daran<br>k) Übergabe des Objekts<br>l) Überwachen der Beseitigung der bei der Abnahme festgestellten Mängel<br>m) Auflisten der Verjährungsfristen für Mängelansprüche<br>n) Überwachen der Fertigstellungspflege bei vegetationstechnischen Maßnahmen<br>o) Kostenkontrolle durch Überprüfen der Leistungsabrechnung der bauausführenden Unternehmen im Vergleich zu den Vertragspreisen<br>p) Kostenfeststellung, zum Beispiel nach DIN 276<br>q) Systematische Zusammenstellung der Dokumentation, zeichnerischen Darstellungen und rechnerischen Ergebnisse des Objekts | |
| **LPH 9 Objektbetreuung** | |
| a) Fachliche Bewertung der innerhalb der Verjährungsfristen für Gewährleistungsansprüche festgestellten Mängel, längstens jedoch bis zum Ablauf von 5 Jahren seit Abnahme der Leistung, einschließlich notwendiger Begehungen<br>b) Objektbegehung zur Mängelfeststellung vor Ablauf der Verjährungsfristen für Mängelansprüche gegenüber den ausführenden Unternehmen<br>c) Mitwirken bei der Freigabe von Sicherheitsleistungen | – Überwachung der Entwicklungs- und Unterhaltungspflege<br>– Überwachen von Wartungsleistungen<br>– Überwachen der Mängelbeseitigung innerhalb der Verjährungsfrist |

## 11.2 Objektliste Freianlagen

Nachstehende Freianlagen werden in der Regel folgenden Honorarzonen zugeordnet:

| | Honorarzone | | | | |
|---|---|---|---|---|---|
| Objekte | I | II | III | IV | V |
| **In der freien Landschaft** | | | | | |
| – einfache Geländegestaltung | x | | | | |
| – Einsaaten in der freien Landschaft | x | | | | |
| – Pflanzungen in der freien Landschaft oder Windschutzpflanzungen, mit sehr geringen oder geringen Anforderungen | x | x | | | |
| – Pflanzungen in der freien Landschaft mit natur- und artenschutzrechtlichen Anforderungen (Kompensationserfordernissen) | | | x | | |

(Fortsetzung)

| Objekte | Honorarzone | | | | |
|---|---|---|---|---|---|
| | I | II | III | IV | V |
| – Flächen für den Arten- und Biotopschutz mit differenzierten Gestaltungsansprüchen oder mit Biotopverbundfunktion | | | | x | |
| – Naturnahe Gewässer- und Ufergestaltung | | | x | | |
| – Geländegestaltungen und Pflanzungen für Deponien, Halden und Entnahmestellen mit geringen oder durchschnittlichen Anforderungen | | x | x | | |
| – Freiflächen mit einfachem Ausbau bei kleineren Siedlungen, bei Einzelbauwerken und bei landwirtschaftlichen Aussiedlungen | | x | | | |
| – Begleitgrün zu Objekten, Bauwerken und Anlagen mit geringen oder durchschnittlichen Anforderungen | | x | x | | |
| **In Stadt- und Ortslagen** | | | | | |
| – Grünverbindungen ohne besondere Ausstattung | | | x | | |
| – innerörtliche Grünzüge, Grünverbindungen mit besonderer Ausstattung | | | | x | |
| – Freizeitparks und Parkanlagen | | | | x | |
| – Geländegestaltung ohne oder mit Abstützungen | | | x | x | |
| – Begleitgrün zu Objekten, Bauwerken und Anlagen sowie an Ortsrändern | | x | x | | |
| – Schulgärten und naturkundliche Lehrpfade und -gebiete | | | | x | |
| – Hausgärten und Gartenhöfe mit Repräsentationsansprüchen | | | | x | x |
| **Gebäudebegrünung** | | | | | |
| – Terrassen- und Dachgärten | | | | | x |
| – Bauwerksbegrünung vertikal und horizontal mit hohen oder sehr hohen Anforderungen | | | | x | x |
| – Innenbegrünung mit hohen oder sehr hohen Anforderungen | | | | x | x |
| – Innenhöfe mit hohen oder sehr hohen Anforderungen | | | | x | x |
| **Spiel- und Sportanlagen** | | | | | |
| – Ski- und Rodelhänge ohne oder mit technischer Ausstattung | x | x | | | |
| – Spielwiesen | | x | | | |
| – Ballspielplätze, Bolzplätze, mit geringen oder durchschnittlichen Anforderungen | | x | x | | |
| – Sportanlagen in der Landschaft, Parcours, Wettkampfstrecken | | | x | | |
| – Kombinationsspielfelder, Sport-, Tennisplätze und Sportanlagen mit Tennenbelag oder Kunststoff- oder Kunstrasenbelag | | | x | x | |
| – Spielplätze | | | | x | |
| – Sportanlagen Typ A bis C oder Sportstadien | | | | x | x |
| – Golfplätze mit besonderen natur- und artenschutzrechtlichen Anforderungen oder in stark reliefiertem Geländeumfeld | | | | x | x |
| – Freibäder mit besonderen Anforderungen, Schwimmteiche | | | | x | x |
| – Schul- und Pausenhöfe mit Spiel- und Bewegungsangebot | | | | x | |
| **Sonderanlagen** | | | | | |
| – Freilichtbühnen | | | | x | |
| – Zelt- oder Camping- oder Badeplätze, mit durchschnittlicher oder hoher Ausstattung oder Kleingartenanlagen | | | x | x | |

(Fortsetzung)

| Objekte | Honorarzone | | | | |
|---|---|---|---|---|---|
| | I | II | III | IV | V |
| **Objekte** | | | | | |
| – Friedhöfe, Ehrenmale, Gedenkstätten, mit hoher oder sehr hoher Ausstattung | | | | x | x |
| – Zoologische und botanische Gärten | | | | | x |
| – Lärmschutzeinrichtungen | | | | x | |
| – Garten- und Hallenschauen | | | | | x |
| – Freiflächen im Zusammenhang mit historischen Anlagen, historische Park- und Gartenanlagen, Gartendenkmale | | | | | x |
| **Sonstige Freianlagen** | | | | | |
| – Freiflächen mit Bauwerksbezug, mit durchschnittlichen topografischen Verhältnissen oder durchschnittlicher Ausstattung | | | x | | |
| – Freiflächen mit Bauwerksbezug, mit schwierigen oder besonders schwierigen topografischen Verhältnissen oder hoher oder sehr hoher Ausstattung | | | | x | x |
| – Fußgängerbereiche und Stadtplätze mit hoher oder sehr hoher Ausstattungsintensität | | | | x | x |

## Anlage 12 (zu § 43 Absatz 4, § 48 Absatz 5) Grundleistungen im Leistungsbild Ingenieurbauwerke, Besondere Leistungen, Objektliste

### 12.1 Leistungsbild Ingenieurbauwerke

| Grundleistungen | Besondere Leistungen |
|---|---|
| **LPH 1 Grundlagenermittlung** | |
| a) Klären der Aufgabenstellung auf Grund der Vorgaben oder der Bedarfsplanung des Auftraggebers<br>b) Ermitteln der Planungsrandbedingungen sowie Beraten zum gesamten Leistungsbedarf<br>c) Formulieren von Entscheidungshilfen für die Auswahl anderer an der Planung fachlich Beteiligter<br>d) bei Objekten nach § 41 Nummer 6 und 7, die eine Tragwerksplanung erfordern: Klären der Aufgabenstellung auch auf dem Gebiet der Tragwerksplanung<br>e) Ortsbesichtigung<br>f) Zusammenfassen, Erläutern und Dokumentieren der Ergebnisse | – Auswahl und Besichtigung ähnlicher Objekte |

(Fortsetzung)

| Grundleistungen | Besondere Leistungen |
|---|---|
| **LPH 2 Vorplanung** | |
| a) Analysieren der Grundlagen<br>b) Abstimmen der Zielvorstellungen auf die öffentlich-rechtlichen Randbedingungen sowie Planungen Dritter<br>c) Untersuchen von Lösungsmöglichkeiten mit ihren Einflüssen auf bauliche und konstruktive Gestaltung, Zweckmäßigkeit, Wirtschaftlichkeit unter Beachtung der Umweltverträglichkeit<br>d) Beschaffen und Auswerten amtlicher Karten<br>e) Erarbeiten eines Planungskonzepts einschließlich Untersuchung der alternativen Lösungsmöglichkeiten nach gleichen Anforderungen mit zeichnerischer Darstellung und Bewertung unter Einarbeitung der Beiträge anderer an der Planung fachlich Beteiligter<br>f) Klären und Erläutern der wesentlichen fachspezifischen Zusammenhänge, Vorgänge und Bedingungen<br>g) Vorabstimmen mit Behörden und anderen an der Planung fachlich Beteiligten über die Genehmigungsfähigkeit, gegebenenfalls Mitwirken bei Verhandlungen über die Bezuschussung und Kostenbeteiligung<br>h) Mitwirken beim Erläutern des Planungskonzepts gegenüber Dritten an bis zu zwei Terminen<br>i) Überarbeiten des Planungskonzepts nach Bedenken und Anregungen<br>j) Kostenschätzung, Vergleich mit den finanziellen Rahmenbedingungen<br>k) Zusammenfassen, Erläutern und Dokumentieren der Ergebnisse | – Erstellen von Leitungsbestandsplänen<br>– vertiefte Untersuchungen zum Nachweis von Nachhaltigkeitsaspekten<br>– Anfertigen von Nutzen-Kosten-Untersuchungen<br>– Wirtschaftlichkeitsprüfung<br>– Beschaffen von Auszügen aus Grundbuch, Kataster und anderen amtlichen Unterlagen |

(Fortsetzung)

| Grundleistungen | Besondere Leistungen |
|---|---|
| **LPH 3 Entwurfsplanung** | |
| a) Erarbeiten des Entwurfs auf Grundlage der Vorplanung durch zeichnerische Darstellung im erforderlichen Umfang und Detaillierungsgrad unter Berücksichtigung aller fachspezifischen Anforderungen,<br>Bereitstellen der Arbeitsergebnisse als Grundlage für die anderen an der Planung fachlich Beteiligten sowie Integration und Koordination der Fachplanungen<br>b) Erläuterungsbericht unter Verwendung der Beiträge anderer an der Planung fachlich Beteiligter<br>c) fachspezifische Berechnungen ausgenommen Berechnungen aus anderen Leistungsbildern<br>d) Ermitteln und Begründen der zuwendungsfähigen Kosten, Mitwirken beim Aufstellen des Finanzierungsplans sowie Vorbereiten der Anträge auf Finanzierung<br>e) Mitwirken beim Erläutern des vorläufigen Entwurfs gegenüber Dritten an bis zu drei Terminen, Überarbeiten des vorläufigen Entwurfs auf Grund von Bedenken und Anregungen<br>f) Vorabstimmen der Genehmigungsfähigkeit mit Behörden und anderen an der Planung fachlich Beteiligten<br>g) Kostenberechnung einschließlich zugehöriger Mengenermittlung, Vergleich der Kostenberechnung mit der Kostenschätzung<br>h) Ermitteln der wesentlichen Bauphasen unter Berücksichtigung der Verkehrslenkung und der Aufrechterhaltung des Betriebes während der Bauzeit<br>i) Bauzeiten- und Kostenplan<br>j) Zusammenfassen, Erläutern und Dokumentieren der Ergebnisse | – Fortschreiben von Nutzen-Kosten-Untersuchungen<br>– Mitwirken bei Verwaltungsvereinbarungen<br>– Nachweis der zwingenden Gründe des überwiegenden öffentlichen Interesses der Notwendigkeit der Maßnahme (zum Beispiel Gebiets- und Artenschutz gemäß der Richtlinie 92/43/EWG des Rates vom 21. Mai 1992 zur Erhaltung der natürlichen Lebensräume sowie der wild lebenden Tiere und Pflanzen (ABl. L 206 vom 22.07.1992, S. 7)<br>– Fiktivkostenberechnungen (Kostenteilung) |

(Fortsetzung)

| Grundleistungen | Besondere Leistungen |
|---|---|
| **LPH 4 Genehmigungsplanung** | |
| a) Erarbeiten und Zusammenstellen der Unterlagen für die erforderlichen öffentlich-rechtlichen Verfahren oder Genehmigungsverfahren einschließlich der Anträge auf Ausnahmen und Befreiungen, Aufstellen des Bauwerksverzeichnisses unter Verwendung der Beiträge anderer an der Planung fachlich Beteiligter<br>b) Erstellen des Grunderwerbsplanes und des Grunderwerbsverzeichnisses unter Verwendung der Beiträge anderer an der Planung fachlich Beteiligter<br>c) Vervollständigen und Anpassen der Planungsunterlagen, Beschreibungen und Berechnungen unter Verwendung der Beiträge anderer an der Planung fachlich Beteiligter<br>d) Abstimmen mit Behörden<br>e) Mitwirken in Genehmigungsverfahren einschließlich der Teilnahme an bis zu vier Erläuterungs-, Erörterungsterminen<br>f) Mitwirken beim Abfassen von Stellungnahmen zu Bedenken und Anregungen in bis zu zehn Kategorien | – Mitwirken bei der Beschaffung der Zustimmung von Betroffenen |
| **LPH 5 Ausführungsplanung** | |
| a) Erarbeiten der Ausführungsplanung auf Grundlage der Ergebnisse der Leistungsphasen 3 und 4 unter Berücksichtigung aller fachspezifischen Anforderungen und Verwendung der Beiträge anderer an der Planung fachlich Beteiligter bis zur ausführungsreifen Lösung<br>b) Zeichnerische Darstellung, Erläuterungen und zur Objektplanung gehörige Berechnungen mit allen für die Ausführung notwendigen Einzelangaben einschließlich Detailzeichnungen in den erforderlichen Maßstäben<br>c) Bereitstellen der Arbeitsergebnisse als Grundlage für die anderen an der Planung fachlich Beteiligten und Integrieren ihrer Beiträge bis zur ausführungsreifen Lösung<br>d) Vervollständigen der Ausführungsplanung während der Objektausführung | – Objektübergreifende, integrierte Bauablaufplanung<br>– Koordination des Gesamtprojekts<br>– Aufstellen von Ablauf- und Netzplänen<br>– Planen von Anlagen der Verfahrens- und Prozesstechnik für Ingenieurbauwerke gemäß § 41 Nummer 1 bis 3 und 5, die dem Auftragnehmer übertragen werden, der auch die Grundleistungen für die jeweiligen Ingenieurbauwerke erbringt |

(Fortsetzung)

| Grundleistungen | Besondere Leistungen |
|---|---|
| **LPH 6 Vorbereiten der Vergabe** | |
| a) Ermitteln von Mengen nach Einzelpositionen unter Verwendung der Beiträge anderer an der Planung fachlich Beteiligter<br>b) Aufstellen der Vergabeunterlagen, insbesondere Anfertigen der Leistungsbeschreibungen mit Leistungsverzeichnissen sowie der Besonderen Vertragsbedingungen<br>c) Abstimmen und Koordinieren der Schnittstellen zu den Leistungsbeschreibungen der anderen an der Planung fachlich Beteiligten<br>d) Festlegen der wesentlichen Ausführungsphasen<br>e) Ermitteln der Kosten auf Grundlage der vom Planer (Entwurfsverfasser) bepreisten Leistungsverzeichnisse<br>f) Kostenkontrolle durch Vergleich der vom Planer (Entwurfsverfasser) bepreisten Leistungsverzeichnisse mit der Kostenberechnung<br>g) Zusammenstellen der Vergabeunterlagen | – detaillierte Planung von Bauphasen bei besonderen Anforderungen |
| **LPH 7 Mitwirken bei der Vergabe** | |
| a) Einholen von Angeboten<br>b) Prüfen und Werten der Angebote, Aufstellen des Preisspiegels<br>c) Abstimmen und Zusammenstellen der Leistungen der fachlich Beteiligten, die an der Vergabe mitwirken<br>d) Führen von Bietergesprächen<br>e) Erstellen der Vergabevorschläge, Dokumentation des Vergabeverfahrens<br>f) Zusammenstellen der Vertragsunterlagen<br>g) Vergleichen der Ausschreibungsergebnisse mit den vom Planer bepreisten Leistungsverzeichnissen und der Kostenberechnung<br>h) Mitwirken bei der Auftragserteilung | – Prüfen und Werten von Nebenangeboten |

(Fortsetzung)

| Grundleistungen | Besondere Leistungen |
|---|---|
| **LPH 8 Bauoberleitung** | |
| a) Aufsicht über die örtliche Bauüberwachung, Koordinierung der an der Objektüberwachung fachlich Beteiligten, einmaliges Prüfen von Plänen auf Übereinstimmung mit dem auszuführenden Objekt und Mitwirken bei deren Freigabe<br>b) Aufstellen, Fortschreiben und Überwachen eines Terminplans (Balkendiagramm)<br>c) Veranlassen und Mitwirken beim Inverzugsetzen der ausführenden Unternehmen<br>d) Kostenfeststellung, Vergleich der Kostenfeststellung mit der Auftragssumme<br>e) Abnahme von Bauleistungen, Leistungen und Lieferungen unter Mitwirkung der örtlichen Bauüberwachung und anderer an der Planung und Objektüberwachung fachlich Beteiligter, Feststellen von Mängeln, Fertigung einer Niederschrift über das Ergebnis der Abnahme<br>f) Überwachen der Prüfungen der Funktionsfähigkeit der Anlagenteile und der Gesamtanlage<br>g) Antrag auf behördliche Abnahmen und Teilnahme daran<br>h) Übergabe des Objekts<br>i) Auflisten der Verjährungsfristen der Mängelansprüche<br>j) Zusammenstellen und Übergeben der Dokumentation des Bauablaufs, der Bestandsunterlagen und der Wartungsvorschriften | – Kostenkontrolle<br>– Prüfen von Nachträgen<br>– Erstellen eines Bauwerksbuchs<br>– Erstellen von Bestandsplänen<br>– Örtliche Bauüberwachung:<br>– Plausibilitätsprüfung der Absteckung<br>– Überwachen der Ausführung der Bauleistungen<br>– Mitwirken beim Einweisen des Auftragnehmers in die Baumaßnahme (Bauanlaufbesprechung)<br>– Überwachen der Ausführung des Objektes auf Übereinstimmung mit den zur Ausführung freigegebenen Unterlagen, dem Bauvertrag und den Vorgaben des Auftraggebers<br>– Prüfen und Bewerten der Berechtigung von Nachträgen<br>– Durchführen oder Veranlassen von Kontrollprüfungen<br>– Überwachen der Beseitigung der bei der Abnahme der Leistungen festgestellten Mängel<br>– Dokumentation des Bauablaufs<br>– Mitwirken beim Aufmaß mit den ausführenden Unternehmen und Prüfen der Aufmaße<br>– Mitwirken bei behördlichen Abnahmen<br>– Mitwirken bei der Abnahme von Leistungen und Lieferungen<br>– Rechnungsprüfung, Vergleich der Ergebnisse der Rechnungsprüfungen mit der Auftragssumme<br>– Mitwirken beim Überwachen der Prüfung der Funktionsfähigkeit der Anlagenteile und der Gesamtanlage<br>– Überwachen der Ausführung von Tragwerken nach Anlage 14.2 Honorarzone I und II mit sehr geringen und geringen Planungsanforderungen auf Übereinstimmung mit dem Standsicherheitsnachweis |
| **LPH 9 Objektbetreuung** | |
| a) Fachliche Bewertung der innerhalb der Verjährungsfristen für Gewährleistungsansprüche festgestellten Mängel, längstens jedoch bis zum Ablauf von fünf Jahren seit Abnahme der Leistung, einschließlich notwendiger Begehungen<br>b) Objektbegehung zur Mängelfeststellung vor Ablauf der Verjährungsfristen für Mängelansprüche gegenüber den ausführenden Unternehmen<br>c) Mitwirken bei der Freigabe von Sicherheitsleistungen | – Überwachen der Mängelbeseitigung innerhalb der Verjährungsfrist |

## 12.2 Objektliste Ingenieurbauwerke

Nachstehende Objekte werden in der Regel folgenden Honorarzonen zugerechnet:

| | Honorarzone | | | | |
|---|---|---|---|---|---|
| Gruppe 1 – Bauwerke und Anlagen der Wasserversorgung | I | II | III | IV | V |
| – Zisternen | x | | | | |
| – einfache Anlagen zur Gewinnung und Förderung von Wasser, zum Beispiel Quellfassungen, Schachtbrunnen | | x | | | |
| – Tiefbrunnen | | | x | | |
| – Brunnengalerien und Horizontalbrunnen | | | | x | |
| – Leitungen für Wasser ohne Zwangspunkte | x | | | | |
| – Leitungen für Wasser mit geringen Verknüpfungen und wenigen Zwangspunkten | | x | | | |
| – Leitungen für Wasser mit zahlreichen Verknüpfungen und mehreren Zwangspunkten | | | x | | |
| – Einfache Leitungsnetze für Wasser | | x | | | |
| – Leitungsnetze mit mehreren Verknüpfungen und zahlreichen Zwangspunkten und mit einer Druckzone | | | x | | |
| – Leitungsnetze für Wasser mit zahlreichen Verknüpfungen und zahlreichen Zwangspunkten | | | | x | |
| – einfache Anlagen zur Speicherung von Wasser, zum Beispiel Behälter in Fertigbauweise, Feuerlöschbecken | | x | | | |
| – Speicherbehälter | | | x | | |
| – Speicherbehälter in Turmbaumweise | | | | x | |
| – einfache Wasseraufbereitungsanlagen und Anlagen mit mechanischen Verfahren, Pumpwerke und Druckerhöhungsanlagen | | | x | | |
| – Wasseraufbereitungsanlagen mit physikalischen und chemischen Verfahren, schwierige Pumpwerke und Druckerhöhungsanlagen | | | | x | |
| – Bauwerke und Anlagen mehrstufiger oder kombinierter Verfahren der Wasseraufbereitung | | | | | x |
| **Gruppe 2 – Bauwerke und Anlagen der Abwasserentsorgung** mit Ausnahme Entwässerungsanlagen, die der Zweckbestimmung der Verkehrsanlagen dienen, und Regenwasserversickerung (Abgrenzung zu Freianlagen) | Honorarzone | | | | |
| | I | II | III | IV | V |
| – Leitungen für Abwasser ohne Zwangspunkte | x | | | | |
| – Leitungen für Abwasser mit geringen Verknüpfungen und wenigen Zwangspunkten | | x | | | |
| – Leitungen für Abwasser mit zahlreichen Verknüpfungen und zahlreichen Zwangspunkten | | | x | | |
| – einfache Leitungsnetze für Abwasser | | x | | | |
| – Leitungsnetze für Abwasser mit mehreren Verknüpfungen und mehreren Zwangspunkten | | | x | | |
| – Leitungsnetze für Abwasser mit zahlreichen Zwangspunkten | | | | x | |
| – Erdbecken als Regenrückhaltebecken | | x | | | |

(Fortsetzung)

| | | | | | |
|---|---|---|---|---|---|
| – Regenbecken und Kanalstauräume mit geringen Verknüpfungen und wenigen Zwangspunkten | | | x | | |
| – Regenbecken und Kanalstauräume mit zahlreichen Verknüpfungen und zahlreichen Zwangspunkten, kombinierte Regenwasserbewirtschaftungsanlagen | | | | x | |
| – Schlammabsetzanlagen, Schlammpolder | | x | | | |
| – Schlammabsetzanlagen mit mechanischen Einrichtungen | | | x | | |
| – Schlammbehandlungsanlagen | | | | x | |
| – Bauwerke und Anlagen für mehrstufige oder kombinierte Verfahren der Schlammbehandlung | | | | | x |
| – Industriell systematisierte Abwasserbehandlungsanlagen, einfache Pumpwerke und Hebeanlagen | | x | | | |
| – Abwasserbehandlungsanlagen mit gemeinsamer aerober Stabilisierung, Pumpwerke und Hebeanlagen | | | x | | |
| – Abwasserbehandlungsanlagen, schwierige Pumpwerke und Hebeanlagen | | | | x | |
| – Schwierige Abwasserbehandlungsanlagen | | | | | x |
| **Gruppe 3 – Bauwerke und Anlagen des Wasserbaus** | Honorarzone | | | | |
| ausgenommen Freianlagen nach § 39 Absatz 1 | I | II | III | IV | V |
| – Berieselung und rohrlose Dränung, flächenhafter Erdbau mit unterschiedlichen Schütthöhen oder Materialien | | x | | | |
| – Beregnung und Rohrdränung | | | x | | |
| – Beregnung und Rohrdränung bei ungleichmäßigen Boden- und schwierigen Geländeverhältnissen | | | | x | |
| – Einzelgewässer mit gleichförmigem ungegliedertem Querschnitt ohne Zwangspunkte, ausgenommen Einzelgewässer mit überwiegend ökologischen und landschaftsgestalterischen Elementen | x | | | | |
| – Einzelgewässer mit gleichförmigem gegliedertem Querschnitt und einigen Zwangspunkten | | x | | | |
| – Einzelgewässer mit ungleichförmigem ungegliedertem Querschnitt und einigen Zwangspunkten, Gewässersysteme mit einigen Zwangspunkten | | | x | | |
| – Einzelgewässer mit ungleichförmigem gegliedertem Querschnitt und vielen Zwangspunkten, Gewässersysteme mit vielen Zwangspunkten, besonders schwieriger Gewässerausbau mit sehr hohen technischen Anforderungen und ökologischen Ausgleichsmaßnahmen | | | | x | |
| – Teiche bis 3 m Dammhöhe über Sohle ohne Hochwasserentlastung ausgenommen Teiche ohne Dämme | x | | | | |
| – Teiche mit mehr als 3 m Dammhöhe über Sohle ohne Hochwasserentlastung, Teiche bis 3 m Dammhöhe über Sohle mit Hochwasserentlastung | | x | | | |
| – Hochwasserrückhaltebecken und Talsperren bis 5 m Dammhöhe über Sohle oder bis 100.000 m³ Speicherraum | | | x | | |
| – Hochwasserrückhaltebecken und Talsperren mit mehr als 100.000 m³ und weniger als 5.000.000 m³ Speicherraum | | | | x | |
| – Hochwasserrückhaltebecken und Talsperren mit mehr als 5.000.000 m³ Speicherraum | | | | | x |
| – Deich und Dammbauten | | x | | | |
| – schwierige Deich- und Dammbauten | | | x | | |

(Fortsetzung)

| | | | | | |
|---|---|---|---|---|---|
| – besonders schwierige Deich- und Dammbauten | | | | x | |
| – einfache Pumpanlagen, Pumpwerke und Schöpfwerke | | x | | | |
| – Pump- und Schöpfwerke, Siele | | | x | | |
| – schwierige Pump- und Schöpfwerke | | | | x | |
| – Einfache Durchlässe | x | | | | |
| – Durchlässe und Düker | | x | | | |
| – schwierige Durchlässe und Düker | | | x | | |
| – Besonders schwierige Durchlässe und Düker | | | | x | |
| – einfache feste Wehre | | x | | | |
| – feste Wehre | | | x | | |
| – einfache bewegliche Wehre | | | x | | |
| – bewegliche Wehre | | | | x | |
| – einfache Sperrwerke und Sperrtore | | | x | | |
| – Sperrwerke | | | | x | |
| – Kleinwasserkraftanlagen | | | x | | |
| – Wasserkraftanlagen | | | | x | |
| – Schwierige Wasserkraftanlagen, zum Beispiel Pumpspeicherwerke oder Kavernenkraftwerke | | | | | x |
| – Fangedämme, Hochwasserwände | | | x | | |
| – Fangedämme, Hochwasserschutzwände in schwieriger Bauweise | | | | x | |
| – eingeschwommene Senkkästen, schwierige Fangedämme, Wellenbrecher | | | | | x |
| – Bootsanlegestellen mit Dalben, Leitwänden, Festmacher- und Fenderanlagen an stehenden Gewässern | x | | | | |
| – Bootsanlegestellen mit Dalben, Leitwänden, Festmacher- und Fenderanlagen an fließenden Gewässern, einfache Schiffslösch- und -ladestellen, einfache Kaimauern und Piers | | x | | | |
| – Schiffslösch- und -ladestellen, Häfen, jeweils mit Dalben, Leitwänden, Festmacher- und Fenderanlagen mit hohen Belastungen, Kaimauern und Piers | | | x | | |
| – Schiffsanlege-, -lösch- und -ladestellen bei Tide oder Hochwasserbeeinflussung, Häfen bei Tide- und Hochwasserbeeinflussung, schwierige Kaimauern und Piers | | | | x | |
| – Schwierige schwimmende Schiffsanleger, bewegliche Verladebrücken | | | | | x |
| – Einfache Uferbefestigungen | x | | | | |
| – Uferwände und -mauern | | x | | | |
| – Schwierige Uferwände und -mauern, Ufer- und Sohlensicherung an Wasserstraßen | | | x | | |
| – Schifffahrtskanäle mit Dalben, Leitwänden, bei einfachen Bedingungen | | | x | | |
| – Schifffahrtskanäle mit Dalben, Leitwänden, bei schwierigen Bedingungen in Dammstrecken, mit Kreuzungsbauwerken | | | | x | |
| – Kanalbrücken | | | | | x |
| – einfache Schiffsschleusen, Bootsschleusen | | x | | | |
| – Schiffsschleusen bei geringen Hubhöhen | | | x | | |
| – Schiffsschleusen bei großen Hubhöhen und Sparschleusen | | | | x | |

(Fortsetzung)

| – Schiffshebewerke | | | | | x |
|---|---|---|---|---|---|
| – Werftanlagen, einfache Docks | | | x | | |
| – schwierige Docks | | | | x | |
| – Schwimmdocks | | | | | x |
| **Gruppe 4 – Bauwerke und Anlagen für Ver- und Entsorgung** | Honorarzone | | | | |
| mit Gasen, Energieträgern, Feststoffen einschließlich wassergefährdenden Flüssigkeiten, ausgenommen Anlagen nach § 53 Absatz 2 | I | II | III | IV | V |
| – Transportleitungen für Fernwärme, wassergefährdende Flüssigkeiten und Gase ohne Zwangspunkte | x | | | | |
| – Transportleitungen für Fernwärme, wassergefährdende Flüssigkeiten und Gase mit geringen Verknüpfungen und wenigen Zwangspunkten | | x | | | |
| – Transportleitungen für Fernwärme, wassergefährdende Flüssigkeiten und Gase mit zahlreichen Verknüpfungen oder zahlreichen Zwangspunkten | | | x | | |
| – Transportleitungen für Fernwärme, wassergefährdende Flüssigkeiten und Gase mit zahlreichen Verknüpfungen und zahlreichen Zwangspunkten | | | | x | |
| – Industriell vorgefertigte einstufige Leichtflüssigkeitsabscheider | | x | | | |
| – Einstufige Leichtflüssigkeitsabscheider | | | x | | |
| – mehrstufige Leichtflüssigkeitsabscheider | | | | x | |
| – Leerrohrnetze mit wenigen Verknüpfungen | | | x | | |
| – Leerrohrnetze mit zahlreichen Verknüpfungen | | | | x | |
| – Handelsübliche Fertigbehälter für Tankanlagen | x | | | | |
| – Pumpzentralen für Tankanlagen in Ortbetonbauweise | | | x | | |
| – Anlagen zur Lagerung wassergefährdender Flüssigkeiten in einfachen Fällen | | | x | | |
| **Gruppe 5 – Bauwerke und Anlagen der Abfallentsorgung** | Honorarzone | | | | |
| | I | II | III | IV | V |
| – Zwischenlager, Sammelstellen und Umladestationen offener Bauart für Abfälle oder Wertstoffe ohne Zusatzeinrichtungen | x | | | | |
| – Zwischenlager, Sammelstellen und Umladestationen offener Bauart für Abfälle oder Wertstoffe mit einfachen Zusatzeinrichtungen | | x | | | |
| – Zwischenlager, Sammelstellen und Umladestationen offener Bauart für Abfälle oder Wertstoffe, mit schwierigen Zusatzeinrichtungen | | | x | | |
| – Einfache, einstufige Aufbereitungsanlagen für Wertstoffe | | x | | | |
| – Aufbereitungsanlagen für Wertstoffe | | | x | | |
| – Mehrstufige Aufbereitungsanlagen für Wertstoffe | | | | x | |
| – Einfache Bauschuttaufbereitungsanlagen | | x | | | |
| – Bauschuttaufbereitungsanlagen | | | x | | |
| – Bauschuttdeponien ohne besondere Einrichtungen | | x | | | |
| – Bauschuttdeponien | | | x | | |
| – Pflanzenabfall-Kompostierungsanlagen ohne besondere Einrichtungen | | x | | | |
| – Biomüll-Kompostierungsanlagen, Pflanzenabfall-Kompostierungsanlagen | | | x | | |
| – Kompostwerke | | | | x | |
| – Hausmüll- und Monodeponien | | | x | | |

(Fortsetzung)

| – Hausmülldeponien und Monodeponien mit schwierigen technischen Anforderungen | | | | x | |
|---|---|---|---|---|---|
| – Anlagen zur Konditionierung von Sonderabfällen | | | | x | |
| – Verbrennungsanlagen, Pyrolyseanlagen | | | | | x |
| – Sonderabfalldeponien | | | | x | |
| – Anlagen für Untertagedeponien | | | | x | |
| – Behälterdeponien | | | | x | |
| – Abdichtung von Altablagerungen und kontaminierten Standorten | | | x | | |
| – Abdichtung von Altablagerungen und kontaminierten Standorten mit schwierigen technischen Anforderungen | | | | x | |
| – Anlagen zur Behandlung kontaminierter Böden einschließlich Bodenluft | | | | x | |
| – einfache Grundwasserdekontaminierungsanlagen | | | | x | |
| – komplexe Grundwasserdekontaminierungsanlagen | | | | | x |
| **Gruppe 6 – konstruktive Ingenieurbauwerke für Verkehrsanlagen** | Honorarzone | | | | |
| | I | II | III | IV | V |
| – Lärmschutzwälle ausgenommen Lärmschutzwälle als Mittel der Geländegestaltung | x | | | | |
| – Einfache Lärmschutzanlagen | | x | | | |
| – Lärmschutzanlagen | | | x | | |
| – Lärmschutzanlagen in schwieriger städtebaulicher Situation | | | | x | |
| – Gerade Einfeldbrücken einfacher Bauart | | x | | | |
| – Einfeldbrücken | | | x | | |
| – Einfache Mehrfeld- und Bogenbrücken | | | x | | |
| – Schwierige Einfeld-, Mehrfeld- und Bogenbrücken | | | | x | |
| – Schwierige, längs vorgespannte Stahlverbundkonstruktionen | | | | | x |
| – Besonders schwierige Brücken | | | | | x |
| – Tunnel- und Trogbauwerke | | | x | | |
| – Schwierige Tunnel- und Trogbauwerke | | | | x | |
| – Besonders schwierige Tunnel- und Trogbauwerke | | | | | x |
| – Untergrundbahnhöfe | | | x | | |
| – schwierige Untergrundbahnhöfe | | | | x | |
| – besonders schwierige Untergrundbahnhöfe und Kreuzungsbahnhöfe | | | | | x |
| **Gruppe 7 – sonstige Einzelbauwerke** | Honorarzone | | | | |
| sonstige Einzelbauwerke ausgenommen Gebäude und Freileitungs- und Oberleitungsmaste | I | II | III | IV | V |
| – Einfache Schornsteine | | x | | | |
| – Schornsteine | | | x | | |
| – Schwierige Schornsteine | | | | x | |
| – Besonders schwierige Schornsteine | | | | | x |
| – Einfache Masten und Türme ohne Aufbauten | x | | | | |
| – Masten und Türme ohne Aufbauten | | x | | | |
| – Masten und Türme mit Aufbauten | | | x | | |

(Fortsetzung)

| | | | | | |
|---|---|---|---|---|---|
| – Masten und Türme mit Aufbauten und Betriebsgeschoss | | | | x | |
| – Masten und Türme mit Aufbauten, Betriebsgeschoss und Publikumseinrichtungen | | | | | x |
| – Einfache Kühltürme | | | x | | |
| – Kühltürme | | | | x | |
| – Schwierige Kühltürme | | | | | x |
| – Versorgungsbauwerke und Schutzrohre in sehr einfachen Fällen ohne Zwangspunkte | x | | | | |
| – Versorgungsbauwerke und Schutzrohre mit zugehörigen Schächten für Versorgungssysteme mit wenigen Zwangspunkten | | x | | | |
| – Versorgungsbauwerke mit zugehörigen Schächten für Versorgungssysteme unter beengten Verhältnissen | | | x | | |
| – Versorgungsbauwerke mit zugehörigen Schächten in schwierigen Fällen für mehrere Medien | | | | x | |
| – Flach gegründete, einzeln stehende Silos ohne Anbauten | | x | | | |
| – Einzeln stehende Silos mit einfachen Anbauten, auch in Gruppenbauweise | | | x | | |
| – Silos mit zusammengefügten Zellenblöcken und Anbauten | | | | x | |
| – Schwierige Windkraftanlagen | | | | x | |
| – Unverankerte Stützbauwerke bei geringen Geländesprüngen ohne Verkehrsbelastung als Mittel zur Geländegestaltung und zur konstruktiven Böschungssicherung | x | | | | |
| – Unverankerte Stützbauwerke bei hohen Geländesprüngen mit Verkehrsbelastungen mit einfachen Baugrund-, Belastungs- und Geländeverhältnissen | | x | | | |
| – Stützbauwerke mit Verankerung oder unverankerte Stützbauwerke bei schwierigen Baugrund-, Belastungs- oder Geländeverhältnissen | | | x | | |
| – Stützbauwerke mit Verankerung und schwierigen Baugrund-, Belastungs- oder Geländeverhältnissen | | | | x | |
| – Stützbauwerke mit Verankerung und ungewöhnlich schwierigen Randbedingungen | | | | | x |
| – Schlitz- und Bohrpfahlwände, Trägerbohlwände | | | x | | |
| – Einfache Traggerüste und andere einfache Gerüste | | | x | | |
| – Traggerüste und andere Gerüste | | | | x | |
| – Sehr schwierige Gerüste und sehr hohe oder weit gespannte Traggerüste, verschiebliche (Trag-)Gerüste | | | | | x |
| – eigenständige Tiefgaragen, einfache Schacht- und Kavernenbauwerke, einfache Stollenbauten | | | x | | |
| – schwierige eigenständige Tiefgaragen, schwierige Schacht- und Kavernenbauwerke, schwierige Stollenbauwerke | | | | x | |
| – Besonders schwierige Schacht- und Kavernenbauwerke | | | | | x |

## Anlage 13 (zu § 47 Absatz 2, § 48 Absatz 5) Grundleistungen im Leistungsbild Verkehrsanlagen, Besondere Leistungen, Objektliste

### 13.1 Leistungsbild Verkehrsanlagen

| Grundleistungen | Besondere Leistungen |
|---|---|
| **LPH 1 Grundlagenermittlung** | |
| a) Klären der Aufgabenstellung auf Grund der Vorgaben oder der Bedarfsplanung des Auftraggebers<br>b) Ermitteln der Planungsrandbedingungen sowie Beraten zum gesamten Leistungsbedarf<br>c) Formulieren von Entscheidungshilfen für die Auswahl anderer an der Planung fachlich Beteiligter<br>d) Ortsbesichtigung<br>e) Zusammenfassen, Erläutern und Dokumentieren der Ergebnisse | – Ermitteln besonderer, in den Normen nicht festgelegter Einwirkungen<br>– Auswahl und Besichtigen ähnlicher Objekte |
| **LPH 2 Vorplanung** | |
| a) Beschaffen und Auswerten amtlicher Karten<br>b) Analysieren der Grundlagen<br>c) Abstimmen der Zielvorstellungen auf die öffentlich-rechtlichen Randbedingungen sowie Planungen Dritter<br>d) Untersuchen von Lösungsmöglichkeiten mit ihren Einflüssen auf bauliche und konstruktive Gestaltung, Zweckmäßigkeit, Wirtschaftlichkeit unter Beachtung der Umweltverträglichkeit<br>e) Erarbeiten eines Planungskonzepts einschließlich Untersuchung von bis zu 3 Varianten nach gleichen Anforderungen mit zeichnerischer Darstellung und Bewertung unter Einarbeitung der Beiträge anderer an der Planung fachlich Beteiligter<br>Überschlägige verkehrstechnische Bemessung der Verkehrsanlage, Ermitteln der Schallimmissionen von der Verkehrsanlage an kritischen Stellen nach Tabellenwerten<br>Untersuchen der möglichen Schallschutzmaßnahmen, ausgenommen detaillierte schalltechnische Untersuchungen<br>f) Klären und Erläutern der wesentlichen fachspezifischen Zusammenhänge, Vorgänge und Bedingungen<br>g) Vorabstimmen mit Behörden und anderen an der Planung fachlich Beteiligten über die Genehmigungsfähigkeit, gegebenenfalls Mitwirken bei Verhandlungen über die Bezuschussung und Kostenbeteiligung<br>h) Mitwirken bei Erläutern des Planungskonzepts gegenüber Dritten an bis zu 2 Terminen<br>i) Überarbeiten des Planungskonzepts nach Bedenken und Anregungen<br>j) Bereitstellen von Unterlagen als Auszüge aus der Voruntersuchung zur Verwendung für ein Raumordnungsverfahren<br>k) Kostenschätzung, Vergleich mit den finanziellen Rahmenbedingungen<br>l) Zusammenfassen, Erläutern und Dokumentieren | – Erstellen von Leitungsbestandsplänen<br>– Untersuchungen zur Nachhaltigkeit<br>– Anfertigen von Nutzen-Kosten-Untersuchungen<br>– Wirtschaftlichkeitsprüfung<br>– Beschaffen von Auszügen aus Grundbuch, Kataster und anderen amtlichen Unterlagen |

(Fortsetzung)

| Grundleistungen | Besondere Leistungen |
|---|---|
| **LPH 3 Entwurfsplanung** | |
| a) Erarbeiten des Entwurfs auf Grundlage der Vorplanung durch zeichnerische Darstellung im erforderlichen Umfang und Detaillierungsgrad unter Berücksichtigung aller fachspezifischen Anforderungen<br>Bereitstellen der Arbeitsergebnisse als Grundlage für die anderen an der Planung fachlich Beteiligten, sowie Integration und Koordination der Fachplanungen<br>b) Erläuterungsbericht unter Verwendung der Beiträge anderer an der Planung fachlich Beteiligter<br>c) Fachspezifische Berechnungen ausgenommen Berechnungen aus anderen Leistungsbildern<br>d) Ermitteln der zuwendungsfähigen Kosten, Mitwirken beim Aufstellen des Finanzierungsplans sowie Vorbereiten der Anträge auf Finanzierung<br>e) Mitwirken beim Erläutern des vorläufigen Entwurfs gegenüber Dritten an bis zu drei Terminen, Überarbeiten des vorläufigen Entwurfs auf Grund von Bedenken und Anregungen<br>f) Vorabstimmen der Genehmigungsfähigkeit mit Behörden und anderen an der Planung fachlich Beteiligten<br>g) Kostenberechnung einschließlich zugehöriger Mengenermittlung, Vergleich der Kostenberechnung mit der Kostenschätzung<br>h) Überschlägige Festlegung der Abmessungen von Ingenieurbauwerken<br>i) Ermitteln der Schallimmissionen von der Verkehrsanlage nach Tabellenwerten; Festlegen der erforderlichen Schallschutzmaßnahmen an der Verkehrsanlage, gegebenenfalls unter Einarbeitung der Ergebnisse detaillierter schalltechnischer Untersuchungen und Feststellen der Notwendigkeit von Schallschutzmaßnahmen an betroffenen Gebäuden<br>j) Rechnerische Festlegung des Objekts<br>k) Darlegen der Auswirkungen auf Zwangspunkte<br>l) Nachweis der Lichtraumprofile<br>m) Ermitteln der wesentlichen Bauphasen unter Berücksichtigung der Verkehrslenkung und der Aufrechterhaltung des Betriebs während der Bauzeit<br>n) Bauzeiten- und Kostenplan<br>o) Zusammenfassen, Erläutern und Dokumentieren der Ergebnisse | – Fortschreiben von Nutzen-Kosten-Untersuchungen<br>– Detaillierte signaltechnische Berechnung<br>– Mitwirken bei Verwaltungsvereinbarungen<br>– Nachweis der zwingenden Gründe des überwiegenden öffentlichen Interesses der Notwendigkeit der Maßnahme (zum Beispiel Gebiets- und Artenschutz gemäß der Richtlinie 92/43/EWG des Rates vom 21. Mai 1992 zur Erhaltung der natürlichen Lebensräume sowie der wild lebenden Tiere und Pflanzen (ABl. L 206 vom 22.07.1992, S. 7)<br>– Fiktivkostenberechnungen (Kostenteilung) |

(Fortsetzung)

| Grundleistungen | Besondere Leistungen |
|---|---|
| **LPH 4 Genehmigungsplanung** | |
| a) Erarbeiten und Zusammenstellen der Unterlagen für die erforderlichen öffentlich-rechtlichen Verfahren oder Genehmigungsverfahren einschließlich der Anträge auf Ausnahmen und Befreiungen, Aufstellen des Bauwerksverzeichnisses unter Verwendung der Beiträge anderer an der Planung fachlich Beteiligter<br>b) Erstellen des Grunderwerbsplans und des Grunderwerbsverzeichnisses unter Verwendung der Beiträge anderer an der Planung fachlich Beteiligter<br>c) Vervollständigen und Anpassen der Planungsunterlagen, Beschreibungen und Berechnungen unter Verwendung der Beiträge anderer an der Planung fachlich Beteiligter<br>d) Abstimmen mit Behörden<br>e) Mitwirken in Genehmigungsverfahren einschließlich der Teilnahme an bis zu vier Erläuterungs-, Erörterungsterminen<br>f) Mitwirken beim Abfassen von Stellungnahmen zu Bedenken und Anregungen in bis zu 10 Kategorien | – Mitwirken bei der Beschaffung der Zustimmung von Betroffenen |
| **LPH 5 Ausführungsplanung** | |
| a) Erarbeiten der Ausführungsplanung auf Grundlage der Ergebnisse der Leistungsphasen 3 und 4 unter Berücksichtigung aller fachspezifischen Anforderungen und Verwendung der Beiträge anderer an der Planung fachlich Beteiligter bis zur ausführungsreifen Lösung<br>b) Zeichnerische Darstellung, Erläuterungen und zur Objektplanung gehörige Berechnungen mit allen für die Ausführung notwendigen Einzelangaben einschließlich Detailzeichnungen in den erforderlichen Maßstäben<br>c) Bereitstellen der Arbeitsergebnisse als Grundlage für die anderen an der Planung fachlich Beteiligten und Integrieren ihrer Beiträge bis zur ausführungsreifen Lösung<br>d) Vervollständigen der Ausführungsplanung während der Objektausführung | – Objektübergreifende, integrierte Bauablaufplanung<br>– Koordination des Gesamtprojekts<br>– Aufstellen von Ablauf- und Netzplänen |
| **LPH 6 Vorbereiten der Vergabe** | |
| a) Ermitteln von Mengen nach Einzelpositionen unter Verwendung der Beiträge anderer an der Planung fachlich Beteiligter<br>b) Aufstellen der Vergabeunterlagen, insbesondere Anfertigen der Leistungsbeschreibungen mit Leistungsverzeichnissen sowie der Besonderen Vertragsbedingungen<br>c) Abstimmen und Koordinieren der Schnittstellen zu den Leistungsbeschreibungen der anderen an der Planung fachlich Beteiligten<br>d) Festlegen der wesentlichen Ausführungsphasen<br>e) Ermitteln der Kosten auf Grundlage der vom Planer (Entwurfsverfasser) bepreisten Leistungsverzeichnisse | – detaillierte Planung von Bauphasen bei besonderen Anforderungen |

(Fortsetzung)

| Grundleistungen | Besondere Leistungen |
|---|---|
| f) Kostenkontrolle durch Vergleich der vom Planer (Entwurfsverfasser) bepreisten Leistungsverzeichnisse mit der Kostenberechnung<br>g) Zusammenstellen der Vergabeunterlagen | |
| **LPH 7 Mitwirken bei der Vergabe** | |
| a) Einholen von Angeboten<br>b) Prüfen und Werten der Angebote, Aufstellen der Preisspiegel<br>c) Abstimmen und Zusammenstellen der Leistungen der fachlich Beteiligten, die an der Vergabe mitwirken<br>d) Führen von Bietergesprächen<br>e) Erstellen der Vergabevorschläge, Dokumentation des Vergabeverfahrens<br>f) Zusammenstellen der Vertragsunterlagen<br>g) Vergleichen der Ausschreibungsergebnisse mit den vom Planer bepreisten Leistungsverzeichnissen und der Kostenberechnung<br>h) Mitwirken bei der Auftragserteilung | – Prüfen und Werten von Nebenangeboten |
| **LPH 8 Bauoberleitung** | |
| a) Aufsicht über die örtliche Bauüberwachung, Koordinierung der an der Objektüberwachung fachlich Beteiligten, einmaliges Prüfen von Plänen auf Übereinstimmung mit dem auszuführenden Objekt und Mitwirken bei deren Freigabe<br>b) Aufstellen, Fortschreiben und Überwachen eines Terminplans (Balkendiagramm)<br>c) Veranlassen und Mitwirken daran, die ausführenden Unternehmen in Verzug zu setzen<br>d) Kostenfeststellung, Vergleich der Kostenfeststellung mit der Auftragssumme<br>e) Abnahme von Bauleistungen, Leistungen und Lieferungen unter Mitwirkung der örtlichen Bauüberwachung und anderer an der Planung und Objektüberwachung fachlich Beteiligter, Feststellen von Mängeln, Fertigen einer Niederschrift über das Ergebnis der Abnahme<br>f) Antrag auf behördliche Abnahmen und Teilnahme daran<br>g) Überwachen der Prüfungen der Funktionsfähigkeit der Anlagenteile und der Gesamtanlage<br>h) Übergabe des Objekts<br>i) Auflisten der Verjährungsfristen der Mängelansprüche<br>j) Zusammenstellen und Übergeben der Dokumentation des Bauablaufs, der Bestandsunterlagen und der Wartungsvorschriften | – Kostenkontrolle<br>– Prüfen von Nachträgen<br>– Erstellen eines Bauwerksbuchs<br>– Erstellen von Bestandsplänen<br>– Örtliche Bauüberwachung:<br>– Plausibilitätsprüfung der Absteckung<br>– Überwachen der Ausführung der Bauleistungen<br>– Mitwirken beim Einweisen des Auftragnehmers in die Baumaßnahme (Bauanlaufbesprechung)<br>– Überwachen der Ausführung des Objekts auf Übereinstimmung mit den zur Ausführung freigegebenen Unterlagen, dem Bauvertrag und den Vorgaben des Auftraggebers<br>– Prüfen und Bewerten der Berechtigung von Nachträgen<br>– Durchführen oder Veranlassen von Kontrollprüfungen<br>– Überwachen der Beseitigung der bei der Abnahme der Leistungen festgestellten Mängel<br>– Dokumentation des Bauablaufs |

(Fortsetzung)

| Grundleistungen | Besondere Leistungen |
|---|---|
| | – Mitwirken beim Aufmaß mit den ausführenden Unternehmen und Prüfen der Aufmaße<br>– Mitwirken bei behördlichen Abnahmen<br>– Mitwirken bei der Abnahme von Leistungen und Lieferungen<br>– Rechnungsprüfung, Vergleich der Ergebnisse der Rechnungsprüfungen mit der Auftragssumme<br>– Mitwirken beim Überwachen der Prüfung der Funktionsfähigkeit der Anlagenteile und der Gesamtanlage<br>– Überwachen der Ausführung von Tragwerken nach Anlage 14.2 Honorarzone I und II mit sehr geringen und geringen Planungsanforderungen auf Übereinstimmung mit dem Standsicherheitsnachweis |
| **LPH 9 Objektbetreuung** | |
| a) Fachliche Bewertung der innerhalb der Verjährungsfristen für Gewährleistungsansprüche festgestellten Mängel, längstens jedoch bis zum Ablauf von fünf Jahren seit Abnahme der Leistung, einschließlich notwendiger Begehungen<br>b) Objektbegehung zur Mängelfeststellung vor Ablauf der Verjährungsfristen für Mängelansprüche gegenüber den ausführenden Unternehmen<br>c) Mitwirken bei der Freigabe von Sicherheitsleistungen | – Überwachen der Mängelbeseitigung innerhalb der Verjährungsfrist |

## 13.2 Objektliste Verkehrsanlagen

Nachstehende Verkehrsanlagen werden in der Regel folgenden Honorarzonen zugeordnet:

| | Honorarzone | | | | |
|---|---|---|---|---|---|
| Objekte | I | II | III | IV | V |
| **a) Anlagen des Straßenverkehrs** | | | | | |
| **Außerörtliche Straßen** | | | | | |
| – ohne besondere Zwangspunkte oder im wenig bewegten Gelände | | x | | | |
| – mit besonderen Zwangspunkten oder in bewegtem Gelände | | | x | | |
| – mit vielen besonderen Zwangspunkten oder in stark bewegtem Gelände | | | | x | |
| – im Gebirge | | | | | x |

(Fortsetzung)

| Objekte | Honorarzone | | | | |
|---|---|---|---|---|---|
| | I | II | III | IV | V |
| **Innerörtliche Straßen und Plätze** | | | | | |
| – Anlieger- und Sammelstraßen | | x | | | |
| – sonstige innerörtliche Straßen mit normalen verkehrstechnischen Anforderungen oder normaler städtebaulicher Situation (durchschnittliche Anzahl Verknüpfungen mit der Umgebung) | | | x | | |
| – sonstige innerörtliche Straßen mit hohen verkehrstechnischen Anforderungen oder schwieriger städtebaulicher Situation (hohe Anzahl Verknüpfungen mit der Umgebung) | | | | x | |
| – sonstige innerörtliche Straßen mit sehr hohen verkehrstechnischen Anforderungen oder sehr schwieriger städtebaulicher Situation (sehr hohe Anzahl Verknüpfungen mit der Umgebung) | | | | | x |
| **Wege** | | | | | |
| – im ebenen Gelände mit einfachen Entwässerungsverhältnissen | x | | | | |
| – im bewegten Gelände mit einfachen Baugrund- und Entwässerungsverhältnissen | | x | | | |
| – im bewegten Gelände mit schwierigen Baugrund- und Entwässerungsverhältnissen | | | x | | |
| **Plätze, Verkehrsflächen** | | | | | |
| – einfache Verkehrsflächen, Plätze außerorts | x | | | | |
| – innerörtliche Parkplätze | | x | | | |
| – verkehrsberuhigte Bereiche mit normalen städtebaulichen Anforderungen | | | x | | |
| – verkehrsberuhigte Bereiche mit hohen städtebaulichen Anforderungen | | | | x | |
| – Flächen für Güterumschlag Straße zu Straße | | | x | | |
| – Flächen für Güterumschlag im kombinierten Ladeverkehr | | | | x | |
| **Tankstellen, Rastanlagen** | | | | | |
| – mit normalen verkehrstechnischen Anforderungen | x | | | | |
| – mit hohen verkehrstechnischen Anforderungen | | | x | | |
| **Knotenpunkte** | | | | | |
| – einfach höhengleich | | x | | | |
| – schwierig höhengleich | | | x | | |
| – sehr schwierig höhengleich | | | | x | |
| – einfach höhenungleich | | | x | | |
| – schwierig höhenungleich | | | | x | |
| – sehr schwierig höhenungleich | | | | | x |
| **b) Anlagen des Schienenverkehrs** | | | | | |
| **Gleis und Bahnsteiganlagen der freien Strecke** | | | | | |
| – ohne Weichen und Kreuzungen | x | | | | |
| – ohne besondere Zwangspunkte oder in wenig bewegtem Gelände | | x | | | |
| – mit besonderen Zwangspunkten oder in bewegtem Gelände | | | x | | |
| – mit vielen Zwangspunkten oder in stark bewegtem Gelände | | | | x | |
| **Gleis- und Bahnsteiganlagen der Bahnhöfe** | | | | | |
| – mit einfachen Spurplänen | | x | | | |
| – mit schwierigen Spurplänen | | | x | | |
| – mit sehr schwierigen Spurplänen | | | | x | |

(Fortsetzung)

| Objekte | Honorarzone | | | | |
|---|---|---|---|---|---|
| | I | II | III | IV | V |
| **c) Anlagen des Flugverkehrs** | | | | | |
| – einfache Verkehrsflächen für Landeplätze, Segelfluggelände | | x | | | |
| – schwierige Verkehrsflächen für Landeplätze, einfache Verkehrsflächen für Flughäfen | | | x | | |
| – schwierige Verkehrsflächen für Flughäfen | | | | x | |

## Anlage 14 (zu § 51 Absatz 5, § 52 Absatz 2) Grundleistungen im Leistungsbild Tragwerksplanung, Besondere Leistungen, Objektliste

### 14.1 Leistungsbild Tragwerksplanung

| Grundleistungen | Besondere Leistungen |
|---|---|
| **LPH 1 Grundlagenermittlung** | |
| a) Klären der Aufgabenstellung auf Grund der Vorgaben oder der Bedarfsplanung des Auftraggebers im Benehmen mit dem Objektplaner<br>b) Zusammenstellen der die Aufgabe beeinflussenden Planungsabsichten<br>c) Zusammenfassen, Erläutern und Dokumentieren der Ergebnisse | |
| **LPH 2 Vorplanung (Projekt- u. Planungsvorbereitung)** | |
| a) Analysieren der Grundlagen<br>b) Beraten in statisch-konstruktiver Hinsicht unter Berücksichtigung der Belange der Standsicherheit, der Gebrauchsfähigkeit und der Wirtschaftlichkeit<br>c) Mitwirken bei dem Erarbeiten eines Planungskonzepts einschließlich Untersuchung der Lösungsmöglichkeiten des Tragwerks unter gleichen Objektbedingungen mit skizzenhafter Darstellung, Klärung und Angabe der für das Tragwerk wesentlichen konstruktiven Festlegungen für zum Beispiel Baustoffe, Bauarten und Herstellungsverfahren, Konstruktionsraster und Gründungsart<br>d) Mitwirken bei Vorverhandlungen mit Behörden und anderen an der Planung fachlich Beteiligten über die Genehmigungsfähigkeit<br>e) Mitwirken bei der Kostenschätzung und bei der Terminplanung<br>f) Zusammenfassen, Erläutern und Dokumentieren der Ergebnisse | – Aufstellen von Vergleichsberechnungen für mehrere Lösungsmöglichkeiten unter verschiedenen Objektbedingungen<br>– Aufstellen eines Lastenplans, zum Beispiel als Grundlage für die Baugrundbeurteilung und Gründungsberatung<br>– Vorläufige nachprüfbare Berechnung wesentlicher tragender Teile<br>– Vorläufige nachprüfbare Berechnung der Gründung |

(Fortsetzung)

| Grundleistungen | Besondere Leistungen |
|---|---|
| **LPH 3 Entwurfsplanung (System- u. Integrationsplanung)** | |
| a) Erarbeiten der Tragwerkslösung, unter Beachtung der durch die Objektplanung integrierten Fachplanungen, bis zum konstruktiven Entwurf mit zeichnerischer Darstellung<br>b) Überschlägige statische Berechnung und Bemessung<br>c) Grundlegende Festlegungen der konstruktiven Details und Hauptabmessungen des Tragwerks für zum Beispiel Gestaltung der tragenden Querschnitte, Aussparungen und Fugen; Ausbildung der Auflager- und Knotenpunkte sowie der Verbindungsmittel<br>d) Überschlägiges Ermitteln der Betonstahlmengen im Stahlbetonbau, der Stahlmengen im Stahlbau und der Holzmengen im Ingenieurholzbau<br>e) Mitwirken bei der Objektbeschreibung bzw. beim Erläuterungsbericht<br>f) Mitwirken bei Verhandlungen mit Behörden und anderen an der Planung fachlich Beteiligten über die Genehmigungsfähigkeit<br>g) Mitwirken bei der Kostenberechnung und bei der Terminplanung<br>h) Mitwirken beim Vergleich der Kostenberechnung mit der Kostenschätzung<br>i) Zusammenfassen, Erläutern und Dokumentieren der Ergebnisse | – Vorgezogene, prüfbare und für die Ausführung geeignete Berechnung wesentlich tragender Teile<br>– Vorgezogene, prüfbare und für die Ausführung geeignete Berechnung der Gründung<br>– Mehraufwand bei Sonderbauweisen oder Sonderkonstruktionen, zum Beispiel Klären von Konstruktionsdetails<br>– Vorgezogene Stahl- oder Holzmengenermittlung des Tragwerks und der kraftübertragenden Verbindungsteile für eine Ausschreibung, die ohne Vorliegen von Ausführungsunterlagen durchgeführt wird<br>– Nachweise der Erdbebensicherung |
| **LPH 4 Genehmigungsplanung** | |
| a) Aufstellen der prüffähigen statischen Berechnungen für das Tragwerk unter Berücksichtigung der vorgegebenen bauphysikalischen Anforderungen<br>b) Bei Ingenieurbauwerken: Erfassen von normalen Bauzuständen<br>c) Anfertigen der Positionspläne für das Tragwerk oder Eintragen der statischen Positionen, der Tragwerksabmessungen, der Verkehrslasten, der Art und Güte der Baustoffe und der Besonderheiten der Konstruktionen in die Entwurfszeichnungen des Objektplaners<br>d) Zusammenstellen der Unterlagen der Tragwerksplanung zur Genehmigung<br>e) Abstimmen mit Prüfämtern und Prüfingenieuren oder Eigenkontrolle<br>f) Vervollständigen und Berichtigen der Berechnungen und Pläne | – Nachweise zum konstruktiven Brandschutz, soweit erforderlich unter Berücksichtigung der Temperatur (Heißbemessung)<br>– Statische Berechnung und zeichnerische Darstellung für Bergschadenssicherungen und Bauzustände bei Ingenieurbauwerken, soweit diese Leistungen über das Erfassen von normalen Bauzuständen hinausgehen<br>– Zeichnungen mit statischen Positionen und den Tragwerksabmessungen, den Bewehrungsquerschnitten, den Verkehrslasten und der Art und Güte der Baustoffe sowie Besonderheiten der Konstruktionen zur Vorlage bei der bauaufsichtlichen Prüfung anstelle von Positionsplänen<br>– Aufstellen der Berechnungen nach militärischen Lastenklassen (MLC) |

(Fortsetzung)

| Grundleistungen | Besondere Leistungen |
|---|---|
| | – Erfassen von Bauzuständen bei Ingenieurbauwerken, in denen das statische System von dem des Endzustands abweicht<br>– Statische Nachweise an nicht zum Tragwerk gehörende Konstruktionen (zum Beispiel Fassaden) |
| **LPH 5 Ausführungsplanung** | |
| a) Durcharbeiten der Ergebnisse der Leistungsphasen 3 und 4 unter Beachtung der durch die Objektplanung integrierten Fachplanungen<br>b) Anfertigen der Schalpläne in Ergänzung der fertig gestellten Ausführungspläne des Objektplaners<br>c) Zeichnerische Darstellung der Konstruktionen mit Einbau- und Verlegeanweisungen, zum Beispiel Bewehrungspläne, Stahlbau- oder Holzkonstruktionspläne mit Leitdetails (keine Werkstattzeichnungen)<br>d) Aufstellen von Stahl- oder Stücklisten als Ergänzung zur zeichnerischen Darstellung der Konstruktionen mit Stahlmengenermittlung<br>e) Fortführen der Abstimmung mit Prüfämtern und Prüfingenieuren oder Eigenkontrolle | – Konstruktion und Nachweise der Anschlüsse im Stahl- und Holzbau<br>– Werkstattzeichnungen im Stahl- und Holzbau einschließlich Stücklisten, Elementpläne für Stahlbetonfertigteile einschließlich Stahl- und Stücklisten<br>– Berechnen der Dehnwege, Festlegen des Spannvorganges und Erstellen der Spannprotokolle im Spannbetonbau<br>– Rohbauzeichnungen im Stahlbetonbau, die auf der Baustelle nicht der Ergänzung durch die Pläne des Objektplaners bedürfen |
| **LPH 6 Vorbereitung der Vergabe** | |
| a) Ermitteln der Betonstahlmengen im Stahlbetonbau, der Stahlmengen im Stahlbau und der Holzmengen im Ingenieurholzbau als Ergebnis der Ausführungsplanung und als Beitrag zur Mengenermittlung des Objektplaners<br>b) Überschlägiges Ermitteln der Mengen der konstruktiven Stahlteile und statisch erforderlichen Verbindungs- und Befestigungsmittel im Ingenieurholzbau<br>c) Mitwirken beim Erstellen der Leistungsbeschreibung als Ergänzung zu den Mengenermittlungen als Grundlage für das Leistungsverzeichnis des Tragwerks | – Beitrag zur Leistungsbeschreibung mit Leistungsprogramm des Objektplaners[x)]<br>– Beitrag zum Aufstellen von vergleichenden Kostenübersichten des Objektplaners<br>– Beitrag zum Aufstellen des Leistungsverzeichnisses des Tragwerks<br>[x)] diese Besondere Leistung wird bei Leistungsbeschreibung mit Leistungsprogramm Grundleistung. In diesem Fall entfallen die Grundleistungen dieser Leistungsphase |
| **LPH 7 Mitwirkung bei der Vergabe** | |
| | – Mitwirken bei der Prüfung und Wertung der Angebote Leistungsbeschreibung mit Leistungsprogramm des Objektplaners<br>– Mitwirken bei der Prüfung und Wertung von Nebenangeboten<br>– Mitwirken beim Kostenanschlag nach DIN 276 oder anderer Vorgaben des Auftraggebers aus Einheitspreisen oder Pauschalangeboten |

(Fortsetzung)

| Grundleistungen | Besondere Leistungen |
|---|---|
| **LPH 8 Objektüberwachung** | |
| | – Ingenieurtechnische Kontrolle der Ausführung des Tragwerks auf Übereinstimmung mit den geprüften statischen Unterlagen<br>– Ingenieurtechnische Kontrolle der Baubehelfe, zum Beispiel Arbeits- und Lehrgerüste, Kranbahnen, Baugrubensicherungen<br>– Kontrolle der Betonherstellung und -verarbeitung auf der Baustelle in besonderen Fällen sowie Auswertung der Güteprüfungen<br>– Betontechnologische Beratung<br>– Mitwirken bei der Überwachung der Ausführung der Tragwerkseingriffe bei Umbauten und Modernisierungen |
| **LPH 9 Dokumentation und Objektbetreuung** | |
| | – Baubegehung zur Feststellung und Überwachung von die Standsicherheit betreffenden Einflüssen |

## 14.2 Objektliste Tragwerksplanung

Nachstehende Tragwerke können in der Regel folgenden Honorarzonen zugeordnet werden:

| | Honorarzone | | | | |
|---|---|---|---|---|---|
| | I | II | III | IV | V |
| **Bewertungsmerkmale zur Ermittlung der Honorarzone bei der Tragwerksplanung** | | | | | |
| – Tragwerke mit sehr geringem Schwierigkeitsgrad, insbesondere einfache statisch bestimmte ebene Tragwerke aus Holz, Stahl, Stein oder unbewehrtem Beton mit ruhenden Lasten, ohne Nachweis horizontaler Aussteifung | x | | | | |
| – Tragwerke mit geringem Schwierigkeitsgrad, insbesondere statisch bestimmte ebene Tragwerke in gebräuchlichen Bauarten ohne Vorspann- und Verbundkonstruktionen, mit vorwiegend ruhenden Lasten | | x | | | |
| – Tragwerke mit durchschnittlichem Schwierigkeitsgrad, insbesondere schwierige statisch bestimmte und statisch unbestimmte ebene Tragwerke in gebräuchlichen Bauarten und ohne Gesamtstabilitätsuntersuchungen | | | x | | |
| – Tragwerke mit hohem Schwierigkeitsgrad, insbesondere statisch und konstruktiv schwierige Tragwerke in gebräuchlichen Bauarten und Tragwerke, für deren Standsicherheit- und Festigkeitsnachweis schwierig zu ermittelnde Einflüsse zu berücksichtigen sind | | | | x | |
| – Tragwerke mit sehr hohem Schwierigkeitsgrad, insbesondere statisch und konstruktiv ungewöhnlich schwierige Tragwerke | | | | | x |

(Fortsetzung)

| | Honorarzone | | | | |
|---|---|---|---|---|---|
| | I | II | III | IV | V |
| **Stützwände, Verbau** | | | | | |
| – unverankerte Stützwände zur Abfangung von Geländesprüngen bis 2 m Höhe und konstruktive Böschungssicherungen bei einfachen Baugrund-, Belastungs- und Geländeverhältnissen | x | | | | |
| – Sicherung von Geländesprüngen bis 4 m Höhe ohne Rückverankerungen bei einfachen Baugrund-, Belastungs- und Geländeverhältnissen wie z. B. Stützwände, Uferwände, Baugrubenverbauten | | x | | | |
| – Sicherung von Geländesprüngen ohne Rückverankerungen bei schwierigen Baugrund-, Belastungs- oder Geländeverhältnissen oder mit einfacher Rückverankerung bei einfachen Baugrund-, Belastungs- oder Geländeverhältnissen wie z. B. Stützwände, Uferwände, Baugrubenverbauten | | | x | | |
| – schwierige, verankerte Stützwände, Baugrubenverbauten oder Uferwände | | | | x | |
| – Baugrubenverbauten mit ungewöhnlich schwierigen Randbedingungen | | | | | x |
| **Gründung** | | | | | |
| – Flachgründungen einfacher Art | | x | | | |
| – Flachgründungen mit durchschnittlichem Schwierigkeitsgrad, ebene und räumliche Pfahlgründungen mit durchschnittlichem Schwierigkeitsgrad | | | x | | |
| – schwierige Flachgründungen, schwierige ebene und räumliche Pfahlgründungen, besondere Gründungsverfahren, Unterfahrungen | | | | x | |
| **Mauerwerk** | | | | | |
| – Mauerwerksbauten mit bis zur Gründung durchgehenden tragenden Wänden ohne Nachweis horizontaler Aussteifung | | x | | | |
| – Tragwerke mit Abfangung der tragenden beziehungsweise aussteifenden Wände | | | x | | |
| – Konstruktionen mit Mauerwerk nach Eignungsprüfung (Ingenieurmauerwerk) | | | | x | |
| **Gewölbe** | | | | | |
| – einfache Gewölbe | | | x | | |
| – schwierige Gewölbe und Gewölbereihen | | | | x | |
| **Deckenkonstruktionen, Flächentragwerke** | | | | | |
| – Deckenkonstruktionen mit einfachem Schwierigkeitsgrad, bei vorwiegend ruhenden Flächenlasten | | x | | | |
| – Deckenkonstruktionen mit durchschnittlichem Schwierigkeitsgrad | | | x | | |
| – schiefwinklige Einfeldplatten | | | | x | |
| – schiefwinklige Mehrfeldplatten | | | | | x |
| – schiefwinklig gelagerte oder gekrümmte Träger | | | | x | |
| – schiefwinklig gelagerte, gekrümmte Träger | | | | | x |
| – Trägerroste und orthotrope Platten mit durchschnittlichem Schwierigkeitsgrad | | | | x | |
| – schwierige Trägerroste und schwierige orthotrope Platten | | | | | x |
| – Flächentragwerke (Platten, Scheiben) mit durchschnittlichem Schwierigkeitsgrad | | | | x | |
| – schwierige Flächentragwerke (Platten, Scheiben, Faltwerke, Schalen) | | | | | x |
| – einfache Faltwerke ohne Vorspannung | | | | x | |
| **Verbund-Konstruktionen** | | | | | |
| – einfache Verbundkonstruktionen ohne Berücksichtigung des Einflusses von Kriechen und Schwinden | | | x | | |

(Fortsetzung)

| | Honorarzone | | | | |
|---|---|---|---|---|---|
| | I | II | III | IV | V |
| – Verbundkonstruktionen mittlerer Schwierigkeit | | | | x | |
| – Verbundkonstruktionen mit Vorspannung durch Spannglieder oder andere Maßnahmen | | | | | x |
| **Rahmen- und Skelettbauten** | | | | | |
| – ausgesteifte Skelettbauten | | | x | | |
| – Tragwerke für schwierige Rahmen- und Skelettbauten sowie turmartige Bauten, bei denen der Nachweis der Stabilität und Aussteifung die Anwendung besonderer Berechnungsverfahren erfordert | | | | x | |
| – einfache Rahmentragwerke ohne Vorspannkonstruktionen und ohne Gesamtstabilitätsuntersuchungen | | | x | | |
| – Rahmentragwerke mit durchschnittlichem Schwierigkeitsgrad | | | | x | |
| – schwierige Rahmentragwerke mit Vorspannkonstruktionen und Stabilitätsuntersuchungen | | | | | x |
| **Räumliche Stabwerke** | | | | | |
| – räumliche Stabwerke mit durchschnittlichem Schwierigkeitsgrad | | | | x | |
| – schwierige räumliche Stabwerke | | | | | x |
| **Seilverspannte Konstruktionen** | | | | | |
| – einfache seilverspannte Konstruktionen | | | | x | |
| – seilverspannte Konstruktionen mit durchschnittlichem bis sehr hohem Schwierigkeitsgrad | | | | | x |
| **Konstruktionen mit Schwingungsbeanspruchung** | | | | | |
| – Tragwerke mit einfachen Schwingungsuntersuchungen | | | | x | |
| – Tragwerke mit Schwingungsuntersuchungen mit durchschnittlichem bis sehr hohem Schwierigkeitsgrad | | | | | x |
| **Besondere Berechnungsmethoden** | | | | | |
| – schwierige Tragwerke, die Schnittgrößenbestimmungen nach der Theorie II. Ordnung erfordern | | | | x | |
| – ungewöhnlich schwierige Tragwerke, die Schnittgrößenbestimmungen nach der Theorie II. Ordnung erfordern | | | | | x |
| – schwierige Tragwerke in neuen Bauarten | | | | | x |
| – Tragwerke mit Standsicherheitsnachweisen, die nur unter Zuhilfenahme modell-statischer Untersuchungen oder durch Berechnungen mit finiten Elementen beurteilt werden können | | | | | x |
| – Tragwerke, bei denen die Nachgiebigkeit der Verbindungsmittel bei der Schnittkraftermittlung zu berücksichtigen ist | | | | | x |
| **Spannbeton** | | | | | |
| – einfache, äußerlich und innerlich statisch bestimmte und zwängungsfrei gelagerte vorgespannte Konstruktionen | | | x | | |
| – vorgespannte Konstruktionen mit durchschnittlichem Schwierigkeitsgrad | | | | x | |
| – vorgespannte Konstruktionen mit hohem bis sehr hohem Schwierigkeitsgrad | | | | | x |
| **Trag-Gerüste** | | | | | |
| – einfache Traggerüste und andere einfache Gerüste für Ingenieurbauwerke | | x | | | |
| – schwierige Traggerüste und andere schwierige Gerüste für Ingenieurbauwerke | | | | x | |
| – sehr schwierige Traggerüste und andere sehr schwierige Gerüste für Ingenieurbauwerke, zum Beispiel weit gespannte oder hohe Traggerüste | | | | | x |

(Fortsetzung)

# Anlage 15 (zu § 55 Absatz 3, § 56 Absatz 3) Grundleistungen im Leistungsbild Technische Ausrüstung, Besondere Leistungen, Objektliste

## 15.1 Grundleistungen und Besondere Leistungen im Leistungsbild Technische Ausrüstung

| Grundleistungen | Besondere Leistungen |
|---|---|
| **LPH 1 Grundlagenermittlung** | |
| a) Klären der Aufgabenstellung auf Grund der Vorgaben oder der Bedarfsplanung des Auftraggebers im Benehmen mit dem Objektplaner<br>b) Ermitteln der Planungsrandbedingungen und Beraten zum Leistungsbedarf und gegebenenfalls zur technischen Erschließung<br>c) Zusammenfassen, Erläutern und Dokumentieren der Ergebnisse | – Mitwirken bei der Bedarfsplanung für komplexe Nutzungen zur Analyse der Bedürfnisse, Ziele und einschränkenden Gegebenheiten (Kosten-, Termine und andere Rahmenbedingungen) des Bauherrn und wichtiger Beteiligter<br>– Bestandsaufnahme, zeichnerische Darstellung und Nachrechnen vorhandener Anlagen und Anlagenteile<br>– Datenerfassung, Analysen und Optimierungsprozesse im Bestand<br>– Durchführen von Verbrauchsmessungen<br>– Endoskopische Untersuchungen<br>– Mitwirken bei der Ausarbeitung von Auslobungen und bei Vorprüfungen für Planungswettbewerbe |
| **LPH 2 Vorplanung (Projekt- und Planungsvorbereitung)** | |
| a) Analysieren der Grundlagen Mitwirken beim Abstimmen der Leistungen mit den Planungsbeteiligten<br>b) Erarbeiten eines Planungskonzepts, dazu gehören zum Beispiel: Vordimensionieren der Systeme und maßbestimmenden Anlagenteile, Untersuchen von alternativen Lösungsmöglichkeiten bei gleichen Nutzungsanforderungen einschließlich Wirtschaftlichkeitsvorbetrachtung, zeichnerische Darstellung zur Integration in die Objektplanung unter Berücksichtigung exemplarischer Details, Angaben zum Raumbedarf<br>c) Aufstellen eines Funktionsschemas bzw. Prinzipschaltbildes für jede Anlage<br>d) Klären und Erläutern der wesentlichen fachübergreifenden Prozesse, Randbedingungen und Schnittstellen, Mitwirken bei der Integration der technischen Anlagen<br>e) Vorverhandlungen mit Behörden über die Genehmigungsfähigkeit und mit den zu beteiligenden Stellen zur Infrastruktur | – Erstellen des technischen Teils eines Raumbuches<br>– Durchführen von Versuchen und Modellversuchen |

(Fortsetzung)

| Grundleistungen | Besondere Leistungen |
|---|---|
| f) Kostenschätzung nach DIN 276 (2. Ebene) und Terminplanung<br>g) Zusammenfassen, Erläutern und Dokumentieren der Ergebnisse | |
| **LPH 3 Entwurfsplanung (System- und Integrationsplanung)** | |
| a) Durcharbeiten des Planungskonzepts (stufenweise Erarbeitung einer Lösung) unter Berücksichtigung aller fachspezifischen Anforderungen sowie unter Beachtung der durch die Objektplanung integrierten Fachplanungen, bis zum vollständigen Entwurf<br>b) Festlegen aller Systeme und Anlagenteile<br>c) Berechnen und Bemessen der technischen Anlagen und Anlagenteile, Abschätzen von jährlichen Bedarfswerten (z. B. Nutz-, End- und Primärenergiebedarf) und Betriebskosten; Abstimmen des Platzbedarfs für technische Anlagen und Anlagenteile; Zeichnerische Darstellung des Entwurfs in einem mit dem Objektplaner abgestimmten Ausgabemaßstab mit Angabe maßbestimmender Dimensionen Fortschreiben und Detaillieren der Funktions- und Strangschemata der Anlagen Auflisten aller Anlagen mit technischen Daten und Angaben zum Beispiel für Energiebilanzierungen Anlagenbeschreibungen mit Angabe der Nutzungsbedingungen<br>d) Übergeben der Berechnungsergebnisse an andere Planungsbeteiligte zum Aufstellen vorgeschriebener Nachweise; Angabe und Abstimmung der für die Tragwerksplanung notwendigen Angaben über Durchführungen und Lastangaben (ohne Anfertigen von Schlitz- und Durchführungsplänen)<br>e) Verhandlungen mit Behörden und mit anderen zu beteiligenden Stellen über die Genehmigungsfähigkeit<br>f) Kostenberechnung nach DIN 276 (3. Ebene) und Terminplanung<br>g) Kostenkontrolle durch Vergleich der Kostenberechnung mit der Kostenschätzung<br>h) Zusammenfassen, Erläutern und Dokumentieren der Ergebnisse | – Erarbeiten von besonderen Daten für die Planung Dritter, zum Beispiel für Stoffbilanzen, etc.<br>– Detaillierte Betriebskostenberechnung für die ausgewählte Anlage<br>– Detaillierter Wirtschaftlichkeitsnachweis<br>– Berechnung von Lebenszykluskosten<br>– Detaillierte Schadstoffemissionsberechnung für die ausgewählte Anlage<br>– Detaillierter Nachweis von Schadstoffemissionen<br>– Aufstellen einer gewerkeübergreifenden Brandschutzmatrix<br>– Fortschreiben des technischen Teils des Raumbuches<br>– Auslegung der technischen Systeme bei Ingenieurbauwerken nach Maschinenrichtlinie<br>– Anfertigen von Ausschreibungszeichnungen bei Leistungsbeschreibung mit Leistungsprogramm<br>– Mitwirken bei einer vertieften Kostenberechnung<br>– Simulationen zur Prognose des Verhaltens von Gebäuden, Bauteilen, Räumen und Freiräumen |
| **LPH 4 Genehmigungsplanung** | |
| a) Erarbeiten und Zusammenstellen der Vorlagen und Nachweise für öffentlich-rechtliche Genehmigungen oder Zustimmungen einschließlich der Anträge auf Ausnahmen oder Befreiungen sowie Mitwirken bei Verhandlungen mit Behörden<br>b) Vervollständigen und Anpassen der Planungsunterlagen, Beschreibungen und Berechnungen | |

(Fortsetzung)

| Grundleistungen | Besondere Leistungen |
|---|---|
| **LPH 5 Ausführungsplanung** | |
| a) Erarbeiten der Ausführungsplanung auf Grundlage der Ergebnisse der Leistungsphasen 3 und 4 (stufenweise Erarbeitung und Darstellung der Lösung) unter Beachtung der durch die Objektplanung integrierten Fachplanungen bis zur ausführungsreifen Lösung<br>b) Fortschreiben der Berechnungen und Bemessungen zur Auslegung der technischen Anlagen und Anlagenteile<br>Zeichnerische Darstellung der Anlagen in einem mit dem Objektplaner abgestimmten Ausgabemaßstab und Detaillierungsgrad einschließlich Dimensionen (keine Montage- oder Werkstattpläne)<br>Anpassen und Detaillieren der Funktions- und Strangschemata der Anlagen bzw. der GA-Funktionslisten<br>Abstimmen der Ausführungszeichnungen mit dem Objektplaner und den übrigen Fachplanern<br>c) Anfertigen von Schlitz- und Durchbruchsplänen<br>d) Fortschreibung des Terminplans | – Prüfen und Anerkennen von Schalplänen des Tragwerksplaners auf Übereinstimmung mit der Schlitz- und Durchbruchsplanung<br>– Anfertigen von Plänen für Anschlüsse von beigestellten Betriebsmitteln und Maschinen (Maschinenanschlussplanung) mit besonderem Aufwand (zum Beispiel bei Produktionseinrichtungen)<br>– Leerrohrplanung mit besonderem Aufwand (zum Beispiel bei Sichtbeton oder Fertigteilen)<br>– Mitwirkung bei Detailplanungen mit besonderem Aufwand, zum Beispiel Darstellung von Wandabwicklungen in hochinstallierten Bereichen<br>– Anfertigen von allpoligen Stromlaufplänen |
| e) Fortschreiben der Ausführungsplanung auf den Stand der Ausschreibungsergebnisse und der dann vorliegenden Ausführungsplanung des Objektplaners, Übergeben der fortgeschriebenen Ausführungsplanung an die ausführenden Unternehmen<br>f) Prüfen und Anerkennen der Montage- und Werkstattpläne der ausführenden Unternehmen auf Übereinstimmung mit der Ausführungsplanung | |
| **LPH 6 Vorbereitung der Vergabe** | |
| a) Ermitteln von Mengen als Grundlage für das Aufstellen von Leistungsverzeichnissen in Abstimmung mit Beiträgen anderer an der Planung fachlich Beteiligter<br>b) Aufstellen der Vergabeunterlagen, insbesondere mit Leistungsverzeichnissen nach Leistungsbereichen, einschließlich der Wartungsleistungen auf Grundlage bestehender Regelwerke<br>c) Mitwirken beim Abstimmen der Schnittstellen zu den Leistungsbeschreibungen der anderen an der Planung fachlich Beteiligten<br>d) Ermitteln der Kosten auf Grundlage der vom Planer bepreisten Leistungsverzeichnisse<br>e) Kostenkontrolle durch Vergleich der vom Planer bepreisten Leistungsverzeichnisse mit der Kostenberechnung<br>f) Zusammenstellen der Vergabeunterlagen | – Erarbeiten der Wartungsplanung und -organisation<br>– Ausschreibung von Wartungsleistungen, soweit von bestehenden Regelwerken abweichend |

(Fortsetzung)

| Grundleistungen | Besondere Leistungen |
|---|---|
| **LPH 7 Mitwirkung bei der Vergabe** | |
| a) Einholen von Angeboten<br>b) Prüfen und Werten der Angebote, Aufstellen der Preisspiegel nach Einzelpositionen, Prüfen und Werten der Angebote für zusätzliche oder geänderte Leistungen der ausführenden Unternehmen und der Angemessenheit der Preise<br>c) Führen von Bietergesprächen<br>d) Vergleichen der Ausschreibungsergebnisse mit den vom Planer bepreisten Leistungsverzeichnissen und der Kostenberechnung<br>e) Erstellen der Vergabevorschläge, Mitwirken bei der Dokumentation der Vergabeverfahren<br>f) Zusammenstellen der Vertragsunterlagen und bei der Auftragserteilung | – Prüfen und Werten von Nebenangeboten<br>– Mitwirken bei der Prüfung von bauwirtschaftlich begründeten Angeboten (Claimabwehr) |
| **LPH 8 Objektüberwachung (Bauüberwachung) und Dokumentation** | |
| a) Überwachen der Ausführung des Objekts auf Übereinstimmung mit der öffentlich-rechtlichen Genehmigung oder Zustimmung, den Verträgen mit den ausführenden Unternehmen, den Ausführungsunterlagen, den Montage- und Werkstattplänen, den einschlägigen Vorschriften und den allgemein anerkannten Regeln der Technik<br>b) Mitwirken bei der Koordination der am Projekt Beteiligten<br>c) Aufstellen, Fortschreiben und Überwachen des Terminplans (Balkendiagramm)<br>d) Dokumentation des Bauablaufs (Bautagebuch)<br>e) Prüfen und Bewerten der Notwendigkeit geänderter oder zusätzlicher Leistungen der Unternehmer und der Angemessenheit der Preise<br>f) Gemeinsames Aufmaß mit den ausführenden Unternehmen<br>g) Rechnungsprüfung in rechnerischer und fachlicher Hinsicht mit Prüfen und Bescheinigen des Leistungsstandes anhand nachvollziehbarer Leistungsnachweise<br>h) Kostenkontrolle durch Überprüfen der Leistungsabrechnungen der ausführenden Unternehmen im Vergleich zu den Vertragspreisen und dem Kostenanschlag<br>i) Kostenfeststellung<br>j) Mitwirken bei Leistungs- u. Funktionsprüfungen<br>k) fachtechnische Abnahme der Leistungen auf Grundlage der vorgelegten Dokumentation, Erstellung eines Abnahmeprotokolls, Feststellen von Mängeln und Erteilen einer Abnahmeempfehlung | – Durchführen von Leistungsmessungen und Funktionsprüfungen<br>– Werksabnahmen<br>– Fortschreiben der Ausführungspläne (zum Beispiel Grundrisse, Schnitte, Ansichten) bis zum Bestand<br>– Erstellen von Rechnungsbelegen anstelle der ausführenden Firmen, zum Beispiel Aufmaß<br>– Schlussrechnung (Ersatzvornahme)<br>– Erstellen fachübergreifender Betriebsanleitungen (zum Beispiel Betriebshandbuch, Reparaturhandbuch) oder computer-aided Facility Management-Konzepte<br>– Planung der Hilfsmittel für Reparaturzwecke |

(Fortsetzung)

| Grundleistungen | Besondere Leistungen |
|---|---|
| l) Antrag auf behördliche Abnahmen und Teilnahme daran<br>m) Prüfung der übergebenen Revisionsunterlagen auf Vollzähligkeit, Vollständigkeit und stichprobenartige Prüfung auf Übereinstimmung mit dem Stand der Ausführung<br>n) Auflisten der Verjährungsfristen der Ansprüche auf Mängelbeseitigung<br>o) Überwachen der Beseitigung der bei der Abnahme festgestellten Mängel<br>p) Systematische Zusammenstellung der Dokumentation, der zeichnerischen Darstellungen und rechnerischen Ergebnisse des Objekts | |
| **LPH 9 Objektbetreuung** | |
| a) Fachliche Bewertung der innerhalb der Verjährungsfristen für Gewährleistungsansprüche festgestellten Mängel, längstens jedoch bis zum Ablauf von fünf Jahren seit Abnahme der Leistung, einschließlich notwendiger Begehungen<br>b) Objektbegehung zur Mängelfeststellung vor Ablauf der Verjährungsfristen für Mängelansprüche gegenüber den ausführenden Unternehmen<br>c) Mitwirken bei der Freigabe von Sicherheitsleistungen | – Überwachen der Mängelbeseitigung innerhalb der Verjährungsfrist<br>– Energiemonitoring innerhalb der Gewährleistungsphase, Mitwirkung bei den jährlichen Verbrauchsmessungen aller Medien<br>– Vergleich mit den Bedarfswerten aus der Planung, Vorschläge für die Betriebsoptimierung und zur Senkung des Medien- und Energieverbrauches |

## Anlage 15.2 Objektliste

| | Honorarzone | | |
|---|---|---|---|
| | I | II | III |
| **Anlagengruppe 1 Abwasser-, Wasser- oder Gasanlagen** | | | |
| – Anlagen mit kurzen einfachen Netzen | x | | |
| – Abwasser-, Wasser-, Gas- oder sanitärtechnische Anlagen mit verzweigten Netzen, Trinkwasserzirkulationsanlagen, Hebeanlagen, Druckerhöhungsanlagen | | x | |
| – Anlagen zur Reinigung, Entgiftung oder Neutralisation von Abwasser, Anlagen zur biologischen, chemischen oder physikalischen Behandlung von Wasser, Anlagen mit besonderen hygienischen Anforderungen oder neuen Techniken (zum Beispiel Kliniken, Alten- oder Pflegeeinrichtungen)<br>– Gasdruckreglerstationen, mehrstufige Leichtflüssigkeitsabscheider | | | x |
| **Anlagengruppe 2 Wärmeversorgungsanlagen** | | | |
| – Einzelheizgeräte, Etagenheizung | x | | |
| – Gebäudeheizungsanlagen, mono- oder bivalente Systeme (zum Beispiel Solaranlage zur Brauchwassererwärmung, Wärmepumpenanlagen)<br>– Flächenheizungen<br>– Hausstationen<br>– verzweigte Netze | | x | |

(Fortsetzung)

| | Honorarzone | | |
|---|---|---|---|
| | I | II | III |
| – Multivalente Systeme<br>– Systeme mit Kraft-Wärme-Kopplung, Dampfanlagen, Heißwasseranlagen, Deckenstrahlheizungen (zum Beispiel Sport- oder Industriehallen) | | | x |
| **Anlagengruppe 3 Lufttechnische Anlagen** | | | |
| – Einzelabluftanlagen | x | | |
| – Lüftungsanlagen mit einer thermodynamischen Luftbehandlungsfunktion (zum Beispiel Heizen), Druckbelüftung | | x | |
| – Lüftungsanlagen mit mindestens zwei thermodynamischen Luftbehandlungsfunktionen (zum Beispiel Heizen oder Kühlen), Teilklimaanlagen, Klimaanlagen<br>– Anlagen mit besonderen Anforderungen an die Luftqualität (zum Beispiel Operationsräume)<br>– Kühlanlagen, Kälteerzeugungsanlagen ohne Prozesskälteanlagen<br>– Hausstationen für Fernkälte, Rückkühlanlagen | | | x |
| **Anlagengruppe 4 Starkstromanlagen** | | | |
| – Niederspannungsanlagen mit bis zu zwei Verteilungsebenen ab Übergabe EVU einschließlich Beleuchtung oder Sicherheitsbeleuchtung mit Einzelbatterien<br>– Erdungsanlagen | x | | |
| – Kompakt-Transformatorenstationen, Eigenstromerzeugungsanlagen (zum Beispiel zentrale Batterie- oder unterbrechungsfreie Stromversorgungsanlagen, Photovoltaik-Anlagen)<br>– Niederspannungsanlagen mit bis zu drei Verteilebenen ab Übergabe EVU einschließlich Beleuchtungsanlagen<br>– zentrale Sicherheitsbeleuchtungsanlagen<br>– Niederspannungsinstallationen einschließlich Bussystemen<br>– Blitzschutz- oder Erdungsanlagen, soweit nicht in HZ I oder HZ III erwähnt<br>– Außenbeleuchtungsanlagen | | x | |
| – Hoch- oder Mittelspannungsanlagen, Transformatorenstationen, Eigenstromversorgungsanlagen mit besonderen Anforderungen (zum Beispiel Notstromaggregate, Blockheizkraftwerke, dynamische unterbrechungsfreie Stromversorgung)<br>– Niederspannungsanlagen mit mindestens vier Verteilebenen oder mehr als 1000 A Nennstroms<br>– Beleuchtungsanlagen mit besonderen Planungsanforderungen (zum Beispiel Lichtsimulationen in aufwendigen Verfahren für Museen oder Sonderräume) | | | x |
| – Blitzschutzanlagen mit besonderen Anforderungen (zum Beispiel für Kliniken, Hochhäuser, Rechenzentren) | | | x |
| **Anlagengruppe 5 Fernmelde- oder informationstechnische Anlagen** | | | |
| – Einfache Fernmeldeinstallationen mit einzelnen Endgeräten | x | | |
| – Fernmelde- oder informationstechnische Anlagen, soweit nicht in HZ I oder HZ III erwähnt | | x | |
| – Fernmelde- oder informationstechnische Anlagen mit besonderen Anforderungen (zum Beispiel Konferenz- oder Dolmetscheranlagen, Beschallungsanlagen von Sonderräumen, Objektüberwachungsanlagen, aktive Netzwerkkomponenten, Fernübertragungsnetze, Fernwirkanlagen, Parkleitsysteme) | | | x |

(Fortsetzung)

| | Honorarzone | | |
|---|---|---|---|
| | I | II | III |
| **Anlagengruppe 6 Förderanlagen** | | | |
| – Einzelne Standardaufzüge, Kleingüteraufzüge, Hebebühnen | x | | |
| – Aufzugsanlagen, soweit nicht in Honorarzone I oder III erwähnt, Fahrtreppen oder Fahrsteige, Krananlagen, Ladebrücken, Stetigförderanlagen | | x | |
| – Aufzugsanlagen mit besonderen Anforderungen, Fassadenaufzüge, Transportanlagen mit mehr als zwei Sende- oder Empfangsstellen | | | x |
| **Anlagengruppe 7 Nutzungsspezifische oder verfahrenstechnische Anlagen** | | | |
| **7.1. Nutzungsspezifische Anlagen** | | | |
| – Küchentechnische Geräte, zum Beispiel für Teeküchen | x | | |
| – Küchentechnische Anlagen, zum Beispiel Küchen mittlerer Größe, Aufwärmküchen, Einrichtungen zur Speise- oder Getränkeaufbereitung, -ausgabe oder -lagerung (keine Produktionsküche) einschließlich zugehöriger Kälteanlagen | | x | |
| – Küchentechnische Anlagen, zum Beispiel Großküchen, Einrichtungen für Produktionsküchen einschließlich der Ausgabe oder Lagerung sowie der zugehörigen Kälteanlagen, Gewerbekälte für Großküchen, große Kühlräume oder Kühlzellen | | | x |
| – Wäscherei- oder Reinigungsgeräte, zum Beispiel für Gemeinschaftswaschküchen | x | | |
| – Wäscherei- oder Reinigungsanlagen, zum Beispiel Wäschereieinrichtungen für Waschsalons | | x | |
| – Wäscherei oder Reinigungsanlagen, zum Beispiel chemische oder physikalische Einrichtungen für Großbetriebe | | | x |
| – Medizin- oder labortechnische Anlagen, zum Beispiel für Einzelpraxen der Allgemeinmedizin | x | | |
| – Medizin- oder labortechnische Anlagen, zum Beispiel für Gruppenpraxen der Allgemeinmedizin oder Einzelpraxen der Fachmedizin, Sanatorien, Pflegeeinrichtungen, Krankenhausabteilungen, Laboreinrichtungen für Schulen | | x | |
| – Medizin- oder labortechnische Anlagen, zum Beispiel für Kliniken, Institute mit Lehr- oder Forschungsaufgaben, Laboratorien, Fertigungsbetriebe | | | x |
| – Feuerlöschgeräte, zum Beispiel Handfeuerlöscher | x | | |
| – Feuerlöschanlagen, zum Beispiel manuell betätigte Feuerlöschanlagen | | x | |
| – Feuerlöschanlagen, zum Beispiel selbsttätig auslösende Anlagen | | | x |
| – Entsorgungsanlagen, zum Beispiel Abwurfanlagen für Abfall oder Wäsche, | x | | |
| – Entsorgungsanlagen, zum Beispiel zentrale Entsorgungsanlagen für Wäsche oder Abfall, zentrale Staubsauganlagen | | | x |
| – Bühnentechnische Anlagen, zum Beispiel technische Anlagen für Klein- oder Mittelbühnen | | x | |
| – Bühnentechnische Anlagen, zum Beispiel für Großbühnen | | | x |
| – Medienversorgungsanlagen, zum Beispiel zur Erzeugung, Lagerung, Aufbereitung oder Verteilung medizinischer oder technischer Gase, Flüssigkeiten oder Vakuum | | | x |
| – Badetechnische Anlagen, zum Beispiel Aufbereitungsanlagen, Wellenerzeugungsanlagen, höhenverstellbare Zwischenböden | | | x |

(Fortsetzung)

| | Honorarzone | | |
|---|---|---|---|
| | I | II | III |
| – Prozesswärmeanlagen, Prozesskälteanlagen, Prozessluftanlagen, zum Beispiel Vakuumanlagen, Prüfstände, Windkanäle, industrielle Ansauganlagen | | | x |
| – Technische Anlagen für Tankstellen, Fahrzeugwaschanlagen | | | x |
| – Lagertechnische Anlagen, zum Beispiel Regalbediengeräte (mit zugehörigen Regalanlagen), automatische Warentransportanlagen | | | x |
| – Taumittelsprühanlagen oder Enteisungsanlagen | | x | |
| – Stationäre Enteisungsanlagen für Großanlagen, zum Beispiel Flughäfen | | | x |
| **7.2. Verfahrenstechnische Anlagen** | | | |
| – Einfache Technische Anlagen der Wasseraufbereitung (zum Beispiel Belüftung, Enteisenung, Entmanganung, chemische Entsäuerung, physikalische Entsäuerung) | | x | |
| – Technische Anlagen der Wasseraufbereitung (zum Beispiel Membranfiltration, Flockungsfiltration, Ozonierung, Entarsenierung, Entaluminierung, Denitrifikation) | | | x |
| – Einfache Technische Anlagen der Abwasserreinigung (zum Beispiel gemeinsame aerobe Stabilisierung) | | x | |
| – Technische Anlagen der Abwasserreinigung (zum Beispiel für mehrstufige Abwasserbehandlungsanlagen) | | | x |
| – Einfache Schlammbehandlungsanlagen (zum Beispiel Schlammabsetzanlagen mit mechanischen Einrichtungen) | | x | |
| – Anlagen für mehrstufige oder kombinierte Verfahren der Schlammbehandlung | | | x |
| – Einfache Technische Anlagen der Abwasserableitung | | x | |
| – Technische Anlagen der Abwasserableitung | | | x |
| – Einfache Technische Anlagen der Wassergewinnung, -förderung, -speicherung | | x | |
| – Technische Anlagen der Wassergewinnung, -förderung, -speicherung | | | x |
| – Einfache Regenwasserbehandlungsanlagen | | x | |
| – Einfache Anlagen für Grundwasserdekontaminierungsanlagen | | x | |
| – Komplexe Technische Anlagen für Grundwasserdekontaminierungsanlagen | | | x |
| – Einfache Technische Anlagen für die Ver- und Entsorgung mit Gasen (zum Beispiel Odorieranlage) | | x | |
| – Einfache Technische Anlagen für die Ver- und Entsorgung mit Feststoffen | | x | |
| – Technische Anlagen für die Ver- und Entsorgung mit Feststoffen | | | x |
| – Einfache Technische Anlagen der Abfallentsorgung (zum Beispiel für Kompostwerke, Anlagen zur Konditionierung von Sonderabfällen, Hausmülldeponien oder Monodeponien für Sonderabfälle, Anlagen für Untertagedeponien, Anlagen zur Behandlung kontaminierter Böden) | | x | |
| – Technische Anlagen der Abfallentsorgung (zum Beispiel für Verbrennungsanlagen, Pyrolyseanlagen, mehrfunktionale Aufbereitungsanlagen für Wertstoffe) | | | x |
| **Anlagengruppe 8 Gebäudeautomation** | | | |
| – Herstellerneutrale Gebäudeautomationssysteme oder Automationssysteme mit anlagengruppenübergreifender Systemintegration | | | x |

# Part II

# Official Order of Fees for Services by Architects and Engineers – HOAI

**Fee Table for Architects and Engineers (Regulation on the Fees for Architectural and Engineering Services) (Honorarordnung für Architekten und Ingenieure – HOAI) as of 10 July 2013**

Regulation of 10.07.2013 (BGBl. I S. 2276), came into effect on 17.07.2013
amended by regulation of 02.12.2020 (BGBl. I S. 2636) effective from 01.01.2021

**Overview of Contents**

**Part 4 Specialised Planning (§§ 49–56)**
**Section 1 Structural Design** (§§ 49–52)
§ 49 Scope of Application
§ 50 Specific Basis of the Fee
§ 51 Service Profile for Structural Design
§ 52 Fees for Basic Services for Structural Design
**Section 2 Technical Equipment** (§§ 53–56)
§ 53 Scope of Application
§ 54 Specific Basis of the Fee
§ 55 Service Profile for Technical Equipment
§ 56 Fees for Basic Services of Technical Equipment

**Part 5 Transient and Final Provisions (§§ 57–58)**
§ 57 Transitional Provision
§ 58 Coming into/Going out of Force

**Appendix 1** (to § 3 paragraph 1) Further Planning and Consulting services
**Appendix 2** (to § 18 paragraph 2) Basic Services of Service Profile for Land-Use Plan
**Appendix 3** (to § 19 paragraph 2) Basic Services of Service Profile for Development Plan
**Appendix 4** (to § 23 paragraph 2) Basic Services of Service Profile for Landscape Plan
**Appendix 5** (to § 24 paragraph 2) Basic Services of Service Profile for Green Space Plan
**Appendix 6** (to § 25 paragraph 2) Basic Services of Service Profile for Landscape Framework Plan
**Appendix 7** (to § 26 paragraph 2) Basic Services of Service Profile for Landscape Maintenance Support Plan
**Appendix 8** (to § 27 paragraph 2) Basic Services of Service Profile for Maintenance and Development Plan
**Appendix 9** (to § 18 paragraph 2, § 19 paragraph 2, § 23 paragraph 2, § 24 paragraph 2, § 25 paragraph 2, § 26 paragraph 2, § 27 paragraph 2) Special Services relating to Area Planning
**Appendix 10** (to § 34 paragraph 4, § 35 paragraph 7) Basic Services of Service Profile for Buildings and Interiors, Special Services, Project List
**Appendix 11** (to § 39 paragraph 4, § 40 paragraph 5) Basic Services of Service Profile for Outdoor Facilities, Special Services, Project List
**Appendix 12** (to § 43 paragraph 4, § 48 paragraph 5) Basic Services of Service Profile for Engineering Structures, Special Services, Project List
**Appendix 13** (to § 47 paragraph 4, § 48 paragraph 5) Basic Services of Service Profile for Traffic Facilities, Special Services, Project List
**Appendix 14** (to § 51 paragraph 5, § 52 paragraph 2) Basic Services of Service Profile for Structural Design, Special Services, Project List
**Appendix 15** (to § 55 paragraph 3, § 56 paragraph 3) Basic Services of Service Profile for Technical Equipment, Special Services, Project List

# Part 1: General Regulations (§§ 1–16)

## § 1 Scope of Application

1This ordinance governs the calculation of fees for basic services provided by architects and engineers (contractors) based in Germany, as far as the basic services are included in this ordinance and performed by contractors based in Germany.

## § 2 Definition of Terms

(1) 1Objects are buildings, interiors, outdoor facilities, engineering structures, traffic facilities. 2Objects are also supporting structures and technical facilities.
(2) New buildings and new facilities are either newly built or newly produced objects.
(3) 1Reconstructions are objects involving restoration of destroyed sections on still existing parts of the building or facilities. 2Reconstructions are considered to be new constructions, if new planning is required.
(4) Extensions are additions to an existing structural object.
(5) Conversions are alterations of an existing structural object with substantial interventions in the construction or building stock.
(6) Modernisations are structural measures for a sustainable increase in the utilisation value of an object, as far as these measures are not covered by paragraphs 4, 5 or 8.
(7) Affected building fabric is the part of the structural object that has already been produced through construction work but is incorporated in the technical or design-related work of planning or supervisory services.
(8) Restorations are measures to return a structural object to a suitable condition for it to be used as intended (target state), as far as these measures are not covered by paragraph 3.



*HOAI 2021-Textausgabe/HOAI 2021-Text Edition*,
https://doi.org/10.1007/978-3-658-44116-6_7

(9) Maintenance measures are measures implemented to maintain the target state of an object.

(10) 1Cost estimations are rough determinations of the costs based on preliminary design. 2Cost estimations are the preliminary basis for financing considerations. 3Cost estimations are based on:
1. preliminary design results,
2. quantitative estimates,
3. explanatory information concerning the planning contexts, processes and conditions, as well as
4. information pertaining to the building plot and its connection to utilities.

   4If the cost estimate is created in accordance with § 4 (1), sentence 3 based on DIN 276 in the version of December 2008 (DIN 276-1: 2008–12), the total costs have to be determined at least up to the first level of the cost classification according to cost groups.

(11) 1The cost calculation is the determination of costs based on the final design. 2The cost calculation is based on:
1. carefully examined design drawings or detail drawings of recurring room layouts,
2. quantity calculations and
3. explanations relevant for the calculation and evaluation of the costs.

   3If the cost calculation is created in accordance with § 4 (1), sentence 3 based on DIN 276, the total costs have to be determined at least up to the second level of the cost classification according to cost groups.

## § 2a Fee Tables and Basic Fee Rate

(1) 1The fee tables of this regulation provide orientation values that are aligned with the type and scope of the task and the performance. 2The fee tables contain for each performance area fee ranges from the basic fee rate to the upper fee rate, divided according to the individual fee ranges and the underlying approaches for areas, chargeable costs or billing units.

(2) The basic fee rate is the respective lower fee rate contained in the fee tables of this regulation.

## § 3 Services and Service Images

(1) 1Basic services are services that are regularly performed within the framework of area, object or specialist planning. 2They are generally necessary for the proper fulfilment of an order and are captured in service images. 3The service images are divided into service phases according to the regulations in parts 2–4 and Appendix 1.

(2) 1In addition to basic services, special services can be agreed upon. …

(3) 2The list of special services in this ordinance and the service profiles of the associated appendices is not exhaustive. Special services can also be agreed for service profiles and service phases to which they are not allocated, as far as they do not constitute basic service in these.
(4) The cost effectiveness of the service should always be taken into account.

## § 4 Chargeable Costs

(1) 1Chargeable costs are part of the costs for production, conversion, modernisation, maintenance or restoration of structural objects as well as the associated expenses. 2They should be determined in accordance with generally accepted codes of practice or administrative regulations (cost regulations) based on customary local prices. 3Whenever reference is made to DIN 276 in this ordinance with regard to cost determination, the version of December 2008 (DIN 276-1:2008–12) must be used for determination of chargeable costs. 4Value added tax that may be due for the costs of objects, is not a component of the chargeable costs.
(2) Chargeable costs depend customary local prices, if the client
   1. carries out services or deliveries himself,
   2. receives unconventional privileges from executing construction companies or suppliers,
   3. sets off deliveries or services carried out, or
   4. has existing or previously procured building materials or components installed.
(3) 1The extent of the building fabric to be incorporated in the work within the meaning of § 2 (7) has to be adequately taken into account in the chargeable costs. 2Scope and value of the building fabric to be incorporated in the work must be determined in relation to the object and agreed in writing at the time of cost calculation or, as far as no cost calculation is available, at the time of cost estimation.

## § 5 Fee Ranges

(1) The basic services of area, object or specialist planning are assigned to fee ranges for the calculation of fees according to the respective planning requirements, which from fee range I onwards increase the degree of difficulty of the planning.
(2) 1The fee ranges are to be determined on the basis of the evaluation criteria in the fee regulations of the respective service images of parts 2–4 and Appendix 1. 2The allocation to the individual fee ranges is to be made in accordance with the evaluation criteria and possibly the evaluation points and taking into account the standard examples in the object lists of the appendices of this regulation.

## § 6 Basics of the Fee

(1) When determining the fee for basic services within the meaning of paragraph 1, the following shall be taken as a basis:
   1. the service profile,
   2. the fee range,
   3. the associated fee table.

(2) In addition to the basics according to sentence 1, the fee is determined
   1. for the service images of Part 2 and Annex 1 Number 1.1 according to the size of the area,
   2. for the service images of Parts 3 and 4 and Annex 1 Number 1.2, 1.3 and 1.4.5 according to the chargeable costs of the objects based on the cost calculation or, if no cost calculation is available, based on the cost estimate,
   3. for the service image of Annex 1 Number 1.4.2 according to billing units
   2The conversion or modernisation surcharge should be agreed in writing, taking into account the level of difficulty of the services to be performed. 3The amount of the surcharge to the fee is regulated in the respective fee regulations of the service profiles in parts 3 and 4 and in appendix 1 number 1.2. 4Agreement on a surcharge of 20% for a level of difficulty that is average or more shall be irrefutably presumed if no written agreement was made.

## § 7 Fee Agreement

(1) 1The fee is determined by the agreement that the contracting parties make in text form. 2If no agreement on the amount of the fee has been made in text form, the respective basic fee rate is considered agreed upon, which results when applying the fee bases of § 6.

(2) 1The contractor must inform the client, if he is a consumer, before he makes a binding contract declaration to the fee agreement in text form that a higher or lower fee than the values contained in the fee tables of this regulation can be agreed upon. 2If the notice according to sentence 1 is not given or not given in time, instead of a higher fee, a fee in the amount of the respective basic fee rate is considered agreed upon for the basic services agreed upon between the contracting parties.

## § 8 Calculation of Fee in Special Cases

(1) 1If not all service phases of a service profile are assigned to a contractor, then only the percentages specified for the assigned phases may be charged and agreed on. 2This agreement has to be made in writing.

(2) 1If not all basic services of a service phase are assigned to a contractor, then only a fee for the assigned basic services corresponding to the proportion of assigned basic services of the total service phase may be charged and agreed on. 2This agreement has to be made in writing. A corresponding procedure should be followed if significant parts of the basic services are not assigned to a contractor
(3) Any separate remuneration for an additional coordination or familiarisation expenditure should be agreed in writing.

## § 9 Calculation of Fee in Case of Assignment of Individual Services

(1) 1If the preliminary design or final design for buildings and interior spaces, outdoor facilities, engineering structures, traffic facilities, structural design and technical equipment is requested as an individual service, the service assessment of the corresponding service phase
   1. for preliminary design can be based at most on the percentage for preliminary design and the percentage for fundamental evaluation and
   2. for final design can be based at most on the percentage for final design and the percentage for preliminary design.

   may be used for the purpose of calculating the fee. 2This agreement has to be made in writing.
(2) 1As far as land-use planning is concerned, paragraph 1, sentence 1, number 2 must be applied accordingly for participatory design processes. 2As far as landscape planning is concerned, paragraph 1, sentence number 1, must be applied accordingly for the preliminary version and paragraph 1, sentence 1, number 2 for the coordinated version. 3This agreement has to be made in writing.
(3) 1If project supervision for technical equipment or buildings is requested as an individual service, service assessment of project supervision for the purpose of calculation the fee can be based at most on the percentage for project supervision and the percentages for fundamental evaluation and preliminary design. 2This agreement has to be made in writing.

## § 10 Calculation of Fee in Case of Contractual Changes to the Scope of Services

(1) Should the client and contractor agree to change the scope of the assigned service during the term of the contract and this alters the chargeable costs, areas or units of account, then the basis for the calculation of fees for the basic services to be rendered due to the changed service scope must be adapted by written agreement.

(2) Should the client and contractor agree on repetition of basic services without alteration of the chargeable costs, areas or units of account, then the fee for these basic services must be agreed in writing based on their share of the respective service phase.

## § 11 Contract for Several Objects

(1) If a contract encompasses several objects, then the fees should be calculated separately for each object, subject to the following paragraphs.
(2) If a contract encompasses several comparable buildings, engineering structures, traffic facilities or supporting structures with largely similar planning conditions, which are to be allocated to the same fee range and planned as well as constructed as part of one complete measure with respect to time and location, the fee must be calculated in accordance with the sum of chargeable costs.
(3) If a contract encompasses several essentially identical buildings, engineering structures, traffic facilities or supporting structures, which are to be planned as well as constructed under the same architectural conditions with respect to time and location, or several objects planned according to type or series constructions, then the percentages of service phases 1–6 should be lowered by 50% for the first to fourth repetition, by 60% for the fifth to seventh repetition and by 90% for the eighth repetition and more.
(4) If a contract encompasses basic services that were already included in a different contract between the contractual parties pertaining to a similar building, engineering structure or supporting structure, then the percentages of assigned service phases specified in paragraph 3 must also be applied to the new contract, even if the basic services are not to be rendered at the same time or location.

## § 12 Repair and Maintenance

(1) Fees for basic services relating to the repair and maintenance of properties must be calculated according to the chargeable costs, fee range, service phases and fee table for fee orientation to which the repair or maintenance is allocated.
(2) For basic services relating to the repair and maintenance of properties, it can be agreed in writing that the percentage for project supervision or site management be increased by up to 50% of the assessment of this service phase.

## § 13 Interpolation

Intermediate stages of chargeable costs and areas or charging units stated in the fee tables should be determined by linear interpolation.

## § 14 Additional Expenses

(1) 1Beside the fees stated in this ordinance, the contractor can also charge the additional expenses that are necessary to execute the contract. This does not include the deductible input tax according to § 15 (1) of the Value Added Tax Act as amended. 2The contractual parties can agree in writing at the time of contract placement that, in deviation to sentence 1, a reimbursement is completely or partially excluded.

(2) Additional expenses particularly include:
   1. Shipping costs, costs for data transmissions
   2. Costs for copies of drawings and written documents as well as for the creation of films and photos
   3. Costs for a site office including furnishing, lighting and heating
   4. Travel expenses for trips that exceed a 15-kilometre radius from the contractor's place of business equal in amount to the flat rates permitted under tax law, unless proof of higher expenses is provided
   5. Separation allowances and expenses for trips home equal in amount to the flat rates permitted under tax law, unless higher expenses are paid to the employees of the contractor due to collective agreements
   6. Compensation for other expenditures during longer trips according to number 4, as far as these compensations were agreed in writing before the business trip
   7. Payments for services not incumbent on the contractor, transferred by the latter to third parties in agreement with the client

(3) 1Additional expenses can be charged as a flat rate or on an individual receipt basis. 2If no flat rate charge was agreed in writing, they should be charged on an individual receipt basis.

## § 15 Due Date of the Fee, Advance Payments

(1) 1The due date of the fees for the services covered by this regulation is governed by § 650g paragraph 4 of the Civil Code accordingly. 2The right to demand advance payments is governed by § 632a of the Civil Code accordingly.

## § 16 Value Added Tax

(1) 1The contractor is entitled to reimbursement of the legally owed VAT for services chargeable according to this ordinance, unless the small-business regulation according to § 19 of the Value Added Tax Act (UStG) is applied. 2Sentence 1 is also applicable with regard to the additional expenses reduced by the deductible input tax according to § 15 of the Value Added Tax Act (UStG) that are chargeable according to § 14 of this ordinance.

(2) 1Disbursements are not included in the remuneration for the service provided by the contractor. 2They are to be treated as transitory items (plus a value added tax that may be included) for value added tax purposes and must be charged accordingly.

# Part 2: Area Planning (§§ 17–32)

## Section 1 Land-Use Planning

### § 17 Scope of Application

(1) Land-use planning services comprise preparation of the creation of land-use and development plans within the meaning of § 1 (2) of the Federal Building Code (BauGB), in the current, the necessary preparation and planning versions as well as the involvement in the procedure.

(2) Services relating to the urban design are special services.

### § 18 Service Profile for Land-Use Plan

(1) 1Basic services relating to land-use plans are divided into three service phases and rated with the percentages of the fees in § 20 as follows:

   1. service phase 1 (preliminary design for early public participation)
      Preliminary design for early participation pursuant to the provisions of the Federal Building Code (Baugesetzbuch – BauGB) with 60%,
   2. service phase 2 (design for participatory design process)
      Design for participatory design process pursuant to the provisions of the Federal Building Code (Baugesetzbuch – BauGB) with 30%,
   3. service phase 3 (detailed design for decision-making purposes)
      Detailed design for public decision-making process with 10%.
      2The preliminary design, design or detailed design must be prepared according to the prescribed form and include an explanatory statement.

(2) 1Appendix 2 governs which basic services are included in each service phase. 2Appendix 9 contains examples of special services.



*HOAI 2021-Textausgabe/HOAI 2021-Text Edition*,
https://doi.org/10.1007/978-3-658-44116-6_8

## § 19 Service Profile for Development Plan

(1) 1Basic services relating to development plans are divided into three service phases and rated with the percentages of the fees in § 21 as follows:
1. service phase 1 (preliminary design for early public participation)
   Preliminary design for early participation pursuant to the provisions of the Federal Building Code (Baugesetzbuch – BauGB) with 60%,
2. service phase 2 (design for participatory design process)
   Design for participatory design process pursuant to the provisions of the Federal Building Code (Baugesetzbuch – BauGB) with 30%,
3. service phase 3 (detailed design for decision-making purposes)
   Detailed design for public decision-making process with 10%.
   2The preliminary design, design or detailed design must be prepared according to the prescribed form and include an explanatory statement.

(2) 1Appendix 3 governs which basic services are included in each service phase. 2Appendix 9 contains examples of special services.

## § 20 Fees for Basic Services in Land-Use Plans

(1) For the services mentioned in § 18 and Annex 2 for basic services in land use plans, the fee ranges listed in the following fee table are guideline values:

| Area in hectares | Fee range I low requirements from/to Euro | | Fee range II average requirements from/to Euro | | Fee range III high requirements from/to Euro | |
|---|---|---|---|---|---|---|
| 1.000 | 70.439 | 85.269 | 85.269 | 100.098 | 100.098 | 114.927 |
| 1.250 | 78.957 | 95.579 | 95.579 | 112.202 | 112.202 | 128.824 |
| 1.500 | 86.492 | 104.700 | 104.700 | 122.909 | 122.909 | 141.118 |
| 1.750 | 93.260 | 112.894 | 112.894 | 132.527 | 132.527 | 152.161 |
| 2.000 | 99.407 | 120.334 | 120.334 | 141.262 | 141.262 | 162.190 |
| 2.500 | 111.311 | 134.745 | 134.745 | 158.178 | 158.178 | 181.612 |
| 3.000 | 121.868 | 147.525 | 147.525 | 173.181 | 173.181 | 198.838 |
| 3.500 | 131.387 | 159.047 | 159.047 | 186.707 | 186.707 | 214.367 |
| 4.000 | 140.069 | 169.557 | 169.557 | 199.045 | 199.045 | 228.533 |
| 5.000 | 155.461 | 188.190 | 188.190 | 220.918 | 220.918 | 253.647 |
| 6.000 | 168.813 | 204.352 | 204.352 | 239.892 | 239.892 | 275.431 |
| 7.000 | 180.589 | 218.607 | 218.607 | 256.626 | 256.626 | 294.645 |
| 8.000 | 191.097 | 231.328 | 231.328 | 271.559 | 271.559 | 311.790 |
| 9.000 | 200.556 | 242.779 | 242.779 | 285.001 | 285.001 | 327.224 |
| 10.000 | 209.126 | 253.153 | 253.153 | 297.179 | 297.179 | 341.206 |
| 11.000 | 216.893 | 262.555 | 262.555 | 308.217 | 308.217 | 353.878 |
| 12.000 | 223.912 | 271.052 | 271.052 | 318.191 | 318.191 | 365.331 |
| 13.000 | 230.331 | 278.822 | 278.822 | 327.313 | 327.313 | 375.804 |
| 14.000 | 236.214 | 285.944 | 285.944 | 335.673 | 335.673 | 385.402 |
| 15.000 | 241.614 | 292.480 | 292.480 | 343.346 | 343.346 | 394.213 |

(2) The fee for preparation of land-use plans must be calculated on the basis of the planning area in hectares and according to the fee range.

(3) The fee range to which the basic services are allocated to depends on the following assessment criteria:
   1. Importance in terms of central location and community structure
   2. Usage diversity and usage density
   3. Population structure, population development and public amenities
   4. Traffic and infrastructure
   5. Topography, geology and cultural landscape
   6. Climate, nature and environmental protection

(4) 1If assessment criteria from several fee ranges are applicable to a land-use plan and this leads to doubts about which fee range the land-use plan can be allocated to, the number of assessment points must be determined first. 2In order to determine the assessment points, the assessment criteria are weighted as follows:
   1. low requirements: 1 point,
   2. average requirements: 2 points,
   3. high requirements: 3 points.

(5) Based on the assessment points determined according to paragraph 4, the land-use plan is allocated to one of the fee ranges:
   1. Fee range I: up to 9 points
   2. Fee range II: 10 to 14 points
   3. Fee range III: 15 to 18 points

(6) If parts of already established land use plans (plan sections) are changed or revised, the fee can also be agreed upon differently from the principles of paragraph 2.

## § 21 Fees for Basic Services relating to Building Plans

(1) For the basic services relating to the development plans listed in § 19 and Appendix 3, the ranges listed in the following fee table are orientation values:

| Area in hectares | Fee range I low requirements from/to Euro | | Fee range II average requirements from/to Euro | | Fee range III high requirements from/to Euro | |
|---|---|---|---|---|---|---|
| 0.5 | 5.000 | 5.335 | 5.335 | 7.838 | 7.838 | 10.341 |
| 1 | 5.000 | 8.799 | 8.799 | 12.926 | 12.926 | 17.054 |
| 2 | 7.699 | 14.502 | 14.502 | 21.305 | 21.305 | 28.109 |
| 3 | 10.306 | 19.413 | 19.413 | 28.521 | 28.521 | 37.628 |
| 4 | 12.669 | 23.866 | 23.866 | 35.062 | 35.062 | 46.258 |
| 5 | 14.864 | 28.000 | 28.000 | 41.135 | 41.135 | 54.271 |
| 6 | 16.931 | 31.893 | 31.893 | 46.856 | 46.856 | 61.818 |
| 7 | 18.896 | 35.595 | 35.595 | 52.294 | 52.294 | 68.992 |
| 8 | 20.776 | 39.137 | 39.137 | 57.497 | 57.497 | 75.857 |
| 9 | 22.584 | 42.542 | 42.542 | 62.501 | 62.501 | 82.459 |
| 10 | 24.330 | 45.830 | 45.830 | 67.331 | 67.331 | 88.831 |
| 15 | 32.325 | 60.892 | 60.892 | 89.458 | 89.458 | 118.025 |

(continued)

| Area in hectares | Fee range I low requirements from/to Euro | | Fee range II average requirements from/to Euro | | Fee range III high requirements from/to Euro | |
|---|---|---|---|---|---|---|
| 20 | 39.427 | 74.270 | 74.270 | 109.113 | 109.113 | 143.956 |
| 25 | 46.385 | 87.376 | 87.376 | 128.366 | 128.366 | 169.357 |
| 30 | 52.975 | 99.791 | 99.791 | 146.606 | 146.606 | 193.422 |
| 40 | 65.342 | 123.086 | 123.086 | 180.830 | 180.830 | 238.574 |
| 50 | 76.901 | 144.860 | 144.860 | 212.819 | 212.819 | 280.778 |
| 60 | 87.599 | 165.012 | 165.012 | 242.425 | 242.425 | 319.838 |
| 80 | 107.471 | 202.445 | 202.445 | 297.419 | 297.419 | 392.393 |
| 100 | 125.791 | 236.955 | 236.955 | 348.119 | 348.119 | 459.282 |

(2) The fee for preparation of development plans must be calculated on the basis of the planning area in hectares and according to the fee range.
(3) The fee range to which the basic services are allocated to depends on the following assessment criteria:
  1. Usage diversity and usage density,
  2. Building structure and building density
  3. Design and monument protection
  4. Traffic and infrastructure
  5. Topography and landscape
  6. Climate, nature and environmental protection
(4) Determination of the fee range for development plans requires corresponding application of § 20, paragraphs 4 and 5.
(5) If the size of the planning area is changed during the period in which services are rendered, the fee for the service phases that have not yet been executed at the time of the change must be calculated according to the changed size of the planning area.

## Section 2 Landscape Planning

### § 22 Scope of Application

(1) Landscape planning services comprise the preparation and creation of details required for the plans according to paragraph 2.
(2) The provisions of this section are applicable to the following plans:
  1. landscape plans
  2. green space plans and specialised landscape planning contributions,
  3. landscape framework plans,
  4. landscape maintenance support plans,
  5. maintenance and development plans.

## § 23 Service Profile for Landscape Plan

(1) Basic services relating to landscape plans are divided into four service phases and rated with the percentages of the fees in § 28 as follows:
  1. service phase 1 (clarification of task and determination of scope of services) with 3%
  2. service phase 2 (determination of planning fundamentals) with 37%,
  3. service phase 3 (preliminary version) with 50%,
  4. service phase 4 (coordinated and agreed version) with 10%.

(2) 1Appendix 4 regulates the basic services of each service phase. 2Appendix 9 contains examples of special services.

## § 24 Service Profile for Green Space Plan

(1) Basic services relating to green space plans and specialised landscape planning contributions are grouped into four service phases and rated with the percentages of the fees in § 29 as follows:
  1. service phase 1 (clarification of task and determination of scope of service) with 3%
  2. service phase 2 (determination of planning fundamentals) with 37%,
  3. service phase 3 (preliminary version) with 50%,
  4. service phase 4 (coordinated and agreed version) with 10%.

(2) 1Appendix 5 regulates the basic services of each service phase. 2Appendix 9 contains examples of special services.

## § 25 Service Profile for Landscape Framework Plan

(1) Basic services relating to landscape framework plans are divided into four service phases and rate with the percentages of the fees in § 30 as follows:
  1. service phase 1 (clarification of task and determination of scope of services) with 3%
  2. service phase 2 (determination and assessment of planning fundamentals) with 37%,
  3. service phase 3 (preliminary version) with 50%,
  4. service phase 4 (coordinated and agreed version) with 10%.

(2) 1Appendix 6 regulates the basic services of each service phase. 2Appendix 9 contains examples of special services.

## § 26 Service Profile for Landscape Maintenance Support Plan

(1) Basic services relating to landscape maintenance support plans are divided into four service phases and rated with the percentages of the fees in § 31 as follows:
1. service phase 1 (clarification of task and determination of scope of services) with 3%,
2. service phase 2 (determination and assessment of planning fundamentals) with 37%,
3. service phase 4 (preliminary version) with 50%,
4. service phase 4 (coordinated and agreed version) with 10%.

(2) 1Appendix 7 regulates the basic services of each service phase. 2Appendix 9 contains examples of special services.

## § 27 Service Profile for Maintenance and Development Plan

(1) Basic services relating to maintenance and development plans are grouped into four service phases and rated with the percentages of the fees in § 32 as follows:
1. service phase 1 (compilation of the initial conditions) with 3%,
2. service phase 2 (determination of planning fundamentals) with 37%,
3. service phase 3 (preliminary version) with 50%,
4. service phase 4 (coordinated and agreed version) with 10%.

(2) 1Appendix 8 regulates the basic services of each service phase. 2Appendix 9 contains examples of special services.

## § 28 Fees for Basic Services in Landscape Plans

(1) For the services mentioned in § 23 and Annex 4 for basic services in landscape plans, the fee ranges listed in the following fee table are guideline values:

| Area in hectares | Fee range I low requirements from/to Euro | | Fee range II average requirements from/to Euro | | Fee range III high requirements from/to Euro | |
|---|---|---|---|---|---|---|
| 1.000 | 23.403 | 27.963 | 27.963 | 32.826 | 32.826 | 37.385 |
| 1.250 | 26.560 | 31.735 | 31.735 | 37.254 | 37.254 | 42.428 |
| 1.500 | 29.445 | 35.182 | 35.182 | 41.300 | 41.300 | 47.036 |
| 1.750 | 32.119 | 38.375 | 38.375 | 45.049 | 45.049 | 51.306 |
| 2.000 | 34.620 | 41.364 | 41.364 | 48.558 | 48.558 | 55.302 |
| 2.500 | 39.212 | 46.851 | 46.851 | 54.999 | 54.999 | 62.638 |
| 3.000 | 43.374 | 51.824 | 51.824 | 60.837 | 60.837 | 69.286 |
| 3.500 | 47.199 | 56.393 | 56.393 | 66.201 | 66.201 | 75.396 |
| 4.000 | 50.747 | 60.633 | 60.633 | 71.178 | 71.178 | 81.064 |

(continued)

| Area in hectares | Fee range I low requirements from/to Euro | | Fee range II average requirements from/to Euro | | Fee range III high requirements from/to Euro | |
|---|---|---|---|---|---|---|
| 5.000 | 57.180 | 68.319 | 68.319 | 80.200 | 80.200 | 91.339 |
| 6.000 | 63.562 | 75.944 | 75.944 | 89.151 | 89.151 | 101.533 |
| 7.000 | 69.505 | 83.045 | 83.045 | 97.487 | 97.487 | 111.027 |
| 8.000 | 75.095 | 89.724 | 89.724 | 105.329 | 105.329 | 119.958 |
| 9.000 | 80.394 | 96.055 | 96.055 | 112.761 | 112.761 | 128.422 |
| 10.000 | 85.445 | 102.090 | 102.090 | 119.845 | 119.845 | 136.490 |
| 11.000 | 89.986 | 107.516 | 107.516 | 126.214 | 126.214 | 143.744 |
| 12.000 | 94.309 | 112.681 | 112.681 | 132.278 | 132.278 | 150.650 |
| 13.000 | 98.438 | 117.615 | 117.615 | 138.069 | 138.069 | 157.246 |
| 14.000 | 102.392 | 122.339 | 122.339 | 143.615 | 143.615 | 163.562 |
| 15.000 | 106.187 | 126.873 | 126.873 | 148.938 | 148.938 | 169.623 |

(2) The fee for preparation of landscape plans must be calculated on the basis of the planning area in hectares and according to the fee range.

(3) The fee range to which the basic services are allocated to depends on the following assessment criteria:
1. Topographical conditions
2. Area usage
3. Landscape
4. Requirements concerning environmental conservation and protection
5. Ecological conditions
6. Population density

(4) 1If assessment criteria from several fee ranges are applicable to a landscape plan and this leads to doubts about which fee range the landscape plan can be allocated to, the number of assessment points must be determined first. 2In order to determine the assessment points, the assessment criteria are weighted as follows:
1. assessment criteria according to paragraph 3, number 1, 2, 3 and 6 with up to 6 points each and
2. assessment criteria according to paragraph 3, number 4 and 5 with up to 9 points each.

(5) Based on the assessment points determined according to paragraph 4, the landscape plan is allocated to one of the fee ranges:
1. Fee range I: up to 16 points
2. Fee range II: 17–30 points
3. Fee range III: 31–42 points

(6) If parts of already established landscape plans (plan sections) are changed or revised, the fee deviating from the principles of paragraph 2 can be agreed upon.

## § 29 Fees for Basic Services in Green Space Plans

(1) For the basic services mentioned in § 24 and Annex 5 for green order plans and landscape planning contributions, the fee ranges listed in the following fee table are guideline values:

| Area in hectares | Fee range I low requirements from/to Euro | | Fee range II average requirements from/to Euro | | Fee range III high requirements from/to Euro | |
|---|---|---|---|---|---|---|
| 1.5 | 5.219 | 6.067 | 6.067 | 6.980 | 6.980 | 7.828 |
| 2 | 6.008 | 6.985 | 6.985 | 8.036 | 8.036 | 9.013 |
| 3 | 7.450 | 8.661 | 8.661 | 9.965 | 9.965 | 11.175 |
| 4 | 8.770 | 10.195 | 10.195 | 11.730 | 11.730 | 13.155 |
| 5 | 10.006 | 11.632 | 11.632 | 13.383 | 13.383 | 15.009 |
| 10 | 15.445 | 17.955 | 17.955 | 20.658 | 20.658 | 23.167 |
| 15 | 20.183 | 23.462 | 23.462 | 26.994 | 26.994 | 30.274 |
| 20 | 24.513 | 28.496 | 28.496 | 32.785 | 32.785 | 36.769 |
| 25 | 28.560 | 33.201 | 33.201 | 38.199 | 38.199 | 42.840 |
| 30 | 32.394 | 37.658 | 37.658 | 43.326 | 43.326 | 48.590 |
| 40 | 39.580 | 46.011 | 46.011 | 52.938 | 52.938 | 59.370 |
| 50 | 46.282 | 53.803 | 53.803 | 61.902 | 61.902 | 69.423 |
| 75 | 61.579 | 71.586 | 71.586 | 82.362 | 82.362 | 92.369 |
| 100 | 75.430 | 87.687 | 87.687 | 100.887 | 100.887 | 113.145 |
| 125 | 88.255 | 102.597 | 102.597 | 118.042 | 118.042 | 132.383 |
| 150 | 100.288 | 116.585 | 116.585 | 134.136 | 134.136 | 150.433 |
| 175 | 111.675 | 129.822 | 129.822 | 149.366 | 149.366 | 167.513 |
| 200 | 122.516 | 142.425 | 142.425 | 163.866 | 163.866 | 183.774 |
| 225 | 133.555 | 155.258 | 155.258 | 178.630 | 178.630 | 200.333 |
| 250 | 144.284 | 167.730 | 167.730 | 192.980 | 192.980 | 216.426 |

(2) The fee for basic services relating to green space plans must be calculated on the basis of the planning area in hectares and according to the fee range.

(3) The fee ranges to which the basic services are allocated, depends on the following assessment criteria:

1. Topography
2. Ecological conditions
3. Area usage and protected territories
4. Environment, climate, monument and nature protection
5. Provision for recreation
6. Requirements specified for open space design

(4) 1If assessment criteria from several fee ranges are applicable to a green space plan and this leads to doubts about which fee range the green space plan can be allocated to, the number of assessment points must be determined first. 2In order to determine the assessment points, the assessment criteria are weighted as follows:

1. assessment criteria according to paragraph 3, number 1, 2, 3 and 6 with up to 6 points each and
2. assessment criteria according to paragraph 3, number 4 and 6 with up to 9 points each.

(5) Based on the assessment points determined according to paragraph 4, the green space plan is allocated to one of the fee ranges:
1. Fee range I: up to 16 points
2. Fee range II: 17–30 points
3. Fee range III: 31–42 points

(6) If the size of the planning area is changed during the period in which services are rendered, the fee for the service phases that have not yet been executed at the time of the change must be calculated according to the changed size of the planning area.

## § 30 Fees for Basic Services in Landscape Structure Plans

(1) For the basic services mentioned in § 25 and Annex 6 for landscape framework plans, the fee ranges listed in the following fee table are guideline values:

| Area in hectares | Fee range I low requirements from/to Euro | | Fee range II average requirements from/to Euro | | Fee range III high requirements from/to Euro | |
|---|---|---|---|---|---|---|
| 5.000 | 61.880 | 71.935 | 71.935 | 82.764 | 82.764 | 92.820 |
| 6.000 | 67.933 | 78.973 | 78.973 | 90.861 | 90.861 | 101.900 |
| 7.000 | 73.473 | 85.413 | 85.413 | 98.270 | 98.270 | 110.210 |
| 8.000 | 78.600 | 91.373 | 91.373 | 105.128 | 105.128 | 117.901 |
| 9.000 | 83.385 | 96.936 | 96.936 | 111.528 | 111.528 | 125.078 |
| 10.000 | 87.880 | 102.161 | 102.161 | 117.540 | 117.540 | 131.820 |
| 12.000 | 96.149 | 111.773 | 111.773 | 128.599 | 128.599 | 144.223 |
| 14.000 | 103.631 | 120.471 | 120.471 | 138.607 | 138.607 | 155.447 |
| 16.000 | 110.477 | 128.430 | 128.430 | 147.763 | 147.763 | 165.716 |
| 18.000 | 116.791 | 135.769 | 135.769 | 156.208 | 156.208 | 175.186 |
| 20.000 | 122.649 | 142.580 | 142.580 | 164.043 | 164.043 | 183.974 |
| 25.000 | 138.047 | 160.480 | 160.480 | 184.638 | 184.638 | 207.070 |
| 30.000 | 152.052 | 176.761 | 176.761 | 203.370 | 203.370 | 228.078 |
| 40.000 | 177.097 | 205.875 | 205.875 | 236.867 | 236.867 | 265.645 |
| 50.000 | 199.330 | 231.721 | 231.721 | 266.604 | 266.604 | 298.995 |
| 60.000 | 219.553 | 255.230 | 255.230 | 293.652 | 293.652 | 329.329 |
| 70.000 | 238.243 | 276.958 | 276.958 | 318.650 | 318.650 | 357.365 |
| 80.000 | 253.946 | 295.212 | 295.212 | 339.652 | 339.652 | 380.918 |
| 90.000 | 268.420 | 312.038 | 312.038 | 359.011 | 359.011 | 402.630 |
| 100.000 | 281.843 | 327.643 | 327.643 | 376.965 | 376.965 | 422.765 |

(2) The fee for basic services relating to landscape framework plans must be calculated on the basis of the planning area in hectares and according to the fee range.
(3) The fee range to which the basic services are allocated to depends on the following assessment criteria:
   1. Topographical conditions
   2. Space utilisation and population density
   3. Landscape
   4. Requirements concerning environmental conservation, climate and nature protection
   5. Ecological conditions
   6. Safeguarding open space and recreation
(4) 1If assessment criteria from several fee ranges are applicable to a landscape framework plan and this leads to doubts about which fee range the landscape framework plan can be allocated to, the number of assessment points must be determined first. 2In order to determine the assessment points, the assessment criteria are weighted as follows:
   1. assessment criteria according to paragraph 3, number 1, 2, 3 and 6 with up to 6 points each and
   2. assessment criteria according to paragraph 3, number 4 and 5 with up to 9 points each.
(5) Based on the assessment points determined according to paragraph 4, the landscape framework plan is allocated to one of the fee ranges:
   1. Fee range I:up to 16 points
   2. Fee range II: 17–30 points
   3. Fee range III: 31–42 points
(6) If the size of the planning area is changed during the period in which services are rendered, the fee for the service phases that have not yet been executed at the time of the change must be calculated according to the changed size of the planning area.

## § 31 Fees for Basic Services in Landscape Maintenance Accompanying Plans

(1) For the basic services mentioned in § 26 and Annex 7 for landscape maintenance accompanying plans, the fee ranges listed in the following fee table are guideline values:

| Area in hectares | Fee range I minor requirements from/to Euro | | Fee range II average requirements from/to Euro | | Fee range III high requirements from/to Euro | |
|---|---|---|---|---|---|---|
| 6 | 5.324 | 6.189 | 6.189 | 7.121 | 7.121 | 7.986 |
| 8 | 6.130 | 7.126 | 7.126 | 8.199 | 8.199 | 9.195 |
| 12 | 7.600 | 8.836 | 8.836 | 10.166 | 10.166 | 11.401 |
| 16 | 8.947 | 10.401 | 10.401 | 11.966 | 11.966 | 13.420 |
| 20 | 10.207 | 11.866 | 11.866 | 13.652 | 13.652 | 15.311 |
| 40 | 15.755 | 18.315 | 18.315 | 21.072 | 21.072 | 23.632 |
| 100 | 29.126 | 33.859 | 33.859 | 38.956 | 38.956 | 43.689 |

(continued)

| Area in hectares | Fee range I minor requirements from/to Euro | | Fee range II average requirements from/to Euro | | Fee range III high requirements from/to Euro | |
|---|---|---|---|---|---|---|
| 200 | 47.180 | 54.846 | 54.846 | 63.103 | 63.103 | 70.769 |
| 300 | 62.748 | 72.944 | 72.944 | 83.925 | 83.925 | 94.121 |
| 400 | 76.829 | 89.314 | 89.314 | 102.759 | 102.759 | 115.244 |
| 500 | 89.855 | 104.456 | 104.456 | 120.181 | 120.181 | 134.782 |
| 600 | 102.062 | 118.647 | 118.647 | 136.508 | 136.508 | 153.093 |
| 700 | 113.602 | 132.062 | 132.062 | 151.942 | 151.942 | 170.402 |
| 800 | 124.575 | 144.819 | 144.819 | 166.620 | 166.620 | 186.863 |
| 1.200 | 167.729 | 194.985 | 194.985 | 224.338 | 224.338 | 251.594 |
| 1.600 | 207.279 | 240.961 | 240.961 | 277.235 | 277.235 | 310.918 |
| 2.000 | 244.349 | 284.056 | 284.056 | 326.817 | 326.817 | 366.524 |
| 2.400 | 279.559 | 324.987 | 324.987 | 373.910 | 373.910 | 419.338 |
| 3.200 | 343.814 | 399.683 | 399.683 | 459.851 | 459.851 | 515.720 |
| 4.000 | 400.847 | 465.985 | 465.985 | 536.133 | 536.133 | 601.270 |

(2) The fee for basic services relating to landscape conservation support plans must be calculated on the basis of the planning area in hectares and according to the fee range.

(3) The fee range to which the basic services are allocated to depends on the following assessment criteria:

1. Ecologically important structures and protected territories
2. Landscape and recreational usage
3. Usage requirements
4. Requirements concerning design of landscape and open spaces
5. Sensitivity to environmental impact and impairment of nature and landscape
6. Potential intensity of impairment of the measure

(4) 1If assessment criteria from several fee ranges are applicable to a landscape conservation support plan and this leads to doubts about which fee range the landscape conservation support plan can be allocated to, the number of assessment points must be determined first. 2In order to determine the assessment points, the assessment criteria are weighted as follows:

1. assessment criteria according to paragraph 3, number 1, 2, 3 and 4 with up to 6 points each and
2. assessment criteria according to paragraph 3, number 5 and 6 with up to 9 points each.

(5) Based on the assessment points determined according to paragraph 4, the landscape conservation support plan is allocated to one of the fee ranges:

1. Fee range I: up to 16 points
2. Fee range II: 17–30 points
3. Fee range III:31–42 points

(6) If the size of the planning area is changed during the period in which services are rendered, the fee for the service phases that have not yet been executed at the time of the change must be calculated according to the changed size of the planning area.

## § 32 Fees for Basic Services in Maintenance and Development Plans

(1) For the basic services mentioned in § 27 and Annex 8 for maintenance and development plans, the fee ranges listed in the following fee table are guideline values:

| Area in hectares | Fee range I low requirements from/to Euro | | Fee range II average requirements from/to Euro | | Fee range III high requirements from/to Euro | |
|---|---|---|---|---|---|---|
| 5 | 3.852 | 7.704 | 7.704 | 11.556 | 11.556 | 15.408 |
| 10 | 4.802 | 9.603 | 9.603 | 14.405 | 14.405 | 19.207 |
| 15 | 5.481 | 10.963 | 10.963 | 16.444 | 16.444 | 21.925 |
| 20 | 6.029 | 12.058 | 12.058 | 18.087 | 18.087 | 24.116 |
| 30 | 6.906 | 13.813 | 13.813 | 20.719 | 20.719 | 27.626 |
| 40 | 7.612 | 15.225 | 15.225 | 22.837 | 22.837 | 30.450 |
| 50 | 8.213 | 16.425 | 16.425 | 24.638 | 24.638 | 32.851 |
| 75 | 9.433 | 18.866 | 18.866 | 28.298 | 28.298 | 37.731 |
| 100 | 10.408 | 20.816 | 20.816 | 31.224 | 31.224 | 41.633 |
| 150 | 11.949 | 23.899 | 23.899 | 35.848 | 35.848 | 47.798 |
| 200 | 13.165 | 26.330 | 26.330 | 39.495 | 39.495 | 52.660 |
| 300 | 15.318 | 30.636 | 30.636 | 45.954 | 45.954 | 61.272 |
| 400 | 17.087 | 34.174 | 34.174 | 51.262 | 51.262 | 68.349 |
| 500 | 18.621 | 37.242 | 37.242 | 55.863 | 55.863 | 74.484 |
| 750 | 21.833 | 43.666 | 43.666 | 65.500 | 65.500 | 87.333 |
| 1.000 | 24.507 | 49.014 | 49.014 | 73.522 | 73.522 | 98.029 |
| 1.500 | 28.966 | 57.932 | 57.932 | 86.898 | 86.898 | 115.864 |
| 2.500 | 36.065 | 72.131 | 72.131 | 108.196 | 108.196 | 144.261 |
| 5.000 | 49.288 | 98.575 | 98.575 | 147.863 | 147.863 | 197.150 |
| 10.000 | 69.015 | 138.029 | 138.029 | 207.044 | 207.044 | 276.058 |

(2) The fee for basic services relating to maintenance and development plans must be calculated on the basis of the planning area in hectares and according to the fee range.

(3) The fee range to which the basic services are allocated to depends on the following assessment criteria:

1. Technical specifications
2. Complexity of floristic inventory or plant community
3. Complexity of faunistic inventory
4. Impairment or damage to natural environment and landscape
5. Expenditure necessary to define declared aims as well as maintenance and development measures

(4) 1If assessment criteria from several fee ranges are applicable to a maintenance and development plan and this leads to doubts about which fee range the maintenance and development plan can be allocated to, the number of assessment points must be determined first. 2In order to determine the assessment points, the assessment criteria are weighted as follows:
   1. assessment criteria according to paragraph 3, number 1 with up to 4 points,
   2. assessment criteria according to paragraph 3, number 4 and 5 with up to 6 points each,
   3. assessment criteria according to paragraph 3, number 2 and 3 with up to 9 points each.

(5) Based on the assessment points determined according to paragraph 4, the maintenance and development plan is allocated to one of the fee ranges:
   1. Fee range I: up to 13 points
   2. Fee range II: 14–24 points
   3. Fee range III: 25–34 points

(6) If the size of the planning area is changed during the period in which services are rendered, the fee for the service phases that have not yet been executed at the time of the change must be calculated according to the changed size of the planning area.

# Part 3: Project Planning (§§ 33–48)

## Section 1 Buildings and Interiors (§§ 33–37)

### § 33 Specific Basis of the Fee

(1) For basic services relating to buildings and interiors, the building construction costs are chargeable.
(2) For basic services relating to buildings and interiors, the costs of technical facilities, for which the contractor neither does the technical planning nor supervises the execution, are also
   1. entirely chargeable up to a maximum of 25% of other chargeable costs and
   2. chargeable by half with the amount that exceeds 25% of other chargeable costs.
(3) Not chargeable are in particular costs for preparation, for private site development as well as services relating to fixtures and fittings and to works of art, as far as the contractor neither plans these services nor is involved in their procurement or execution or supervises installation technically.

### § 34 Service Profile for Buildings and Interiors

(1) The service profile relating to buildings and interiors comprises services for new buildings, new installations, reconstructions, extensions, conversions, modernisations, restorations and maintenance.
(2) Services for interiors include design or creation of interiors without significant intervention in the existing stock or construction.



*HOAI 2021-Textausgabe/HOAI 2021-Text Edition*,
https://doi.org/10.1007/978-3-658-44116-6_9

(3) Basic services are divided into nine service phases and rated with the percentages of the fees in § 35 as follows:
1. service phase 1 (fundamental evaluation) with 2% each for buildings and interiors,
2. service phase 2 (preliminary design) with 7% each for buildings and interiors,
3. service phase 3 (final design) with 15% each for buildings and interiors,
4. service phase 4 (planning permission application) with 3% for buildings and 2% for interiors,
5. service phase 5 (execution planning) with 25% for buildings and 30% for interiors,
6. service phase 6 (preparation of contract award) with 10% for buildings and 7% for interiors,
7. service phase 7 (involvement in contract award) with 4% for buildings and 3% for interiors,
8. service phase 8 (project supervision – construction supervision and documentation) with 32% for buildings and interiors,
9. service phase 9 (post-completion services) with 2% each for buildings and interiors.

(4) Appendix 10, number 10.1 governs the basic services relating to each service phase and contains examples for special services.

## § 35 Fees for Basic Services relating to Buildings and Interiors

(1) For basic services relating to the buildings and interiors listed in § 34 and Appendix 10, the ranges listed in the following fee table are orientation values:

| Chargeable costs in Euro | Fee range I very low requirements from/to Euro | | Fee range II low requirements from/to Euro | | Fee range III average requirements from/to Euro | | Fee range IV high requirements from/to Euro | Fee range V very high requirements from/to Euro | | |
|---|---|---|---|---|---|---|---|---|---|---|
| 25.000 | 3.120 | 3.657 | 3.657 | 4.339 | 4.339 | 5.412 | 5.412 | 6.094 | 6.094 | 6.631 |
| 35.000 | 4.217 | 4.942 | 4.942 | 5.865 | 5.865 | 7.315 | 7.315 | 8.237 | 8.237 | 8.962 |
| 50.000 | 5.804 | 6.801 | 6.801 | 8.071 | 8.071 | 10.066 | 10.066 | 11.336 | 11.336 | 12.333 |
| 75.000 | 8.342 | 9.776 | 9.776 | 11.601 | 11.601 | 14.469 | 14.469 | 16.293 | 16.293 | 17.727 |
| 100.000 | 10.790 | 12.644 | 12.644 | 15.005 | 15.005 | 18.713 | 18.713 | 21.074 | 21.074 | 22.928 |
| 150.000 | 15.500 | 18.164 | 18.164 | 21.555 | 21.555 | 26.883 | 26.883 | 30.274 | 30.274 | 32.938 |
| 200.000 | 20.037 | 23.480 | 23.480 | 27.863 | 27.863 | 34.751 | 34.751 | 39.134 | 39.134 | 42.578 |
| 300.000 | 28.750 | 33.692 | 33.692 | 39.981 | 39.981 | 49.864 | 49.864 | 56.153 | 56.153 | 61.095 |
| 500.000 | 45.232 | 53.006 | 53.006 | 62.900 | 62.900 | 78.449 | 78.449 | 88.343 | 88.343 | 96.118 |
| 750.000 | 64.666 | 75.781 | 75.781 | 89.927 | 89.927 | 112.156 | 112.156 | 126.301 | 126.301 | 137.416 |
| 1.000.000 | 83.182 | 97.479 | 97.479 | 115.675 | 11.5675 | 144.268 | 144.268 | 162.464 | 162.464 | 176.761 |
| 1.500.000 | 119.307 | 139.813 | 13.9813 | 165.911 | 16.5911 | 206.923 | 206.923 | 233.022 | 233.022 | 253.527 |
| 2.000.000 | 153.965 | 180.428 | 180.428 | 214.108 | 214.108 | 267.034 | 267.034 | 300.714 | 300.714 | 327.177 |
| 3.000.000 | 220.161 | 258.002 | 258.002 | 306.162 | 306.162 | 381.843 | 381.843 | 430.003 | 430.003 | 467.843 |
| 5.000.000 | 343.879 | 402.984 | 402.984 | 478.207 | 478.207 | 596.416 | 596.416 | 671.640 | 671.640 | 730.744 |
| 7.500.000 | 493.923 | 578.816 | 578.816 | 686.862 | 686.862 | 856.648 | 856.648 | 964.694 | 964.694 | 1.049.587 |
| 10.000.000 | 638.277 | 747.981 | 747.981 | 887.604 | 887.604 | 1.107.012 | 1.107.012 | 1.246.635 | 1.246.635 | 1.356.339 |
| 15.000.000 | 915.129 | 1.072.416 | 1.072.416 | 1.272.601 | 1.272.601 | 1.587.176 | 1.587.176 | 1.787.360 | 1.787.360 | 1.944.648 |
| 20.000.000 | 1.180.414 | 1.383.298 | 1.383.298 | 1.641.513 | 1.641.513 | 2.047.281 | 2.047.281 | 2.305.496 | 2.305.496 | 2.508.380 |
| 25.000.000 | 1.436.874 | 1.683.837 | 1.683.837 | 1.998.153 | 1.998.153 | 2.492.079 | 2.492.079 | 2.806.395 | 2.806.395 | 3.053.358 |

(2) The fee range the basic services for buildings are allocated to depends on the following assessment criteria:
1. Requirements concerning integration in the surrounding area
2. Number of functional areas
3. Design requirements
4. Structural requirements
5. Technical equipment
6. Interior finishing

(3) The fee range the basic services for interiors are allocated to depends on the following assessment criteria:
1. Number of functional areas
2. Requirements concerning lighting design
3. Requirements concerning space allocation and space proportion
4. Technical equipment
5. Colour and material design
6. Structural detailing

(4) 1If assessment criteria from several fee ranges are applicable to a building and this leads to doubts about which fee range the building or interior can be allocated to, the number of assessment points must be determined first. 2In order to determine the assessment points, the assessment criteria are weighted as follows:
1. assessment criteria according to paragraph 2, number 1, 4–6 with up to 6 points each and
2. assessment criteria according to paragraph 2, number 2 and 3 with up to 9 points each.

(5) 1If assessment criteria from several fee ranges are applicable to interiors and this leads to doubts about which fee range the building or interior can be allocated to, the number of assessment points must be determined first. 2In order to determine the assessment points, the assessment criteria are weighted as follows:
1. assessment criteria according to paragraph 3, number 1–4 with up to 6 points each and
2. assessment criteria according to paragraph 3, number 5 and 6 with up to 9 points each.

(6) Based on the assessment points determined according to paragraph 5, the building or interior is allocated to one of the fee ranges:
1. Fee range I: up to 10 points
2. Fee range II: 11–18 points
3. Fee range III: 19–26 points
4. Fee range IV: 27–34 points
5. Fee range V: 35–42 points

(7) The project list in Appendix 10, number 10.2 and number 10.3 must be taken into consideration with regard to the allocation of fee ranges.

### § 36 Conversions and Modernizations of Buildings and Interiors

(1) For conversions and modernizations of buildings, a surcharge according to § 6 paragraph 2 sentence 3 up to 33% on the determined fee can be agreed upon in text form.
(2) For conversions and modernisations of interiors of buildings, a surcharge to the determined fee of up to 50% can be agreed in writing for an average level of difficulty in accordance with § 6, paragraph 2, sentence 3.

### § 37 Contracts for Buildings and Outdoor Facilities or for Buildings and Interiors

(1) § 11, paragraph 1 is not applicable if separate calculation of fees for outdoor facilities would amount to chargeable costs of less than EUR 7,500.
(2) 1If basic services for interiors in buildings that are newly built, rebuilt, expanded or converted are transferred to a contractor, who is also assigned basic services for this building according to § 34 , the basic services for interiors must be taken into account when agreeing on the fee for the basic services on the building. 2A separate fee according to § 11 paragraph 1 may not be charged for the basic services for interiors.

## Section 2 Outdoor Facilities (§§ 38–40)

### § 38 Specific Basis of the Fee

(1) For basic services relating to outdoor facilities, the costs for external facilities are chargeable, especially for the following buildings and facilities, as far as these are either planned or supervised by the contractor:
   1. single bodies of water with predominantly ecological and landscape design elements,
   2. ponds without dams,
   3. extensive earthworks for landscaping purposes,
   4. simple culverts and bank reinforcements as a means of landscaping, as far as no basic services according to part 4, section 1 are required,
   5. anti-noise barriers as a means of landscaping,
   6. retaining structures and terrain support structures without traffic loads as a means of landscaping, as far as no supporting structures of an average level of difficulty are required,
   7. walkways and bridges, as far as no basic services according to part 4, section 1 are required,

8. paths unsuitable for regular vehicle traffic with simple drainage conditions as well as other paths and paved surfaces planned as design elements of outdoor facilities and for which no basic services according to part 3, section 3 and 4 are required.

(2) As far as basic services relating to outdoor facilities are concerned, not chargeable costs include costs for
   1. the building as well as the costs mentioned in § 33, paragraph 3 and
   2. the substructure and superstructure of pedestrian areas, excluding the costs for surface paving.

## § 39 Service Profile for Outdoor Facilities

(1) Outdoor facilities are planned and designed open areas and spaces as well as correspondingly designed facilities in connection with buildings or inside buildings and landscape maintenance planning of outdoor facilities in connection with structural objects.
(2) § 34, paragraph 1 applies correspondingly.
(3) Basic services relating to outdoor facilities are divided into nine service phases and rated with the percentages of the fees in § 40 as follows:
   1. service phase 1 (fundamental evaluation) with 3%,
   2. service phase 2 (preliminary design) with 10%,
   3. service phase 3 (final design) with 16%,
   4. service phase 4 (planning permission application) with 4%,
   5. service phase 5 (execution planning) with 25%,
   6. service phase 6 (preparation of contract award) with 7%,
   7. service phase 7 (involvement in contract award) with 3%,
   8. service phase 8 (project supervision – construction supervision and documentation) with 30% and
   9. service phase 9 (post-completion services) with 2%.
(4) Appendix 11, number 11.1 governs the basic services relating to each service phase and contains examples of special services.

## § 40 Fees for Basic Services in open spaces

(1) For the basic services mentioned in § 39 and Annex 11 Number 11.1 for open spaces, the fee ranges listed in the following fee table are guideline values:

| Chargeable costs in Euro | Fee range I very low requirements from/to Euro | | Fee range II low requirements from/to Euro | | Fee range III average requirements from/to Euro | | Fee range IV high requirements from/to Euro | Fee range V very high requirements from/to Euro | | |
|---|---|---|---|---|---|---|---|---|---|---|
| 20.000 | 3.643 | 4.348 | 4.348 | 5.229 | 5.229 | 6.521 | 6.521 | 7.403 | 7.403 | 8.108 |
| 25.000 | 4.406 | 5.259 | 5.259 | 6.325 | 6.325 | 7.888 | 7.888 | 8.954 | 8.954 | 9.807 |
| 30.000 | 5.147 | 6.143 | 6.143 | 7.388 | 7.388 | 9.215 | 9.215 | 10.460 | 10.460 | 11.456 |
| 35.000 | 5.870 | 7.006 | 7.006 | 8.426 | 8.426 | 10.508 | 10.508 | 11.928 | 11.928 | 13.064 |
| 40.000 | 6.577 | 7.850 | 7.850 | 9.441 | 9.441 | 11.774 | 11.774 | 13.365 | 13.365 | 14.638 |
| 50.000 | 7.953 | 9.492 | 9.492 | 11.416 | 11.416 | 14.238 | 14.238 | 16.162 | 16.162 | 17.701 |
| 60.000 | 9.287 | 11.085 | 11.085 | 13.332 | 13.332 | 16.627 | 16.627 | 18.874 | 18.874 | 20.672 |
| 75.000 | 11.227 | 13.400 | 13.400 | 16.116 | 16.116 | 20.100 | 20.100 | 22.816 | 22.816 | 24.989 |
| 100.000 | 14.332 | 17.106 | 17.106 | 20.574 | 20.574 | 25.659 | 25.659 | 29.127 | 29.127 | 31.901 |
| 125.000 | 17.315 | 20.666 | 20.666 | 24.855 | 24.855 | 30.999 | 30.999 | 35.188 | 35.188 | 38.539 |
| 150.000 | 20.201 | 24.111 | 24.111 | 28.998 | 28.998 | 36.166 | 36.166 | 41.053 | 41.053 | 44.963 |
| 200.000 | 25.746 | 30.729 | 30.729 | 36.958 | 36.958 | 46.094 | 46.094 | 52.323 | 52.323 | 57.306 |
| 250.000 | 31.053 | 37.063 | 37.063 | 44.576 | 44.576 | 55.594 | 55.594 | 63.107 | 63.107 | 69.117 |
| 350.000 | 41.147 | 49.111 | 49.111 | 59.066 | 59.066 | 73.667 | 73.667 | 83.622 | 83.622 | 91.586 |
| 500.000 | 55.300 | 66.004 | 66.004 | 79.383 | 79.383 | 99.006 | 99.006 | 112.385 | 112.385 | 123.088 |
| 650.000 | 69.114 | 82.491 | 82.491 | 99.212 | 99.212 | 123.736 | 123.736 | 140.457 | 140.457 | 153.834 |
| 800.000 | 82.430 | 98.384 | 98.384 | 118.326 | 118.326 | 147.576 | 147.576 | 167.518 | 167.518 | 183.472 |
| 1.000.000 | 99.578 | 118.851 | 118.851 | 142.942 | 142.942 | 178.276 | 178.276 | 202.368 | 202.368 | 221.641 |
| 1.250.000 | 120.238 | 143.510 | 143.510 | 172.600 | 172.600 | 215.265 | 215.265 | 244.355 | 244.355 | 267.627 |
| 1.500.000 | 140.204 | 167.340 | 167.340 | 201.261 | 201.261 | 251.011 | 251.011 | 284.931 | 284.931 | 312.067 |

(2) The fee range the basic services are allocated to depends on the following assessment criteria:
 1. Requirements concerning integration in the surrounding area
 2. Requirements concerning protection, maintenance and development of nature and landscape
 3. Number of functional areas
 4. Design requirements
 5. Supply and waste disposal facilities

(3) 1If assessment criteria from several fee ranges are applicable to an outdoor facility and this leads to doubts about which fee range the outdoor facility can be allocated to, the number of assessment points must be determined first. 2In order to determine the assessment points, the assessment criteria are weighted as follows:
 1. assessment criteria according to paragraph 2, number 1, 2 and 4 with up to 8 points each,
 2. assessment criteria according to paragraph 2, number 3 and 5 with up to 6 points each.

(4) Based on the assessment points determined according to paragraph 3, the outdoor facility is allocated to one of the fee ranges:
 1. Fee range I: up to 8 points
 2. Fee range II: 9–15 points
 3. Fee range III: 16–points
 4. Fee range IV: 23–29 points
 5. Fee range V: 30–36 points

(5) The project list in Appendix 11, number 11.2 must be taken into consideration with regard to the allocation of fee ranges.

(6) § 36, paragraph 1 is correspondingly applicable for outdoor facilities.

## Section 3 Engineering Structures (§§ 41–44)

### § 41 Scope of Application

Engineering structures comprise:

1. buildings and facilities for water supply,
2. buildings and facilities for wastewater disposal,
3. buildings and facilities for hydraulic engineering, excluding outdoor facilities according to § 39, paragraph 1,
4. buildings and facilities for supply and disposal of gases, solids and liquids that are hazardous to water, excluding technical facilities according to § 53, paragraph 2,

5. buildings and facilities for waste disposal,
6. structural engineering constructions for traffic facilities,
7. other individual structures, excluding buildings and overhead line towers.

## § 42 Specific Basis of the Fee

(1) 1For basic services relating to engineering structures, the building construction costs are chargeable. 2Costs for mechanical engineering facilities that serve the purpose of the engineering structure are chargeable, as far as the contractor plans these or supervises their execution.

(2) For basic services relating to engineering structures, the costs of technical facilities, for which the contractor neither does the technical planning nor supervises the execution, are also
   1. entirely chargeable up to a maximum of 25% of other chargeable costs and
   2. chargeable by half with the amount that exceeds 25% of other chargeable costs.

(3) Not chargeable, as far as the contractor neither plans nor supervises execution of the facilities, are the costs for:
   1. preparation of the plot of land,
   2. public and private site development, external facilities, relocation and laying of lines,
   3. traffic control measures during the construction period,
   4. equipment and auxiliary facilities of engineering structures.

## § 43 Service Profile for Engineering Structures

(1) 1§ 34, paragraph 1, sentence 1 applies correspondingly. 2Basic services relating to engineering structures are divided into nine service phases and rated with the percentages of the fees in § 44 as follows:
   1. service phase 1 (fundamental evaluation) with 2%,
   2. service phase 2 (preliminary design) with 20%,
   3. service phase 3 (draft planning) with 25%,
   4. service phase 5 (planning permission application) with 4%,
   5. service phase 5 (execution planning) with 15%,
   6. service phase 6 (preparation of contract award) with 13%,
   7. service phase 7 (involvement in contract award) with 4%,
   8. service phase 8 (site management) with 15%,
   9. service phase 9 (post-completion services) with 1%.

(2) Deviating from paragraph 1, number 2, service phase 2 relating to structural objects in accordance with § 41, number 6 and 7, which require structural design, are rated with 10%.

(3) The contractual parties can, deviating from paragraph 1, agree in writing that
   1. service phase 4 will be rated with 5–8% if an independent plan determination procedure is required.
   2. service phase 5 will be rated with 15–35% if an above average expenditure is required for the execution drawings.

(4) Appendix 12, number 12.1 governs the basic services relating to each service phase and contains examples of special services.

## § 44 Fees for Basic Services for Engineering Structures

(1) For the basic services for engineering structures mentioned in § 43 and Annex 12 Number 12.1, the fee ranges listed in the following fee table are orientation values:

| Chargeable costs in Euro | Fee range I very low requirements from/to Euro | | Fee range II low requirements from/to Euro | | Fee range III average requirements from/to Euro | | Fee range IV high requirements from/to Euro | Fee range V very high requirements from/to Euro | | |
|---|---|---|---|---|---|---|---|---|---|---|
| 25.000 | 3.449 | 4.109 | 4.109 | 4.768 | 4.768 | 5.428 | 5.428 | 6.036 | 6.036 | 6.696 |
| 35.000 | 4.475 | 5.331 | 5.331 | 6.186 | 6.186 | 7.042 | 7.042 | 7.831 | 7.831 | 8.687 |
| 50.000 | 5.897 | 7.024 | 7.024 | 8.152 | 8.152 | 9.279 | 9.279 | 10.320 | 10.320 | 11.447 |
| 75.000 | 8.069 | 9.611 | 9.611 | 11.154 | 11.154 | 12.697 | 12.697 | 14.121 | 14.121 | 15.663 |
| 100.000 | 10.079 | 12.005 | 12.005 | 13.932 | 13.932 | 15.859 | 15.859 | 17.637 | 17.637 | 19.564 |
| 150.000 | 13.786 | 16.422 | 16.422 | 19.058 | 19.058 | 21.693 | 21.693 | 24.126 | 24.126 | 26.762 |
| 200.000 | 17.215 | 20.506 | 20.506 | 23.797 | 23.797 | 27.088 | 27.088 | 30.126 | 30.126 | 33.417 |
| 300.000 | 23.534 | 28.033 | 28.033 | 32.532 | 32.532 | 37.031 | 37.031 | 41.185 | 41.185 | 45.684 |
| 500.000 | 34.865 | 41.530 | 41.530 | 48.195 | 48.195 | 54.861 | 54.861 | 61.013 | 61.013 | 67.679 |
| 750.000 | 47.576 | 56.672 | 56.672 | 65.767 | 65.767 | 74.863 | 74.863 | 83.258 | 83.258 | 92.354 |
| 1.000.000 | 59.264 | 70.594 | 70.594 | 81.924 | 81.924 | 93.254 | 93.254 | 103.712 | 103.712 | 115.042 |
| 1.500.000 | 80.998 | 96.482 | 96.482 | 111.967 | 111.967 | 127.452 | 127.452 | 141.746 | 141.746 | 157.230 |
| 2.000.000 | 101.054 | 120.373 | 120.373 | 139.692 | 139.692 | 159.011 | 159.011 | 176.844 | 176.844 | 196.163 |
| 3.000.000 | 137.907 | 164.272 | 164.272 | 190.636 | 190.636 | 217.001 | 217.001 | 241.338 | 241.338 | 267.702 |
| 5.000.000 | 203.584 | 242.504 | 242.504 | 281.425 | 281.425 | 320.345 | 320.345 | 356.272 | 356.272 | 395.192 |
| 7.500.000 | 278.415 | 331.642 | 331.642 | 384.868 | 384.868 | 438.095 | 438.095 | 487.227 | 487.227 | 540.453 |
| 10.000.000 | 347.568 | 414.014 | 414.014 | 480.461 | 480.461 | 546.908 | 546.908 | 608.244 | 608.244 | 674.690 |
| 15.000.000 | 474.901 | 565.691 | 565.691 | 656.480 | 656.480 | 747.270 | 747.270 | 831.076 | 831.076 | 921.866 |
| 20.000.000 | 592.324 | 705.563 | 705.563 | 818.801 | 818.801 | 932.040 | 932.040 | 1.036.568 | 932.040 | 1.036.568 |
| 25.000.000 | 702.770 | 837.123 | 837.123 | 971.476 | 971.476 | 1.105.829 | 1.105.829 | 1.229.848 | 1.105.829 | 1.229.848 |

(2) The fee range the basic services are allocated to depends on the following assessment criteria:
   1. Geological and foundation engineering conditions
   2. Technical equipment and provisions
   3. Integration into environment or surroundings of the structural object
   4. Extent of functional areas or structural or technical requirements
   5. Technical conditions

(3) 1If assessment criteria from several fee ranges are applicable to engineering structures and this leads to doubts about which fee range the structural object can be allocated to, the number of assessment points must be determined first. 2In order to determine the assessment points, the assessment criteria are weighted as follows:
   1. assessment criteria according to paragraph 2, number 1, 2 and 3 with up to 5 points,
   2. assessment criteria according to paragraph 2, number 4 with up to 10 points,
   3. assessment criteria according to paragraph 2, number 5 with up to 15 points.

(4) Based on the assessment points determined according to paragraph 3, the engineering structure is allocated to one of the fee ranges:
   1. Fee range I: up to 10 points
   2. Fee range II: 11–17 points
   3. Fee range III: 18–25 points
   4. Fee range IV: 26–33 points
   5. Fee range V: 34–40 points

(5) The project list in Appendix 12, number 12.2 must be taken into consideration with regard to the allocation of fee ranges.

(6) For conversions and modernisations of engineering structures, a surcharge of up to 33% can be agreed in writing for an average level of difficulty in accordance with § 6, paragraph 2, sentence 3.

## Section 4 Traffic Facilities (§§ 45–48)

### § 45 Scope of Application

Traffic facilities are:

1. road traffic facilities, except independent cycle, walk and service paths as well as outdoor facilities according to § 39, paragraph 1,
2. rail traffic facilities,
3. air traffic facilities.

## § 46 Specific Basis of the Fee

(1) 1For basic services relating to traffic facilities, the building construction costs are chargeable. 2As far as the contractor plans or supervises the execution of road, rail and air traffic facilities, including contained drainage systems that serve the purpose of the traffic facilities, the resulting costs are chargeable.

(2) For basic services relating to traffic facilities, the costs of technical facilities, for which the contractor neither does the technical planning nor supervises the execution technically, are also
1. entirely chargeable up to a maximum of 25% of other chargeable costs and
2. chargeable by half with the amount that exceeds 25% of other chargeable costs.

(3) Not chargeable, as far as the contractor neither plans nor supervises the execution of the facilities, are the costs for:
1. preparation of the plot of land,
2. public and private site development, external facilities, relocation and laying of lines,
3. the auxiliary facilities of road, rail and air traffic facilities,
4. traffic control measures during the construction period.

(4) Chargeable costs for basic services relating to service phases 1–7 and 9 for traffic facilities include:
1. the costs of earthworks including rock works up to an amount of 40% of other chargeable costs according to paragraph 1 and
2. 10% of costs for engineering structures, if the contractor is not at the same time assigned basic services for these engineering structures according to § 43.

(5) Costs determined according to paragraphs 1–4 for basic services in § 47, sentence 2, number 1–7 and 9
1. for streets that possess continuous multiple lanes with a common design axis and a common design gradient are proportionately chargeable as follows:
   a) for three-lane roads with up to 85%
   b) for four-lane roads with up to 70%
   c) for streets with more than four lanes with up to 60%
2. 1for track and platform facilities, which have two tracks with a common planum, 90% can be charged. 2The fee for track and platform facilities with more than two tracks or platforms can be agreed upon deviating from the principles of sentence 1, paragraphs 1–4 and §§ 47 and 48.

## § 47 Service Profile for Traffic Facilities

(1) 1§ 34, paragraph 1 applies correspondingly. 2Basic services relating to traffic facilities are divided into nine service phases and rated with the percentages of the fees in § 48 as follows:

1. service phase 1 (fundamental evaluation) with 2%,
2. service phase 2 (preliminary design) with 20%,
3. service phase 3 (final design) with 25%,
4. service phase 8 (planning permission application) with 4%,
5. service phase 5 (execution planning) with 15%,
6. service phase 6 (preparation of contract award) with 10%,
7. service phase 7 (involvement in contract award) with 4%,
8. service phase 8 (site management) with 15%,
9. service phase 9 (post-completion services) with 1%.

(2) Appendix 13, number 13.1 governs the basic services relating to each service phase and contains examples of special services.

## § 48 Fees for Basic Services for Traffic Facilities

(1) For the basic services for transport facilities mentioned in § 47 and Annex 13 Number 13.1, the fee ranges listed in the following fee table are orientation values:

| Chargeable costs in Euro | Fee range I very low requirements from/to Euro | | Fee range II low requirements from/to Euro | | Fee range III average requirements from/to Euro | | Fee range IV high requirements from/to Euro | Fee range V very high requirements from/to Euro | | |
|---|---|---|---|---|---|---|---|---|---|---|
| 25.000 | 3.882 | 4.624 | 4.624 | 5.366 | 5.366 | 6.108 | 6.108 | 6.793 | 6.793 | 7.535 |
| 35.000 | 4.981 | 5.933 | 5.933 | 6.885 | 6.885 | 7.837 | 7.837 | 8.716 | 8.716 | 9.668 |
| 50.000 | 6.487 | 7.727 | 7.727 | 8.967 | 8.967 | 10.207 | 10.207 | 11.352 | 11.352 | 12.592 |
| 75.000 | 8.759 | 10.434 | 10.434 | 12.108 | 12.108 | 13.783 | 13.783 | 15.328 | 15.328 | 17.003 |
| 100.000 | 10.839 | 12.911 | 12.911 | 14.983 | 14.983 | 17.056 | 17.056 | 18.968 | 18.968 | 21.041 |
| 150.000 | 14.634 | 17.432 | 17.432 | 20.229 | 20.229 | 23.027 | 23.027 | 25.610 | 25.610 | 28.407 |
| 200.000 | 18.106 | 21.567 | 21.567 | 25.029 | 25.029 | 28.490 | 28.490 | 31.685 | 31.685 | 35.147 |
| 300.000 | 24.435 | 29.106 | 29.106 | 33.778 | 33.778 | 38.449 | 38.449 | 42.761 | 42.761 | 47.433 |
| 500.000 | 35.622 | 42.433 | 42.433 | 49.243 | 49.243 | 56.053 | 56.053 | 62.339 | 62.339 | 69.149 |
| 750.000 | 48.001 | 57.178 | 57.178 | 66.355 | 66.355 | 75.532 | 75.532 | 84.002 | 84.002 | 93.179 |
| 1.000.000 | 59.267 | 70.597 | 70.597 | 81.928 | 81.928 | 93.258 | 93.258 | 103.717 | 103.717 | 115.047 |
| 1.500.000 | 80.009 | 95.305 | 95.305 | 110.600 | 110.600 | 125.896 | 125.896 | 140.015 | 140.015 | 155.311 |
| 2.000.000 | 98.962 | 117.881 | 117.881 | 136.800 | 136.800 | 155.719 | 155.719 | 173.183 | 173.183 | 192.102 |
| 3.000.000 | 133.441 | 158.951 | 158.951 | 184.462 | 184.462 | 209.973 | 209.973 | 233.521 | 233.521 | 259.032 |
| 5.000.000 | 194.094 | 231.200 | 231.200 | 268.306 | 268.306 | 305.412 | 305.412 | 339.664 | 339.664 | 376.770 |
| 7.500.000 | 262.407 | 312.573 | 312.573 | 362.739 | 362.739 | 412.905 | 412.905 | 459.212 | 459.212 | 509.378 |
| 10.000.000 | 324.978 | 387.107 | 387.107 | 449.235 | 449.235 | 511.363 | 511.363 | 568.712 | 568.712 | 630.840 |
| 15.000.000 | 439.179 | 523.140 | 523.140 | 607.101 | 607.101 | 691.062 | 691.062 | 768.564 | 768.564 | 852.525 |
| 20.000.000 | 543.619 | 647.546 | 647.546 | 751.473 | 751.473 | 855.401 | 855.401 | 951.333 | 951.333 | 1.055.260 |
| 25.000.000 | 641.265 | 763.860 | 763.860 | 886.454 | 886.454 | 1.009.049 | 1.009.049 | 1.122.213 | 1.122.213 | 1.244.808 |

(2) The fee range the basic services are allocated to depends on the following assessment criteria:
 1. Geological and foundation engineering conditions
 2. Technical equipment and provisions
 3. Integration into environment or surroundings of the structural object
 4. Extent of functional areas or structural or technical requirements
 5. Technical conditions

(3) If assessment criteria from several fee ranges are applicable to traffic facilities and this leads to doubts about which fee range the object can be allocated to, the number of assessment points must be determined first. In order to determine the assessment points, the assessment criteria are weighted as follows:
 1. assessment criteria according to paragraph 2, number 1 and 2 with up to 5 points,
 2. assessment criteria according to paragraph 2, number 3 with up to 15 points,
 3. assessment criteria according to paragraph 2, number 4 with up to 10 points,
 4. assessment criteria according to paragraph 2, number 5 with up to 5 points.

(4) Based on the assessment points determined according to paragraph 3, the traffic facility is allocated to one of the fee ranges:
 1. Fee range I: up to 10 points
 2. Fee range II: 11–17 points
 3. Fee range III: 18–25 points
 4. Fee range IV: 26–33 points
 5. Fee range V: 34–40 points

(5) The project list in Appendix 13, number 13.2 must be taken into consideration with regard to the allocation of fee ranges.

(6) For conversions and modernisations of traffic facilities, a surcharge of up to 33% can be agreed in writing for an average level of difficulty in accordance with § 6, paragraph 2, sentence 3.

# Part 4: Specialised Planning (§§ 49–56)

## Section 1 Structural Design (§§ 49–52)

### § 49 Scope of Application

(1) Services relating to structural design include specialised planning with regard to structural analysis for the planning of buildings and engineering structures.
(2) The supporting structure describes the entire structural system of load-bearing, interconnected constructions crucial for the stability of buildings, engineering structures and supporting scaffolding for engineering structures.

### § 50 Specific Basis of the Fee

(1) For buildings and associated structural facilities, 55% of the building construction costs and 10 per cent of technical facilities costs are chargeable.
(2) For buildings with a high proportion of costs due to the foundation and supporting structures, the contractual parties can agree in writing that the chargeable costs are calculated according to paragraph 3, deviating from paragraph 1.
(3) As far as engineering structures are concerned, 90% of the building construction costs and 15% of technical facilities costs are chargeable.
(4) 1With regard to supporting scaffolding for engineering structures, the production costs including the associated costs for building site facilities are chargeable. 2The original value is chargeable for repeatedly used building components.
(5) The contractual parties can agree that costs for work not covered in paragraph 1–3, are fully or partially chargeable, if the contractor provides additional services for the supporting structure in accordance with § 51 because of this work.



*HOAI 2021-Textausgabe/HOAI 2021-Text Edition*,
https://doi.org/10.1007/978-3-658-44116-6_10

## § 51 Service Profile for Structural Design

(1) Basic services relating to structural design are grouped into service phases 1–6 for buildings and associated structural facilities as well for engineering structures according to § 41 number 1–5, as well as in service phases 2–6 for engineering structures according to § 41, number 6 and 7 and are rated with the percentages of the fees in § 52 as follows:
1. service phase 1 (fundamental evaluation) with 3%,
2. service phase 2 (preliminary design) with 10%,
3. service phase 3 (final design) with 15%,
4. service phase 30 (planning permission application) with 4%,
5. service phase 5 (execution planning) with 40%,
6. service phase 6 (preparation of contract award) with 2%.

(2) In deviation to paragraph 1, service phase 5 must be rated with 30% of the fees in § 52:
1. in reinforced concrete constructions, if no formwork drawings are commissioned,
2. in timber structures with a below-average level of difficulty.

(3) In deviation to paragraph 1, service phase 5 must be rated with 20% of the fees in § 52, if only the formwork drawings are commissioned.

(4) If reinforcement is very closely spaced, rating of service phase 5 can be increased by up to 4%.

(5) 1Appendix 14, number 14.1 governs the basic services relating to each service phase and contains examples of special services. 2For engineering structures according to § 41, number 6 and 7, the basic services of structural design in service phase 1, are contained in the service profile for engineering structures according to § 43.

## § 52 Fees for Basic Services of Structural Design

(1) For the basic services of structural designs mentioned in § 51 and Annex 14 Number 14.1, the fee ranges listed in the following fee table are orientation values:

| Chargeable costs in Euro | Fee range Ivery low requirements from/to Euro | | Fee range IIlow requirements from/to Euro | | Fee range III average requirements from/to Euro | | Fee range IV high requirements from/to Euro | Fee range Vvery high requirements from/to Euro | | |
|---|---|---|---|---|---|---|---|---|---|---|
| 10.000 | 1.461 | 1.624 | 1.624 | 2.064 | 2.064 | 2.575 | 2.575 | 3.015 | 3.015 | 3.178 |
| 15.000 | 2.011 | 2.234 | 2.234 | 2.841 | 2.841 | 3.543 | 3.543 | 4.149 | 4.149 | 4.373 |
| 25.000 | 3.006 | 3.340 | 3.340 | 4.247 | 4.247 | 5.296 | 5.296 | 6.203 | 6.203 | 6.537 |
| 50.000 | 5.187 | 5.763 | 5.763 | 7.327 | 7.327 | 9.139 | 9.139 | 10.703 | 10.703 | 11.279 |
| 75.000 | 7.135 | 7.928 | 7.928 | 10.080 | 10.080 | 12.572 | 12.572 | 14.724 | 14.724 | 15.517 |
| 100.000 | 8.946 | 9.940 | 9.940 | 12.639 | 12.639 | 15.763 | 15.763 | 18.461 | 18.461 | 19.455 |
| 150.000 | 12.303 | 13.670 | 13.670 | 17.380 | 17.380 | 21.677 | 21.677 | 25.387 | 25.387 | 26.754 |
| 250.000 | 18.370 | 20.411 | 20.411 | 25.951 | 25.951 | 32.365 | 32.365 | 37.906 | 37.906 | 39.947 |
| 350.000 | 23.909 | 26.565 | 26.565 | 33.776 | 33.776 | 42.125 | 42.125 | 49.335 | 49.335 | 51.992 |
| 500.000 | 31.594 | 35.105 | 35.105 | 44.633 | 44.633 | 55.666 | 55.666 | 65.194 | 65.194 | 68.705 |
| 750.000 | 43.463 | 48.293 | 48.293 | 61.401 | 61.401 | 76.578 | 76.578 | 89.686 | 89.686 | 94.515 |
| 1.000.000 | 54.495 | 60.550 | 60.550 | 76.984 | 76.984 | 96.014 | 96.014 | 112.449 | 112.449 | 118.504 |
| 1.250.000 | 64.940 | 72.155 | 72.155 | 91.740 | 91.740 | 114.418 | 114.418 | 134.003 | 134.003 | 141.218 |
| 1.500.000 | 74.938 | 83.265 | 83.265 | 105.865 | 105.865 | 132.034 | 132.034 | 154.635 | 154.635 | 162.961 |
| 2.000.000 | 93.923 | 104.358 | 104.358 | 132.684 | 132.684 | 165.483 | 165.483 | 193.808 | 193.808 | 204.244 |
| 3.000.000 | 129.059 | 143.398 | 143.398 | 182.321 | 182.321 | 227.389 | 227.389 | 266.311 | 266.311 | 280.651 |
| 5.000.000 | 192.384 | 213.760 | 213.760 | 271.781 | 271.781 | 338.962 | 338.962 | 396.983 | 396.983 | 418.359 |
| 7.500.000 | 264.487 | 293.874 | 293.874 | 373.640 | 373.640 | 466.001 | 466.001 | 545.767 | 545.767 | 575.154 |
| 10.000.000 | 331.398 | 368.220 | 368.220 | 468.166 | 468.166 | 583.892 | 583.892 | 683.838 | 683.838 | 720.660 |
| 15.000.000 | 455.117 | 505.686 | 505.686 | 642.943 | 642.943 | 801.873 | 801.873 | 939.131 | 939.131 | 989.699 |

(2) The fee range is determined according to the structural engineering level of difficulty of the construction based on the assessment criteria stated in Appendix 14, number 14.2.
(3) If assessment criteria from several fee ranges are applicable to a supporting structure and this leads to doubts about which fee range the supporting structure can be allocated to, the majority of assessment criteria stated in the respective fee ranges according to paragraph 2 and their significance on a case to case basis shall be decisive for allocation.
(4) For conversions and modernisations, a surcharge of up to 50% can be agreed in writing for an average level of difficulty in accordance with § 6, paragraph 2, sentence 3.

## Section 2 Technical Equipment (§§ 53–56)

### § 53 Scope of Application

(1) Services relating to technical equipment comprise the specialised planning of objects.
(2) The technical equipment can be assigned to the following facility groups:
1. wastewater, water and gas facilities,
2. heat supply facilities,
3. technical ventilation systems,
4. high-voltage systems,
5. telecommunication and information technology systems,
6. conveyor systems,
7. usage-specific systems and process engineering systems,
8. building automation and automation of engineering structures.

### § 54 Specific Basis of the Fee

(1) 1Fees for basic services relating to technical equipment for a respective structural object depend on the sum of chargeable costs for the facilities of each facility group within the meaning of § 2, paragraph 1, sentence 1. 2This only applies to usage-specific facilities if the facilities are functionally similar. 3Other measures for technical facilities are also chargeable.
(2) 1If a contract for different objects comprises several facilities within the meaning of § 2, paragraph 1, sentence 1, that form a single unit according to their functional and technical criteria, then the chargeable costs for the facilities of every facility group are grouped together. 2This only applies to usage-specific facilities if the facilities are functionally similar. § 11, paragraph 1 is not applicable.
(3) 1If a contract comprises essentially similar facilities that are planned under largely comparable conditions for essentially the same objects, the legal consequence of § 11,

paragraph 3 is applicable. 2If a contract comprises essentially similar facilities that were already the subject of another contract between the contractual parties, then the legal consequence of § 11, paragraph 4 is applicable.

(4) Not chargeable costs are the costs of private site development and of technical equipment of external facilities, as far as the contractor neither plans these nor supervises their execution.

(5) 1If parts of the technical equipment are executed in building constructions, then the contractual parties can agree in writing that the costs incurred for these are fully or partially chargeable costs. 2Sentence 1 is correspondingly applicable to building components of the building construction cost group whose dimensions or constructions are substantially influenced by the technical equipment service.

## § 55 Service Profile of Technical Equipment

(1) 1The service profile for technical equipment comprises basic services relating to new facilities, reconstructions, extensions, conversions, modernisations, restorations and maintenance. 2Basic services relating to technical equipment are grouped into nine service phases and rated with the percentages of the fees in § 56 as follows:
1. service phase 1 (fundamental evaluation) with 2%,
2. service phase 2 (preliminary design) with 9%,
3. service phase 3 (final design) with 17%,
4. service phase 2 (planning permission application) with 4%,
5. service phase 5 (execution planning) with 22%,
6. service phase 6 (preparation of contract award) with 7%,
7. service phase 7 (involvement in contract award) with 5%,
8. service phase 8 (project supervision – construction supervision) with 35%,
9. service phase 9 (post-completion services) with 1%.

(2) In deviation to paragraph 1, sentence 2, service phase 5 must be rated with a discount of 4% each if the preparation of MEP drawings or the inspection of the contractor's assembly and workshop drawings is not commissioned.

(3) Appendix 15, number 15.1 governs the basic services relating to each service phase and contains examples of special services.

## § 56 Fees for Basic services of Technical Equipment

(1) For the basic services for individual facilities mentioned in § 55 and Annex 15 Number 15.1, the fee ranges listed in the following fee table are orientation values:

| Chargeable costs in Euro | Fee range Ilow requirements from/to Euro | | Fee range II average requirements from/to Euro | | Fee range III high requirements from/to Euro | |
|---|---|---|---|---|---|---|
| 5.000 | 2.132 | 2.547 | 2.547 | 2.990 | 2.990 | 3.405 |
| 10.000 | 3.689 | 4.408 | 4.408 | 5.174 | 5.174 | 5.893 |
| 15.000 | 5.084 | 6.075 | 6.075 | 7.131 | 7.131 | 8.122 |
| 25.000 | 7.615 | 9.098 | 9.098 | 10.681 | 10.681 | 12.164 |
| 35.000 | 9.934 | 11.869 | 11.869 | 13.934 | 13.934 | 15.869 |
| 50.000 | 13.165 | 15.729 | 15.729 | 18.465 | 18.465 | 21.029 |
| 75.000 | 18.122 | 21.652 | 21.652 | 25.418 | 25.418 | 28.948 |
| 100.000 | 22.723 | 27.150 | 27.150 | 31.872 | 31.872 | 36.299 |
| 150.000 | 31.228 | 37.311 | 37.311 | 43.800 | 43.800 | 49.883 |
| 250.000 | 46.640 | 55.726 | 55.726 | 65.418 | 65.418 | 74.504 |
| 500.000 | 80.684 | 96.402 | 96.402 | 113.168 | 113.168 | 128.886 |
| 750.000 | 111.105 | 132.749 | 132.749 | 155.836 | 155.836 | 177.480 |
| 1.000.000 | 139.347 | 166.493 | 166.493 | 195.448 | 195.448 | 222.594 |
| 1.250.000 | 166.043 | 198.389 | 198.389 | 232.891 | 232.891 | 265.237 |
| 1.500.000 | 191.545 | 228.859 | 228.859 | 268.660 | 268.660 | 305.974 |
| 2.000.000 | 239.792 | 286.504 | 286.504 | 336.331 | 336.331 | 383.044 |
| 2.500.000 | 285.649 | 341.295 | 341.295 | 400.650 | 400.650 | 456.296 |
| 3.000.000 | 329.420 | 393.593 | 393.593 | 462.044 | 462.044 | 526.217 |
| 3.500.000 | 371.491 | 443.859 | 443.859 | 521.052 | 521.052 | 593.420 |
| 4.000.000 | 412.126 | 492.410 | 492.410 | 578.046 | 578.046 | 658.331 |

(2) The fee range the basic services are allocated to depends on the following assessment criteria:
1. Number of functional areas
2. Integration requirements
3. Technical design
4. Technical requirements
5. Structural requirements

(3) The project list in Appendix 15, number 15.2 must be taken into consideration with regard to the allocation of fee ranges.

(4) 1If facilities of a group are assigned to different fee ranges, then the fee is derived from the sum of the individual fees according to paragraph 1. 2The individual fee is determined for all facilities that are allocated to a fee range. 3Determination of the individual fee first requires calculation of the fee for the facilities of each fee range that would result if all the chargeable costs of the facility group were to be exclusively allocated to the fee range for which the individual fee is calculated. 4The individual fee should then be determined according to the ratio of the sum of chargeable costs of the facilities of a fee range to the entire chargeable costs of the facility group.

(5) For conversions and modernisations, a surcharge of up to 50% may be agreed in writing for an average level of difficulty in accordance with § 6, paragraph 2, sentence 3.

# Part 5: Transient and Final Provisions (§§ 57–58)

## § 57 Transitional Provision

(1) This regulation does not apply to basic services that were contractually agreed upon before July 17, 2013; in this respect the previous regulations remain applicable.
(2) The provisions amended by the First Regulation to Amend the Fee Table for Architects and Engineers of December 2, 2020 (BGBl. I S. 2636) are only applicable to those contractual relationships that were established after December 31, 2020.

## § 58 Coming into/Going Out of Force

1This ordinance shall come into force on the day following its promulgation. 2The Scale of Fees for Architects and Engineers dated 11 August 2009 (Federal Law Gazette/BGBl. I p. 2732) shall go out of force at the same time.



*HOAI 2021-Textausgabe/HOAI 2021-Text Edition*,
https://doi.org/10.1007/978-3-658-44116-6_11

# Appendices

## Annex 1: Further Planning and Consulting Services

### Environmental Impact Study

(1) 1.1 Environmental Impact Study **1.1.1 Scope of Services for Environmental Impact Study** The basic services for environmental impact studies are divided into four phases of service and are evaluated as follows in percentages of the fees in number 1.1.2:
   1. service phase 1 (clarification of task and determination of scope of services) with 3%
   2. service phase 2 (fundamental evaluation) with 37%,
   3. service phase 3 (preliminary version) with 50%,
   4. service phase 4 (coordinated version) with 10%.

(2) The scope of services is composed as follows:

   *Service phase 1*: Clarification of task and determination of scope of services
   - Compilation and examination of study-relevant documents provided by the client
   - Site visits
   - Delimitation of study areas
   - Determination of study contents
   - Substantiation of further need for data and documents
   - Consultation regarding the scope of services for supplementary tests and specialised services
   - Preparation of a binding task schedule taking into account other specialised contributions

   *Service phase 2*: Fundamental evaluation
   - Determination and description of study-relevant matter based on existing documents
   - Description of the environment including the legal protection status, planning-related requirements and objectives as well as functional elements for every protected resource, including interactions, relevant for the assessment



*HOAI 2021-Textausgabe/HOAI 2021-Text Edition*,
https://doi.org/10.1007/978-3-658-44116-6_12

- Description of the existing impairment of the environment
- Assessment of functional elements and efficiency of individual protected resources with regard to their significance and sensitivity
- Spatial resistance analysis, if this is required for the type of project, including the determination of low-conflict areas
- Depiction of development trends in the investigation area for a do-nothing scenario
- Examination of delimitation of investigation area and investigation contents
- Summarising presentation of compiled data and assessment thereof as a basis for discussion with the client

*Service phase 3*: Preliminary version

- Determination and description of environmental impacts and creation of preliminary version
- Involvement in development and selection of planning solutions for further examination
- Involvement in optimisation of up to three planning solutions (main variants) to prevent further impairment
- Determination, description and assessment of direct and indirect impacts of up to three planning solutions (main variants) on the protected resources according to the Environmental Assessment Act (Gesetz über die Umweltverträglichkeitsprüfung – UVPG) as of 24 February 2010 (Federal Law Gazette/BGBl. I p. 94) including the interactions
- Incorporation of results from existing investigations regarding the protection of territories and species as well as the protection of soil and water
- Comparative presentation and assessment of impacts of up to three planning solutions
- Comparative assessment of project with the do-nothing scenario
- Preparation of advice regarding measures for prevention and reduction of impairment as well as for compensation of unavoidable impairment
- Preparation of advice regarding difficulties in compiling the information
- Consolidation and depiction of results as a preliminary version in writing and drawing, including development of a fundamental solution for essential components of the task
- Coordination of preliminary version with client

*Service phase 4*: Coordinated version

- Presentation of client-coordinated environmental impact study in writing and drawing, including a summary.

(3) The special services included in Appendix 9 can be applied to the service profile for the environmental impact study.

## Fees for Basic Services Relating to Environmental Impact Studies

(1) The ranges listed in the fee table below are applicable for the in number 1.1.1 listed environmental impact studies:

| Area in hectares | Fee range I low requirements from/to Euro | | Fee range II average requirements from/to Euro | | Fee range III high requirements from/to Euro | |
|---|---|---|---|---|---|---|
| 50 | 10.176 | 12.862 | 12.862 | 15.406 | 15.406 | 18.091 |
| 100 | 14.972 | 18.923 | 18.923 | 22.666 | 22.666 | 26.617 |
| 150 | 18.942 | 23.940 | 23.940 | 28.676 | 28.676 | 33.674 |
| 200 | 22.454 | 28.380 | 28.380 | 33.994 | 33.994 | 39.919 |
| 300 | 28.644 | 36.203 | 36.203 | 43.364 | 43.364 | 50.923 |
| 400 | 34.117 | 43.120 | 43.120 | 51.649 | 51.649 | 60.653 |
| 500 | 39.110 | 49.431 | 49.431 | 59.209 | 59.209 | 69.530 |
| 750 | 50.211 | 63.461 | 63.461 | 76.014 | 76.014 | 89.264 |
| 1.000 | 60.004 | 75.838 | 75.838 | 90.839 | 90.839 | 106.674 |
| 1.500 | 77.182 | 97.550 | 97.550 | 116.846 | 116.846 | 137.213 |
| 2.000 | 92.278 | 116.629 | 116.629 | 139.698 | 139.698 | 164.049 |
| 2.500 | 105.963 | 133.925 | 133.925 | 160.416 | 160.416 | 188.378 |
| 3.000 | 118.598 | 149.895 | 149.895 | 179.544 | 179.544 | 210.841 |
| 4.000 | 141.533 | 178.883 | 178.883 | 214.266 | 214.266 | 251.615 |
| 5.000 | 162.148 | 204.937 | 204.937 | 245.474 | 245.474 | 288.263 |
| 6.000 | 182.186 | 230.263 | 230.263 | 275.810 | 275.810 | 323.887 |
| 7.000 | 201.072 | 254.133 | 254.133 | 304.401 | 304.401 | 357.461 |
| 8.000 | 218.466 | 276.117 | 276.117 | 330.734 | 330.734 | 388.384 |
| 9.000 | 234.394 | 296.247 | 296.247 | 354.846 | 354.846 | 416.700 |
| 10.000 | 249.492 | 315.330 | 315.330 | 377.704 | 377.704 | 443.542 |

(2) The fee for creating environmental impact studies is calculated on the basis of the total investigation area in hectares and according to the fee range.

(3) Environmental impact studies have to be allocated to the following fee ranges:

1. Fee range I (low requirements)
2. Fee range II (average requirements)
3. Fee range III (high requirements)

(4) Allocation of the fee range has to be determined using the following assessment criteria for the anticipated negative impact on the environment:

1. Significance of investigation area for protected resources according to the Environmental Assessment Act (UVPG)
2. Provision of reserves within the investigation area
3. Landscape image and structure
4. Usage requirements
5. Sensitivity of investigation area regarding environmental impacts and impairments
6. Intensity and complexity of potentially adverse factors impacting the environment

(5) If assessment criteria from several fee ranges are applicable to an environmental impact study and this leads to doubts about which fee range the environmental impact study can be allocated to, the number of assessment points has to be determined in

accordance with paragraph 4; depending on the sum of assessment points, the environmental impact studies has to be allocated to the following fee ranges:
1. Fee range I: Environmental impact studies with up to 16 points
2. Fee range II: Environmental impact studies with 17–30 points
3. Fee range III: Environmental impact studies with 31–42 points

(6) When allocating an environmental impact study to a fee range, the assessment criteria has to be weighted in accordance with the level of difficulty of the requirements:
1. assessment criteria according to paragraph 4, number 1–4 with up to 6 points each and
2. assessment criteria according to paragraph 4, number 5 and 6 with up to 9 points each.

(7) If the size of the investigation area is changed during the period in which services are rendered, the fee for the service phases that have not yet been executed at the time of the change can be calculated according to the changed size of the investigation area.

## Building Physics Scope of Application

(1) Basic services for building physics include:
- Thermal protection and energy accounting
- Building acoustics (sound protection)
- Room acoustics

(2) Thermal protection and energy accounting encompass thermal protection of buildings and engineering structures as well as interdisciplinary energy management.

(3) Building acoustics encompass sound protection of properties to achieve airborne noise and impact sound insulation in accordance with the prevailing rules and to limit the impact of outside noise as well as noise made by technical facilities. This also includes protection of the environment against harmful environmental effects due to noise (sound imission control).

(4) Room acoustics encompass consultation regarding rooms with special acoustic requirements.

(5) The specific basis of fees is presented separately in the sub-sections on thermal protection and energy accounting, building acoustics and room acoustics.

## Service Profile for Building Physics

(1) Basic services relating to building physics are divided into seven service phases and rated according to the following percentages of fees in number 1.2.3:
1. service phase 1 (fundamental evaluation) with 3%,
2. service phase 2 (involvement in preliminary design) with 20%,
3. for service phase 3 (involvement in final design) with 40%,

4. service phase 4 (involvement in planning permission application) with 6%,
5. service phase 5 (involvement in execution planning) with 27%,
6. service phase 6 (involvement in preparation of contract award) with 2%,
7. service phase 7 (involvement in contract award) with 2%.

(2) The scope of services is composed as follows:

| Basic services | Special services |
|---|---|
| **SPH 1 Fundamental evaluation** | |
| a) Clarification of task<br>b) Determination of fundamentals, standards and targets | – Involvement in preparation of calls for proposals and preliminary reviews relating to competitions<br>– Recording of as-is situation of existing buildings, determination and assessment of parameters<br>– Damage analysis pertaining to existing buildings<br>– Involvement with regard to requirements for certifications |
| **SPH 2 Involvement in preliminary design** | |
| a) Analysis of fundamentals<br>b) Clarification of essential interrelations between buildings and technical facilities including consideration of alternatives<br>c) Preliminary dimensioning of relevant building components<br>d) Involvement in coordination of specific planning concepts for project planning and specialised planning<br>e) Creation of an overall concept in coordination with project planning and specialised planning<br>f) Creation of computational models, listing of essential parameters as a work basis for project planning and specialised planning | – Involvement in clarification of standards for funding measures and in their implementation<br>– Involvement in project, buyer or tenant building descriptions<br>– Creation of interdisciplinary building component catalogue |
| **SPH 3 Involvement in final design** | |
| a) Updating of computational models and essential parameters for the building<br>b) Involvement in updating of planning concepts for project planning and specialised planning right up to the complete design<br>c) Dimensioning building components<br>d) Preparation of overview plans and an explanatory report with standards, fundamentals and design data | – Simulations to predict behaviour of components, rooms, buildings and open spaces |

(continued)

| Basic services | Special services |
|---|---|
| **SPH 4 Involvement in planning permission application** | |
| a) Involvement in preparation of planning permission application and preliminary talks with the authorities<br>b) Preparation of formal evidence<br>c) Completion and adaptation of documents | – Involvement in preliminary controls in certification processes<br>– Involvement in obtaining permission in individual cases |
| **SPH 5 Involvement in execution planning** | |
| a) Working through results of service phases 3 and 4, taking into account specialised planning integrated through project planning<br>b) Involvement in execution planning by providing additional information for project planning and specialised planning | – Involvement in verification and acknowledgement of assembly and workshop planning by executing companies with regard to coordination with execution planning |
| **SPH 6 Involvement in preparation of contract award** | |
| Contributions to tender documents | |
| **SPH 7 Involvement in contract award** | |
| Involvement in inspection and assessment of tenders concerning fulfilment of requirements | – Examination of secondary tenders |
| **SPH 8 Project supervision and documentation** | |
| | – Involvement in site inspections<br>– Verification of quality of execution of construction work and of properties of building components and rooms by technical measurements |
| **SPH 9 Post-completion services** | |
| | – Involvement in audits in certification processes |

## Fees for Basic Services for Thermal Protection and Energy Balancing

(1) The fee for the basic services according to number 1.2.2 paragraph 2 is based on the chargeable costs of the building according to § 33 after the fee range according to § 35, to which the building is to be assigned, and according to the fee table in paragraph 2. For the basic services for thermal protection and energy balancing mentioned in number 1.2.2 paragraph 2, the fee ranges listed in the following fee table are guideline values:

| Chargeable costs in Euro | Fee range I very low requirements from/to Euro | | Fee range II low requirements from/ to Euro | | Fee range III average requirements from/to Euro | | Fee range IV high requirements from/to Euro | Fee range V very high requirements from/to Euro | | |
|---|---|---|---|---|---|---|---|---|---|---|
| 250.000 | 1.757 | 2.023 | 2.023 | 2.395 | 2.395 | 2.928 | 2.928 | 3.300 | 3.300 | 3.566 |
| 275.000 | 1.789 | 2.061 | 2.061 | 2.440 | 2.440 | 2.982 | 2.982 | 3.362 | 3.362 | 3.633 |
| 300.000 | 1.821 | 2.097 | 2.097 | 2.484 | 2.484 | 3.036 | 3.036 | 3.422 | 3.422 | 3.698 |
| 350.000 | 1.883 | 2.168 | 2.168 | 2.567 | 2.567 | 3.138 | 3.138 | 3.537 | 3.537 | 3.822 |
| 400.000 | 1.941 | 2.235 | 2.235 | 2.647 | 2.647 | 3.235 | 3.235 | 3.646 | 3.646 | 3.941 |
| 500.000 | 2.049 | 2.359 | 2.359 | 2.793 | 2.793 | 3.414 | 3.414 | 3.849 | 3.849 | 4.159 |
| 600.000 | 2.146 | 2.471 | 2.471 | 2.926 | 2.926 | 3.576 | 3.576 | 4.031 | 4.031 | 4.356 |
| 750.000 | 2.273 | 2.617 | 2.617 | 3.099 | 3.099 | 3.788 | 3.788 | 4.270 | 4.270 | 4.614 |
| 1.000.000 | 2.440 | 2.809 | 2.809 | 3.327 | 3.327 | 4.066 | 4.066 | 4.583 | 4.583 | 4.953 |
| 1.250.000 | 2.748 | 3.164 | 3.164 | 3.747 | 3.747 | 4.579 | 4.579 | 5.162 | 5.162 | 5.579 |
| 1.500.000 | 3.050 | 3.512 | 3.512 | 4.159 | 4.159 | 5.083 | 5.083 | 5.730 | 5.730 | 6.192 |
| 2.000.000 | 3.639 | 4.190 | 4.190 | 4.962 | 4.962 | 6.065 | 6.065 | 6.837 | 6.837 | 7.388 |
| 2.500.000 | 4.213 | 4.851 | 4.851 | 5.745 | 5.745 | 7.022 | 7.022 | 7.916 | 7.916 | 8.554 |
| 3.500.000 | 5.329 | 6.136 | 6.136 | 7.266 | 7.266 | 8.881 | 8.881 | 10.012 | 10.012 | 10.819 |
| 5.000.000 | 6.944 | 7.996 | 7.996 | 9.469 | 9.469 | 11.573 | 11.573 | 13.046 | 13.046 | 14.098 |
| 7.500.000 | 9.532 | 10.977 | 10.977 | 12.999 | 12.999 | 15.887 | 15.887 | 17.909 | 17.909 | 19.354 |
| 10.000.000 | 12.033 | 13.856 | 13.856 | 16.408 | 16.408 | 20.055 | 20.055 | 22.607 | 22.607 | 24.430 |
| 15.000.000 | 16.856 | 19.410 | 19.410 | 22.986 | 22.986 | 28.094 | 28.094 | 31.670 | 31.670 | 34.224 |
| 20.000.000 | 21.516 | 24.776 | 24.776 | 29.339 | 29.339 | 35.859 | 35.859 | 40.423 | 40.423 | 43.683 |
| 25.000.000 | 26.056 | 30.004 | 30.004 | 35.531 | 35.531 | 43.427 | 43.427 | 48.954 | 48.954 | 52.902 |

(2) For conversions and modernizations, a surcharge according to § 6 paragraph 2 sentence 3 up to 33% on the fee can be agreed in text form.

## Fees for Basic Services of Building Acoustics

(1) For basic services of building acoustics, the costs for building constructions and technical equipment installations are chargeable. The extent of the building substance to be processed can be taken into account appropriately.
(2) The contractual parties can agree that the costs for execution of special construction work shall be part of the chargeable costs fully or partially, if these give rise to an increased expenditure of work for the contractor.
(3) For the basic services of building acoustics mentioned in number 1.2.2 paragraph 2, the fee ranges listed in the following fee table are guideline values:

| Chargeable costs in Euro | Fee range I low requirements from/to Euro | | Fee range II average requirements from/to Euro | | Fee range III high requirements from/to Euro | |
|---|---|---|---|---|---|---|
| 250.000 | 1.729 | 1.985 | 1.985 | 2.284 | 2.284 | 2.625 |
| 275.000 | 1.840 | 2.113 | 2.113 | 2.431 | 2.431 | 2.794 |
| 300.000 | 1.948 | 2.237 | 2.237 | 2.574 | 2.574 | 2.959 |
| 350.000 | 2.156 | 2.475 | 2.475 | 2.847 | 2.847 | 3.273 |
| 400.000 | 2.353 | 2.701 | 2.701 | 3.108 | 3.108 | 3.573 |
| 500.000 | 2.724 | 3.127 | 3.127 | 3.598 | 3.598 | 4.136 |
| 600.000 | 3.069 | 3.524 | 3.524 | 4.055 | 4.055 | 4.661 |
| 750.000 | 3.553 | 4.080 | 4.080 | 4.694 | 4.694 | 5.396 |
| 1.000.000 | 4.291 | 4.927 | 4.927 | 5.669 | 5.669 | 6.516 |
| 1.250.000 | 4.968 | 5.704 | 5.704 | 6.563 | 6.563 | 7.544 |
| 1.500.000 | 5.599 | 6.429 | 6.429 | 7.397 | 7.397 | 8.503 |
| 2.000.000 | 6.763 | 7.765 | 7.765 | 8.934 | 8.934 | 10.270 |
| 2.500.000 | 7.830 | 8.990 | 8.990 | 10.343 | 10.343 | 11.890 |
| 3.500.000 | 9.766 | 11.213 | 11.213 | 12.901 | 12.901 | 14.830 |
| 5.000.000 | 12.345 | 14.174 | 14.174 | 16.307 | 16.307 | 18.746 |
| 7.500.000 | 16.114 | 18.502 | 18.502 | 21.287 | 21.287 | 24.470 |
| 10.000.000 | 19.470 | 22.354 | 22.354 | 25.719 | 25.719 | 29.565 |
| 15.000.000 | 25.422 | 29.188 | 29.188 | 33.582 | 33.582 | 38.604 |
| 20.000.000 | 30.722 | 35.273 | 35.273 | 40.583 | 40.583 | 46.652 |
| 25.000.000 | 35.585 | 40.857 | 40.857 | 47.008 | 47.008 | 54.037 |

(4) For conversions and modernizations, a surcharge according to § 6 paragraph 2 sentence 3 up to 33% on the fee can be agreed in text form.
(5) Building acoustics services are allocated to the fee ranges using the following assessment criteria:
1. Type of usage
2. Immission control requirements

3. Emission control requirements
4. Type of envelope construction, number of construction types
5. Type and intensity of external noise pollution
6. Type and extent of technical equipment

(6) § 52, paragraph 3 has to be applied correspondingly.
(7) Object list for building acoustics

The following listed interior rooms are usually assigned to the fee ranges as follows:

| Project list – building acoustics | Fee range | | |
|---|---|---|---|
| | I | II | III |
| Residential buildings, homes, schools, administration buildings or banks, each with average technical equipment or corresponding finishes | x | | |
| Homes, schools, administrative buildings each with above-average technical equipment or corresponding finishes | | x | |
| Residential buildings with staggered layouts | | x | |
| Residential buildings with external noise pollution | | X | |
| Hotels, as far as not mentioned in fee range III | | X | |
| Universities or higher education institutions | | X | |
| Hospitals, as far as not mentioned in fee range III | | X | |
| Buildings for recuperation, rehabilitation or recovery | | X | |
| Places of assembly, as far as not mentioned in fee range III | | X | |
| Workshops with rooms requiring protection | | X | |
| Hotels with extensive catering facilities | | | X |
| Buildings for commercial or residential use | | | X |
| Hospitals in particularly unfavourable locations with regard to building acoustics or with unfavourable arrangement of utility services | | | X |
| Theatre, concert or congress buildings | | | X |
| Recording studios or acoustic measurement rooms | | | x |

## Fees for Basic Services of Room Acoustics

(1) The fee for every interior room for which basic room acoustics services are rendered, can be based on the chargeable costs according to paragraph 2, the fee range to which the interior room is allocated, as well as the fee table in paragraph 3.
(2) For basic services of room acoustics, the costs for building constructions and technical equipment as well as the costs for the equipment (DIN 276 - 1: 2008-12, cost group 610) of the interior room are chargeable. The costs for the building constructions and technical equipment are divided for the calculation by the gross volume of the building and multiplied by the volume of the interior room. The extent of the building substance to be processed can be taken into account appropriately.
(3) For the basic services of room acoustics mentioned in number 1.2.2 paragraph 2, the fee ranges listed in the following fee table are guideline values:

| Chargeable costs in Euro | Fee range I very low requirements from/to Euro | | Fee range II low requirements from/to Euro | | Fee range III average requirements from/to Euro | | Fee range IV high requirements from/to Euro | Fee range V very high requirements from/to Euro | | |
|---|---|---|---|---|---|---|---|---|---|---|
| 50.000 | 1.714 | 2.226 | 2.226 | 2.737 | 2.737 | 3.279 | 3.279 | 3.790 | 3.790 | 4.301 |
| 75.000 | 1.805 | 2.343 | 2.343 | 2.882 | 2.882 | 3.452 | 3.452 | 3.990 | 3.990 | 4.528 |
| 100.000 | 1.892 | 2.457 | 2.457 | 3.021 | 3.021 | 3.619 | 3.619 | 4.183 | 4.183 | 4.748 |
| 150.000 | 2.061 | 2.676 | 2.676 | 3.291 | 3.291 | 3.942 | 3.942 | 4.557 | 4.557 | 5.171 |
| 200.000 | 2.225 | 2.888 | 2.888 | 3.551 | 3.551 | 4.254 | 4.254 | 4.917 | 4.917 | 5.581 |
| 250.000 | 2.384 | 3.095 | 3.095 | 3.806 | 3.806 | 4.558 | 4.558 | 5.269 | 5.269 | 5.980 |
| 300.000 | 2.540 | 3.297 | 3.297 | 4.055 | 4.055 | 4.857 | 4.857 | 5.614 | 5.614 | 6.371 |
| 400.000 | 2.844 | 3.693 | 3.693 | 4.541 | 4.541 | 5.439 | 5.439 | 6.287 | 6.287 | 7.136 |
| 500.000 | 3.141 | 4.078 | 4.078 | 5.015 | 5.015 | 6.007 | 6.007 | 6.944 | 6.944 | 7.881 |
| 750.000 | 3.860 | 5.011 | 5.011 | 6.163 | 6.163 | 7.382 | 7.382 | 8.533 | 8.533 | 9.684 |
| 1.000.000 | 4.555 | 5.913 | 5.913 | 7.272 | 7.272 | 8.710 | 8.710 | 10.069 | 10.069 | 11.427 |
| 1.500.000 | 5.896 | 7.655 | 7.655 | 9.413 | 9.413 | 11.275 | 11.275 | 13.034 | 13.034 | 14.792 |
| 2.000.000 | 7.193 | 9.338 | 9.338 | 11.483 | 11.483 | 13.755 | 13.755 | 15.900 | 15.900 | 18.045 |
| 2.500.000 | 8.457 | 10.979 | 10.979 | 13.501 | 13.501 | 16.172 | 16.172 | 18.694 | 18.694 | 21.217 |
| 3.000.000 | 9.696 | 12.588 | 12.588 | 15.479 | 15.479 | 18.541 | 18.541 | 21.433 | 21.433 | 24.325 |
| 4.000.000 | 12.115 | 15.729 | 15.729 | 19.342 | 19.342 | 23.168 | 23.168 | 26.781 | 26.781 | 30.395 |
| 5.000.000 | 14.474 | 18.791 | 18.791 | 23.108 | 23.108 | 27.679 | 27.679 | 31.996 | 31.996 | 36.313 |
| 6.000.000 | 16.786 | 21.793 | 21.793 | 26.799 | 26.799 | 32.100 | 32.100 | 37.107 | 37.107 | 42.113 |
| 7.000.000 | 19.060 | 24.744 | 24.744 | 30.429 | 30.429 | 36.448 | 36.448 | 42.133 | 42.133 | 47.817 |
| 7.500.000 | 20.184 | 26.204 | 26.204 | 32.224 | 32.224 | 38.598 | 38.598 | 44.618 | 44.618 | 50.638 |

(4) For conversions and modernisations, according to § 6, paragraph 2; sentence 2 a surcharge to the fee of up to 33% can be agreed for an average level of difficulty.

(5) Interior rooms are allocated to the following fee ranges according to the assessment criteria stated in paragraph 6:
 1. Fee range I: Interior rooms with very low requirements
 2. Fee range II: Interior rooms with low requirements
 3. Fee range III: Interior rooms with average requirements
 4. Fee range IV: Interior rooms with high requirements
 5. Fee range V: Interior rooms with very high requirements

(6) The services relating to room acoustics are allocated to the fee ranges by means of the following assessment criteria:
 1. Requirements for compliance with reverberation time
 2. Maintaining a certain frequency response of reverberation time
 3. Requirements pertaining to sound distribution with regard to space and time
 4. Acoustic usage type of the interior room
 5. Changeability of acoustic properties of the interior room

(7) Project list for room acoustics
The interiors listed in the following are generally be allocated to fee ranges as follows:

| Project list – room acoustics | Fee range | | | | |
|---|---|---|---|---|---|
| | I | II | III | IV | V |
| Recess halls, amusement halls, lounges and lobbies | x | | | | |
| Open-plan offices | | x | | | |
| Teaching, lecturing and meeting rooms | | | | | |
| – up to 500 $m^3$ | | x | | | |
| – 500–1,500 $m^3$ | | | x | | |
| – more than 1,500 $m^3$ | | | | x | |
| Movie theatres | | | | | |
| – up to 1,000 $m^3$ | | x | | | |
| – 1,000 to 3,000 $m^3$ | | | x | | |
| – more than 3,000 $m^3$ | | | | x | |
| Churches | | | | | |
| – up to 1,000 $m^3$ | | x | | | |
| – 1,000–3,000 $m^3$ | | | x | | |
| – more than 3,000 $m^3$ | | | | x | |
| Sports halls, gyms | | | | | |
| – not divisible, up to 1,000 $m^3$ | | x | | | |
| – divisible, up to 3,000 $m^3$ | | | x | | |
| Multi-purpose halls | | | | | |
| – up to 3,000 $m^3$ | | | | x | |
| – more than 3,000 $m^3$ | | | | | x |
| Concert halls, theatres, opera houses x | | | | | x |
| Interior rooms with variable acoustic properties | | | | | x |

(8) § 52, paragraph 3 can be applied correspondingly.

## Geotechnics Scope of Application

(1) Services for geotechnical engineering encompass description and assessment of building ground and groundwater conditions for buildings and engineering structures with regard to the object and preparation of a recommendation for the foundation. This also includes description of interaction between building ground and building structure as well as interaction with the environment.
(2) Services in particular include determination of building ground parameters and parameters for mathematical proof of stability and usability of the object, estimation of the range of groundwater fluctuation as well as designation of the building ground according to construction engineering classification parameters.

## Specific Basis of Fee

(1) The fee for basic services is based on the chargeable costs for structural design according to § 50, paragraph 1 to paragraph 3 for the entire object consisting of construction and excavation pit.

## Service Profile for Geotechnical Engineering

(1) Basic services encompass description and assessment of building ground and groundwater conditions as well as recommendations for the foundation derived therefrom. This includes information concerning calculation parameters for a spread or pile foundation, advice on creation and dewatering of the excavation pit and the construction, information about impact of the construction on the environment and neighbouring buildings as well as instructions regarding execution of construction work. These contents are presented in a geotechnical report.
(2) Basic services are grouped into the following partial services and rated in the percentages of the fees stated in number 1.3.4, as follows:
    1. for partial service a) (fundamental evaluation and exploratory investigations) with 15%,
    2. for partial service b) (description of building ground and groundwater conditions) with 35%,
    3. for partial service c) (assessment of building ground and groundwater conditions, recommendations, advice, information about the dimensioning of foundations).
(3) The service profile is composed as follows:

| Basic services | Special services |
|---|---|
| **Geotechnical report** | |
| a) Fundamental evaluation and exploratory investigations<br>– Clarification of the task, determination of building ground and groundwater conditions based on available documents<br>– Determination and depiction of necessary building ground investigations<br>b) Description of building ground and groundwater conditions<br>– Analysis and depiction of building ground investigations as well as laboratory and field tests<br>– Estimation of the range of fluctuation of water levels and/or pressure levels in the ground<br>– Classification of building ground and determination of building ground parameters<br>c) Assessment of building ground and groundwater conditions, recommendations, advice, information on designing the foundation<br>– Assessment of building ground<br>– Recommendations for the foundation with specifications regarding geotechnical design parameters (for example information on the dimensions of spread or pile foundations)<br>– Indication of settlement expected for basic services to be rendered by the structural engineer within the scope of the final design according to § 49<br>– Advice on creation and dewatering of the excavation pit and the construction as well as information about the impact of the building measure on neighbouring structures<br>– General information about earthwork<br>– Information on geotechnical suitability of excavation material for reuse in the particular building measure as well as advice on execution of construction work | – Procurement of as-built documents<br>– Preparation and involvement in the awarding of exploratory work and monitoring thereof<br>– Arrangement of lab and field tests<br>– Preparation of geotechnical calculations regarding stability or usability, such as settlement, base and terrain failure calculations.<br>– Preparation of hydrogeological, geohydraulic and special numerical calculations<br>– Consultation with regard to drainage systems, groundwater lowering installations or other permanent or temporary (limited to the construction period) interventions in the groundwater<br>– Consultation with regard to load tests as well as technical supervision and analysis<br>– Geotechnical consultation with regard to foundation elements, excavation pits or slope stabilisations and earthworks, involvement in consultation on securing of neighbouring structures<br>– Investigations concerning the consideration of dynamic stresses during measurements on the object or its foundation as well as consultation services on prevention or control of dynamic influences<br>– Involvement in assessment of alternative offers from a geotechnical perspective<br>– Involvement in planning or execution of the project as well as in meetings and site visits<br>- geotechnical clearances |

## Fees for Geotechnics

(1) For the basic services mentioned in number 1.3.3 paragraph 3, the fee ranges listed in the following fee table are guidelines:

| Chargeable costs in Euro | Fee range I very low requirements from/to Euro | | Fee range II low requirements from/to Euro | | Fee range III average requirements from/to Euro | | Fee range IV high requirements from/to Euro | Fee range V very high requirements from/to Euro | | |
|---|---|---|---|---|---|---|---|---|---|---|
| 50.000 | 789 | 1.222 | 1.222 | 1.654 | 1.654 | 2.105 | 2.105 | 2.537 | 2.537 | 2.970 |
| 75.000 | 951 | 1.472 | 1.472 | 1.993 | 1.993 | 2.537 | 2.537 | 3.058 | 3.058 | 3.579 |
| 100.000 | 1.086 | 1.681 | 1.681 | 2.276 | 2.276 | 2.896 | 2.896 | 3.491 | 3.491 | 4.086 |
| 125.000 | 1.204 | 1.863 | 1.863 | 2.522 | 2.522 | 3.210 | 3.210 | 3.869 | 3.869 | 4.528 |
| 150.000 | 1.309 | 2.026 | 2.026 | 2.742 | 2.742 | 3.490 | 3.490 | 4.207 | 4.207 | 4.924 |
| 200.000 | 1.494 | 2.312 | 2.312 | 3.130 | 3.130 | 3.984 | 3.984 | 4.802 | 4.802 | 5.621 |
| 300.000 | 1.800 | 2.786 | 2.786 | 3.772 | 3.772 | 4.800 | 4.800 | 5.786 | 5.786 | 6.772 |
| 400.000 | 2.054 | 3.179 | 3.179 | 4.304 | 4.304 | 5.478 | 5.478 | 6.603 | 6.603 | 7.728 |
| 500.000 | 2.276 | 3.522 | 3.522 | 4.768 | 4.768 | 6.069 | 6.069 | 7.315 | 7.315 | 8.561 |
| 750.000 | 2.740 | 4.241 | 4.241 | 5.741 | 5.741 | 7.307 | 7.307 | 8.808 | 8.808 | 10.308 |
| 1.000.000 | 3.125 | 4.836 | 4.836 | 6.548 | 6.548 | 8.334 | 8.334 | 10.045 | 10.045 | 11.756 |
| 1.500.000 | 3.765 | 5.827 | 5.827 | 7.889 | 7.889 | 10.041 | 10.041 | 12.103 | 12.103 | 14.165 |
| 2.000.000 | 4.297 | 6.650 | 6.650 | 9.003 | 9.003 | 11.459 | 11.459 | 13.812 | 13.812 | 16.165 |
| 3.000.000 | 5.175 | 8.009 | 8.009 | 10.842 | 10.842 | 13.799 | 13.799 | 16.633 | 16.633 | 19.467 |
| 5.000.000 | 6.535 | 10.114 | 10.114 | 13.693 | 13.693 | 17.428 | 17.428 | 21.007 | 21.007 | 24.586 |
| 7.500.000 | 7.878 | 12.192 | 12.192 | 16.506 | 16.506 | 21.007 | 21.007 | 25.321 | 25.321 | 29.635 |
| 10.000.000 | 8.994 | 13.919 | 13.919 | 18.844 | 18.844 | 23.983 | 23.983 | 28.909 | 28.909 | 33.834 |
| 15.000.000 | 10.839 | 16.775 | 16.775 | 22.711 | 22.711 | 28.905 | 28.905 | 34.840 | 34.840 | 40.776 |
| 20.000.000 | 12.373 | 19.148 | 19.148 | 25.923 | 25.923 | 32.993 | 32.993 | 39.769 | 39.769 | 46.544 |
| 25.000.000 | 13.708 | 21.215 | 21.215 | 28.722 | 28.722 | 36.556 | 36.556 | 44.063 | 44.063 | 51.570 |

(2) The fee range is determined for the geotechnical basic services based on the following evaluation characteristics:

1. Fee range I: Foundations with very low level of difficulty, particularly objects with low sensitivity to settlement, with a uniform type of foundation and a fairly regular substrate layer structure, with a uniform load-bearing capacity and settlement capacity within the construction area.
2. Fee range II: Foundations with low level of difficulty, in particular
   - objects with sensitivity to settlement, with a varying foundation type in some areas or greatly different loads in some areas and a fairly regular substrate layer structure, with a uniform load-bearing capacity and settlement capacity within the construction area,
   - objects with low sensitivity to settlement, with a uniform type of foundation and an irregular substrate layer structure, with a variable load-bearing capacity and settlement capacity within the construction area.
3. Fee range III: Foundations with average level of difficulty, in particular
   - objects with great sensitivity to settlement, with a fairly regular substrate layer structure, with a uniform load-bearing capacity and settlement capacity within the construction area,
   - objects with sensitivity to settlement as well as constructions with low sensitivity to settlement with a varying foundation type in some areas or greatly different loads in some areas and an irregular substrate layer structure, with a varying load-bearing capacity and settlement capacity within the construction area,
   - objects with low sensitivity to settlement, with a uniform type of foundation and an irregular substrate layer structure, with a greatly varying load-bearing capacity and settlement capacity within the construction area.
4. Fee range IV: Foundations with high level of difficulty, in particular
   - objects with great sensitivity to settlement, with an irregular substrate layer structure, with a varying load-bearing capacity and settlement capacity within the construction area,
   - objects with sensitivity to settlement as well as objects with low sensitivity to settlement, with a varying foundation type in some areas or greatly different loads in some areas and an irregular substrate layer structure, with greatly varying load-bearing capacity and settlement capacity within the construction area
5. Fee range V: Foundations with very high level of difficulty, especially objects with high sensitivity to settlement with an irregular substrate layer structure, with greatly varying load-bearing capacity and settlement capacity within the construction area.

(3) § 52, paragraph 3 has to be applied correspondingly.

(4) Aspects of the influence of groundwater on the object and neighbouring buildings have to be additionally taken into account when determining the fee range.

## Engineering Surveying Scope of Application

(1) Surveying services include the collection of spatial data about buildings and facilities, plots of land and topography, the creation of plans, adaptation of plans to local conditions as well as survey-related supervision of construction work, as far as these services have to be rendered in compliance with special procedural requirements pertaining to instrumentation and surveying. Excluded from sentence 1 are those services executed for surveying of the federal state and for the land survey register in compliance with the provisions of federal state law.

(2) Surveying includes:
   1. Planning-associated surveying for the planning and designing of buildings, engineering structures, traffic facilities as well as area planning
   2. Construction surveys prior to and during execution of construction work and final as-built documentation of buildings, engineering structures and traffic facilities
   3. Other survey-related services:
      - Surveying of properties outside the planning and construction phase
      - Surveying of waterways
      - Remote sensing including the taking, analysis and interpretation of aerial photographs and other spatial data recorded from a large distance, as a basis especially for the purpose of regional planning and environmental protection
      - Survey-related services used to develop geographic-geometric databases for spatial information systems
      - Survey-related services, as far as they are not included in paragraph 1 and paragraph 2.

## Basis of the Fee in the Planning-Accompanying Surveying

(1) The fee for basic services relating to planning-associated surveying is based on the sum of accounting units, the fee range in number 1.4.3 and the fee table in number 1.4.8.

(2) The accounting units are calculated according to the size of the area concerned and the number of data points. The number of data points describes the average number of positions measured per hectare for the collection of design-relevant data.

(3) Depending on the number of data points, the areas are allocated to the following accounting units (AU) per hectare (ha).

| | |
|---|---|
| Area Class 1(up to 50 points/ha) | 40 AU |
| Area Class 2(51–73 points/ha) | 50 AU |
| Area Class 3(74–100 points/ha) | 60 AU |
| Area Class 4(101–131 points/ha) | 70 AU |
| Area Class 5(132–166 points/ha) | 80 AU |

(continued)

| | |
|---|---|
| Area Class 6(167–203 points/ha) | 90 AU |
| Area Class 7(204–244 points/ha) | 100 AU |
| Area Class 8(245–335 points/ha) | 120 AU |
| Area Class 9(336–494 points/ha) | 150 AU |
| Area Class 10(495–815 points/ha) | 200 AU |
| Area Class 11(816–1 650 points/ha) | 300 AU |
| Area Class 12(1 651–4 000 points/ha) | 500 AU |
| Area Class 13(4 001–9 000 points/ha) | 800 AU |

(4) If an order includes surveys for several objects, the fees for the survey of each object are calculated separately.

## Fee Ranges for Basic Services Relating to Planning-Associated Surveying

(1) The fee range for planning-associated surveying is determined using the following assessment criteria:

a) Quality of available data and map material
very high ........................................ 1 point
high ........................................ 2 points
satisfactory ........................................ 3 points
hardly adequate ........................................ 4 points
inadequate ........................................ 5 points

b) Quality of available geodetic spatial reference
very high ........................................ 1 point
high ........................................ 2 points
satisfactory ........................................ 3 points
hardly adequate ........................................ 4 points
inadequate ........................................ 5 points

c) Requirements regarding accuracy
very low ........................................ 1 point
low ........................................ 2 points
average ........................................ 3 points
high ........................................ 4 points
very high ........................................ 5 points

d) Impairments caused by nature of the terrain and accessibility
very low ........................................ 1–2 points
low ........................................ 3–4 points
average ........................................ 5–6 points
high ........................................ 7–8 points
very high ........................................ 9–10 points

e) Obstructions due to buildings and vegetation
very low ........ 1–3 points
low ........ 4–6 points
average ........ 7–9 points
high ........ 10–12 points
very high ........ 13–15 points

f) Obstructions due to traffic
very low ........ 1–3 points
low ........ 4–6 points
average ........ 7–9 points
high ........ 10–12 points
very high ........ 13–15 points

(2) The fee range is determined from the sum of assessment points as follows:
Fee range I ........ up to 13 points
Fee range II ........ 14–23 points
Fee range III ........ 24–34 points
Fee range IV ........ 35–44 points
Fee range V ........ 45–55 points.

## Service Profile for Planning-Associated Surveying

(1) The service profile for planning-associated surveying encompasses acquisition of design-relevant data and depiction in analog and digital form for planning and design of buildings, engineering structures, traffic facilities as well as area planning.

(2) Basic services are grouped into four service phases and rated according to the percentages of fees in number 1.4.8, paragraph 1, as follows:
1. service phase 1 (fundamental evaluation) with 5%,
2. service phase 2 (geodetic spatial reference) with 20%,
3. service phase 3 (survey-related fundamentals) with 65%,
4. service phase 4 (digital terrain model) with 10%.

(3) The service profile is composed as follows:

| Basic services | Special services |
|---|---|
| **1. Fundamental evaluation** | |
| a) Gathering of information and procuring documents about the location and the planned object<br>b) Obtaining survey-related documents and data<br>c) Site visit<br>d) Determination of the scope of services depending on accuracy requirements and level of difficulty | Obtaining written permits to access plots of land, buildings, bodies of water and for traffic safety measures requiring official authorisation |

(continued)

| Basic services | Special services |
|---|---|
| **2. Geodetic spatial reference** | |
| a) Exploration and marking of datum points and spot heights<br>b) Creation of point descriptions and initial measurement sketches<br>c) Taking measurements to determine the fixed and ground control points<br>d) Evaluation of measurements and creation of a coordinate and elevation directory | – Design, measurement and evaluation of highly accurate surveying grids<br>– Marking due to special requirements<br>– Preparation of framework measuring programmes |
| **3. Survey-related fundamentals** | |
| a) Topographical/morphological site survey including recording of constraining points and design-relevant objects<br>b) Preparation and analysis of recorded data<br>c) Creation of a digital site model with selected design-relevant spot heights<br>d) Adoption of channels, pipes, cables and underground structures from existing documents<br>e) Adoption of the land survey register<br>f) Adoption of existing stipulations regulated by public law<br>g) Creation of plans with depiction of the situation in the planning area with selected design-relevant spot heights<br>h) Delivery of plans and data in analog and digital form | – Measures for traffic safety facilities requiring official authorisation<br>– Locating and measuring subterranean building stock<br>– Surveying work carried out underground, underwater or at night<br>– Detailed recording of existing objects and facilities in addition to normal topographical records such as facades and interiors of buildings<br>– Determination of building sections<br>– Making records beyond the specified planning area<br>– Collection of additional features such as treetops<br>– Entry of owner information<br>– Depiction in different scales<br>– Preparation of site plan according to legal requirements for permission by the authorities<br>– Translation of the project design into a digital site model |
| **4. Digital terrain model** | |
| a) Selection of spot heights and break lines describing the terrain surface from the site survey<br>b) Calculation of a digital terrain model<br>c) Derivation of terrain sections<br>d) Depiction of heights in point, grid or contour form<br>e) Delivery of plans and data in analog and digital form | |

## Basis of Fees for Construction Surveying

(1) The fee for basic construction surveying services is based on the chargeable costs of the object, the fee range in number 1.4.6 and the fee table in number 1.4.8, paragraph 2.

(2) Chargeable costs represent the manufacturing costs of the structural object. These are determined according to § 4, paragraph 1 and
   1. for buildings in accordance with § 33,
   2. for engineering structures in accordance with § 42,
   3. for traffic facilities in accordance with § 46.
      100% of the determined costs are chargeable for engineering structures; 80% for buildings and traffic facilities.

(3) Paragraphs 1 and 2 as well as numbers 1.4.6 and 1.4.7 are not applicable to basic survey-related services for above-ground and underground lines, tunnel, gallery and cavern structures, urban traffic facilities with predominantly urban traffic, for sidewalks and cycle paths as well as track and train platform constructions.

## Fee Ranges for Basic Services Relating to Construction Surveying

(1) The fee range for construction surveying is determined using the following assessment criteria:
   a) Impairments caused by the nature of the terrain and accessibility
      very low ........ 1 point
      low ........ 2 points
      average ........ 3 points
      high ........ 4 points
      very high ........ 5 points
   b) Obstructions due to buildings and vegetation
      very low ........ 1–2 points
      low ........ 3–4 points
      average ........ 5–6 points
      high ........ 7–8 points
      very high ........ 9–10 points
   c) Obstructions due to traffic
      very low ........ 1–2 points
      low ........ 3–4 points
      average ........ 5–6 points
      high ........ 7–8 points
      very high ........ 9–10 points

d) Requirements regarding accuracy
   very low ........................................................ 1–2 points
   low ................................................................ 3–4 points
   average .......................................................... 5–6 points
   high ............................................................... 7–8 points
   very high ........................................................ 9–10 points

e) Requirements due to geometry of the object
   very low ........................................................ 1–2 points
   low ................................................................ 3–4 points
   average .......................................................... 5–6 points
   high ............................................................... 7–8 points
   very high ........................................................ 9–10 points

f) Obstructions due to construction operation
   very low ........................................................ 1–3 points
   low ................................................................ 4–6 points
   average .......................................................... 7–9 points
   high ............................................................... 10–12 points
   very high ........................................................ 13–15 points

(2) The fee range is determined from the sum of assessment points as follows:
   Fee range I ........................................... up to 14 points
   Fee range II ........................................... 15–25 points
   Fee range III .......................................... 26–37 points
   Fee range IV .......................................... 38–48 points
   Fee range V ........................................... 49–60 points

## Service Profile for Construction Surveying

(1) The service profile for construction surveying encompasses surveying services for the construction and the final as-built documentation of buildings, engineering structures and traffic facilities.

(2) Basic services are grouped into five service phases and rated in the percentages of fees in section 1.4.8, paragraph 2, as follows:
   1. service phase 1 (structural geometry consultation) with 2%,
   2. service phase 2 (setting-out documents) with 5%,
   3. service phase 3 (pre-construction survey) with 16%,
   4. service phase 4 (setting-out survey) with 62%,
   5. service phase 5 (during construction survey) with 15%.

(3) The service profile is composed as follows:

| Basic services | Special services |
|---|---|
| **1. Structural geometry consultation** | |
| a) Determining the service profile dependant on the object<br>b) Consulting, particularly with regard to the required accuracies and conception of a measurement programme<br>Specifying a binding system of measurement, reference and designation for all parties involved | – Creating survey-related specifications<br>– Preparation of proposals regarding organisation of responsibilities, accountabilities and interfaces of site surveying<br>– Creating measurement programmes for measurement of movement and deformation, including requirements for building site equipment |
| **2. Setting-out documents** | |
| a) Calculating detail geometry based on the execution planning, creating a setting-out plan and calculating setting-out data including identification of contradictions (setting-out documents) | – Carrying out additional recordings and supplementary calculations, if no qualified documents are available from the survey-related fundamentals service phase<br>– Conducting optimisation calculations within the scope of the structural geometry (for example area usage, spacing)<br>Developing proposals for eliminating contradictions when using constraining points (for example building regulation requirements) |
| **3. Survey in preparation of construction** | |
| a) Inspecting and supplementing the existing fixed point grid<br>b) Compilation and preparation of setting-out data<br>c) Setting out: Transferring the project geometry (principal points) and the construction area to the location<br>d) Handing over fixed points of position and altitude, principal points and setting-out documents to the company executing the construction work | Setting out with special requirements (for example archaeology, thinning out, rough setting out, clearance of warfare material) |

(continued)

| Basic services | Special services |
|---|---|
| **4. Surveying during construction work** | |
| a) Taking measurements to densify the network of fixed points of position and altitude<br>b) Taking measurements to inspect and secure fixed points and axis points<br>c) Setting out geometry-determining structural points according to position and height during the construction process<br>d) Taking measurements to record movements and deformations of the object being built at structurally significant points<br>e) Making and documenting self-monitoring measurements during the construction process<br>f) Continuous recording of as-is situation during execution of construction work as a basis for the as-built plan | – Creating and substantiating a measurement programme<br>– Setting out taking into account load- and construction-related deformations<br>– Inspecting the dimensional accuracy of prefabricated parts<br>– Measurement of construction services, as far as special survey-related services are given<br>– Issuing as-built construction site plans during execution of construction work<br>– Updating survey-related as-built plans after conclusion of basic services<br>– Creating as-built plans |
| **5. Survey-related supervision of execution of construction work** | |
| a) Controlling execution of construction work by random measurements on formwork and parts in the process of being built (control measurements)<br>b) Creating measurement logs<br>c) Random measurements of movement and deformation on structurally important points of the object under construction | – Inspecting quantity determinations<br>– Consulting with regard to long-term survey-related project supervision within the scope of control of execution of construction measures and their performance<br>– Measurements for acceptance of construction services, as far as special surveying requirements exist |

(4) Deviating from paragraph 2, service phase 4 should be rated with 45–62% for buildings.

## Fees for Basic Services in Engineering Surveying

(1) For the basic services of the planning accompanying surveying mentioned in number 1.4.4 paragraph 3, the fee ranges listed in the following fee table are guidelines:

| Accounting units | Fee range I very low requirements from/to Euro | | Fee range II low requirements from/to Euro | | Fee range III average requirements from/to Euro | | Fee range IV high requirements from/to Euro | Fee range V very high requirements from/to Euro | | |
|---|---|---|---|---|---|---|---|---|---|---|
| 6 | 658 | 777 | 777 | 914 | 914 | 1.051 | 1.051 | 1.170 | 1.170 | 1.289 |
| 20 | 953 | 1.123 | 1.123 | 1.306 | 1.306 | 1.489 | 1.489 | 1.659 | 1.659 | 1.828 |
| 50 | 1.480 | 1.740 | 1.740 | 2.000 | 2.000 | 2.260 | 2.260 | 2.520 | 2.520 | 2.780 |
| 103 | 2.225 | 2.616 | 2.616 | 3.007 | 3.007 | 3.399 | 3.399 | 3.790 | 3.790 | 4.182 |
| 188 | 3.325 | 3.826 | 3.826 | 4.327 | 4.327 | 4.829 | 4.829 | 5.330 | 5.330 | 5.831 |
| 278 | 4.320 | 4.931 | 4.931 | 5.542 | 5.542 | 6.153 | 6.153 | 6.765 | 6.765 | 7.376 |
| 359 | 5.156 | 5.826 | 5.826 | 6.547 | 6.547 | 7.217 | 7.217 | 7.939 | 7.939 | 8.609 |
| 435 | 5.881 | 6.656 | 6.656 | 7.437 | 7.437 | 8.212 | 8.212 | 8.994 | 8.994 | 9.768 |
| 506 | 6.547 | 7.383 | 7.383 | 8.219 | 8.219 | 9.055 | 9.055 | 9.892 | 9.892 | 10.728 |
| 659 | 7.867 | 8.859 | 8.859 | 9.815 | 9.815 | 10.809 | 10.809 | 11.765 | 11.765 | 12.757 |
| 822 | 9.187 | 10.299 | 10.299 | 11.413 | 11.413 | 12.513 | 12.513 | 13.625 | 13.625 | 14.737 |
| 1.105 | 11.332 | 12.667 | 12.667 | 14.002 | 14.002 | 15.336 | 15.336 | 16.672 | 16.672 | 18.006 |
| 1.400 | 13.525 | 14.977 | 14.977 | 16.532 | 16.532 | 18.086 | 18.086 | 19.642 | 19.642 | 21.196 |
| 2.033 | 17.714 | 19.597 | 19.597 | 21.592 | 21.592 | 23.586 | 23.586 | 25.582 | 25.582 | 27.576 |
| 2.713 | 21.894 | 24.217 | 24.217 | 26.652 | 26.652 | 29.086 | 29.086 | 31.522 | 31.522 | 33.956 |
| 3.430 | 26.074 | 28.837 | 28.837 | 31.712 | 31.712 | 34.586 | 34.586 | 37.462 | 37.462 | 40.336 |
| 4.949 | 34.434 | 38.077 | 38.077 | 41.832 | 41.832 | 45.586 | 45.586 | 49.342 | 49.342 | 53.096 |
| 7.385 | 46.974 | 51.937 | 51.937 | 57.012 | 57.012 | 62.086 | 62.086 | 67.162 | 67.162 | 72.236 |
| 11.726 | 67.874 | 75.037 | 75.037 | 82.312 | 82.312 | 89.586 | 89.586 | 96.862 | 96.862 | 104.136 |

(2) For the basic services of the construction surveying mentioned in number 1.4.7 paragraph 3, the fee ranges listed in the following fee table are guidelines:

| Chargeable costs in Euro | Fee range I very low requirements from/to Euro | | Fee range II low requirements from/to Euro | | Fee range III average requirements from/to Euro | | Fee range IV high requirements from/to Euro | Fee range V very high requirements from/to Euro | | |
|---|---|---|---|---|---|---|---|---|---|---|
| 50.000 | 4.282 | 4.782 | 4.782 | 5.283 | 5.283 | 5.839 | 5.839 | 6.339 | 6.339 | 6.840 |
| 75.000 | 4.648 | 5.191 | 5.191 | 5.734 | 5.734 | 6.338 | 6.338 | 6.881 | 6.881 | 7.424 |
| 100.000 | 5.002 | 5.586 | 5.586 | 6.171 | 6.171 | 6.820 | 6.820 | 7.405 | 7.405 | 7.989 |
| 150.000 | 5.684 | 6.349 | 6.349 | 7.013 | 7.013 | 7.751 | 7.751 | 8.416 | 8.416 | 9.080 |
| 200.000 | 6.344 | 7.086 | 7.086 | 7.827 | 7.827 | 8.651 | 8.651 | 9.393 | 9.393 | 10.134 |
| 250.000 | 6.987 | 7.804 | 7.804 | 8.621 | 8.621 | 9.528 | 9.528 | 10.345 | 10.345 | 11.162 |
| 300.000 | 7.618 | 8.508 | 8.508 | 9.399 | 9.399 | 10.388 | 10.388 | 11.278 | 11.278 | 12.169 |
| 400.000 | 8.848 | 9.883 | 9.883 | 10.917 | 10.917 | 12.066 | 12.066 | 13.100 | 13.100 | 14.134 |
| 500.000 | 10.048 | 11.222 | 11.222 | 12.397 | 12.397 | 13.702 | 13.702 | 14.876 | 14.876 | 16.051 |
| 600.000 | 11.223 | 12.535 | 12.535 | 13.847 | 13.847 | 15.304 | 15.304 | 16.616 | 16.616 | 17.928 |
| 750.000 | 12.950 | 14.464 | 14.464 | 15.978 | 15.978 | 17.659 | 17.659 | 19.173 | 19.173 | 20.687 |
| 1.000.000 | 15.754 | 17.596 | 17.596 | 19.437 | 19.437 | 21.483 | 21.483 | 23.325 | 23.325 | 25.166 |
| 1.500.000 | 21.165 | 23.639 | 23.639 | 26.113 | 26.113 | 28.862 | 28.862 | 31.336 | 31.336 | 33.810 |
| 2.000.000 | 26.393 | 29.478 | 29.478 | 32.563 | 32.563 | 35.990 | 35.990 | 39.075 | 39.075 | 42.160 |
| 2.500.000 | 31.488 | 35.168 | 35.168 | 38.849 | 38.849 | 42.938 | 42.938 | 46.619 | 46.619 | 50.299 |
| 3.000.000 | 36.480 | 40.744 | 40.744 | 45.008 | 45.008 | 49.745 | 49.745 | 54.009 | 54.009 | 58.273 |
| 4.000.000 | 46.224 | 51.626 | 51.626 | 57.029 | 57.029 | 63.032 | 63.032 | 68.435 | 68.435 | 73.838 |
| 5.000.000 | 55.720 | 62.232 | 62.232 | 68.745 | 68.745 | 75.981 | 75.981 | 82.494 | 82.494 | 89.007 |
| 7.500.000 | 78.690 | 87.888 | 87.888 | 97.085 | 97.085 | 107.305 | 107.305 | 116.502 | 116.502 | 125.700 |
| 10.000.000 | 100.876 | 112.667 | 112.667 | 124.458 | 124.458 | 137.559 | 137.559 | 149.350 | 149.350 | 161.140 |

### Other Surveying Services

For other surveying services according to number 1.4.1, a fee deviating from the principles according to number 1.4 can be agreed upon.

## Appendix 2 Regarding § 18, Paragraph 2 Basic Services Relating to the Service Profile for Land-Use Plan

The service profile for land-use plan comprises the following basic services per service phase:

1. *Service phase 1*: Preliminary design for early participation
   a) Compilation and evaluation of available background information
   b) Recording issues relevant for consideration
   c) Site visits
   d) Specification of supplementary specialised services and formulation of decision-making aids for selecting other specialised participants, as far as necessary
   e) Analysis and depiction of the condition of the planning area, as far as this is significant for planning and relevant for consideration, using specialised contributions available for this purpose
   f) Involvement in specification of goals and purposes of planning
   g) Preparation of preliminary design in the prescribed version with justification for early participation pursuant to the provisions of the Federal Building Code (Baugesetzbuch – BauGB)
   h) Presentation of significant impacts of planning
   i) Consideration of specialised planning
   j) Involvement in early public participation including discussion of planning
   k) Involvement in early participation of authorities and bodies responsible for public interests
   l) Involvement in early coordination with neighbouring municipalities
   m) Coordination of preliminary design for early participation in the prescribed version with municipality
2. *Service phase 2*: Design for participatory design process
   a) Preparation of design in the prescribed form with explanatory statement for participation of the public and the authorities pursuant to the provisions of the Federal Building Code (Baugesetzbuch – BauGB)
   b) Involvement in participatory design process
   c) Involvement in participation process of authorities and bodies responsible for public interests
   d) Involvement in coordination and communication with neighbouring municipalities

   e) Involvement in the consideration of the municipality's opinion from early participation processes
   f) Coordination of design with municipality
3. *Service phase 3*: Detailed design for decision-making
   a) Preparation of detailed design in the prescribed form with explanatory statement for the decision-making process of the municipality
   b) Involvement in the consideration of the municipality's opinion
   c) Preparation of the design plan in accordance with the municipality's decision

## Appendix 3 Regarding § 19, Paragraph 2 Basic Services Relating to the Service Profile for Development Plan

The service profile for development plan comprises the following basic services per service phase:

1. *Service phase 1*: Preliminary design for early participation
   a) Compilation and evaluation of available background information
   b) Recording issues relevant for consideration
   c) Site visits
   d) Specification of supplementary specialised services and formulation of decision-making aids for selection of other specialised participants, as far as necessary
   e) Analysis and depiction of the condition of the planning area, as far as this is significant for planning and relevant for consideration, using specialist articles available for this purpose
   f) Involvement in specification of goals and purposes of planning
   g) Preparation of preliminary design in the prescribed version with justification for early participation pursuant to the provisions of the Federal Building Code (Baugesetzbuch – BauGB)
   h) Presentation of significant impacts of planning
   i) Consideration of specialised planning
   j) Involvement in early public participation including explanation of planning
   k) Involvement in early participation of authorities and bodies responsible for public interests
   l) Involvement in early agreement with neighbouring municipalities
   m) Coordination of preliminary design for early participation in the prescribed version with the municipality
2. *Service phase 2*: Design for participatory design process
   a) Preparation of the design in the prescribed form with explanatory statement for the participation of the public and the authorities pursuant to the provisions of the Federal Building Code (Baugesetzbuch – BauGB)
   b) Involvement in public participatory design process

   c) Involvement in participation process of authorities and bodies responsible for public interests
   d) Involvement in coordination and communication with neighbouring municipalities
   e) Involvement in the consideration of the municipality's opinion from early participation
   f) Coordination of design with municipality
3. *Service phase 3*: Detailed design for decision-making process
   a) Preparation of the detailed design in the prescribed form with explanatory statement for the decision by the municipality
   b) Involvement in the consideration of the municipality's opinion
   c) Preparation of the design plan according to the municipality's decision

## Appendix 4 Regarding § 23, Paragraph 2 Basic Services Relating to the Service Profile for Landscape Plan

The service profile for landscape plan comprises the following basic services per service phase:

1. *Service phase 1*: Clarification of task and determination of scope of services
   a) Relevant documents
   b) Site visits
   c) Delimitation of planning area
   d) Substantiation of further need for data and documents
   e) Consultation regarding scope of services for supplementary tests and specialised services
   f) Preparation of a binding task schedule, taking into account other specialised contributions
2. *Service phase 2*: Determination of planning basics
   a) Determination and description of design-relevant issues based on available documents and data
   b) Landscape assessment according to the goals and principles of nature protection and landscape management
   c) Assessment of areas and functions of natural environment and landscape with regard to their suitability, capacity, sensitivity and prior stress
   d) Assessment of planned interventions in nature and the landscape
   e) Identification of conflicts with regard to usage and targets
   f) Summary presentation of recordings and assessment
3. *Service phase 3*: Preliminary version
   a) Formulation of local objectives and principles concerning protection, conservation and development of nature and the landscape including provision for recreation

b) Presentation of desired area functions and area usages as well as local requirements and measures for implementation of substantiated objectives pertaining to environmental protection and landscape management
c) Preparation of proposals for adoption in other plans, especially in land-use plans
d) Advice pertaining to subsequent planning and measures
e) Involvement in participation by associations recognised according to the provisions of the Federal Nature Conservation Act (Bundesnaturschutzgesetz – BNatSchG)
f) Involvement in coordination of preliminary version with the authority responsible for nature protection and landscape management
g) Coordination of preliminary version with client

4. *Service phase 4*: Agreed version
Presentation of client-coordinated landscape plan in writing and drawing.

## Appendix 5 regarding § 24, paragraph 2 Basic Services Relating to the Service Profile for Green Space Plan

The service profile for green space plan comprises the following basic services per service phase:

1. *Service phase 1*: Clarification of task and determination of scope of services
   a) Compilation and examination of design-relevant documents provided by the client
   b) Site visits
   c) Delimitation of planning area
   d) Substantiation of further need for data and documents
   e) Consultation regarding scope of services for supplementary tests and specialised services
   f) Preparation of a binding work plan, taking into account other specialised contributions
2. *Service phase 2*: Determination of planning basics
   a) Determination and description of design-relevant issues based on available documents and data
   b) Assessment of landscape according to the objectives of nature protection and landscape management including a provision for recreation
   c) Presentation of recording of as-is situation and assessment in writing and drawing
3. *Service phase 3*: Preliminary version
   a) Solution for the design task task and explanation of objectives, requirements and measures in writing and drawing
   b) Presentation of desired area functions and area uses
   c) Presentation of design, protection, conservation and development measures
   d) Proposals for adoption in other plans, especially land-use plans
   e) Involvement in coordination of preliminary version with the authority responsible for nature protection

f) Implementation of the impact mitigation regulation for nature conservation
   aa) Determination and assessment of expected impairments to natural environment and landscape image through planning, according type, extent, location and timing
   bb) Identification of solutions to avoid or reduce significant impairments to natural environment and landscape image in coordination with other specialists involved in the planning process
   cc) Determination of unavoidable impairments
   dd) Comparison of unavoidable impairments and compensation and replacement including depiction of residual impairments that cannot be compensated or replaced.
   ee) Depiction and justification of nature protection and landscape conservation measures, especially compensation, replacement, design and protection measures as well as measures for maintenance and legal assurance of offsetting and compensation measures
   ff) Integration of supplementary, permission-relevant regulations and measures imposed by Natura 2000 Area Protection and stipulations regarding special protection of species based on available documents

4. *Service phase 4*: Coordinated version
   Presentation of client-coordinated green space plan or specialised landscape planning contribution in writing and drawing.

## Appendix 6 Regarding § 25, Paragraph 2 Basic Services Relating to the Service Profile for Landscape Framework Plan

The service profile for the landscape framework plan comprises the following basic services per service phase:

1. *Service phase 1*: Clarification of task and determination of scope of services
   a) Compilation and examination of design-relevant documents provided by the client
   b) Site visits
   c) Delimitation of planning area
   d) Substantiation of further need for data and documents
   e) Consultation regarding scope of services for supplementary tests and specialised services
   f) Preparation of a binding task schedule, taking into account other specialised contributions
2. *Service phase 2*: Determination of planning basics
   a) Determination and description of design-relevant issues based on available documents and data
   b) Landscape assessment according to the goals and principles of nature protection and landscape management

c) Assessment of areas and functions of the natural environment and landscape with regard to their suitability, capacity, sensitivity and prior stress
d) Assessment of planned interventions in nature and the landscape
e) Identification of conflicts with regard to usage and targets
f) Summary presentation of recordings and assessment

3. *Service phase 3*: Preliminary version
   a) Solution for the design task and
   b) explanation of objectives, requirements and measures in writing and drawing
   Letters a) and b) include:
   aa) Creation of a target concept
   bb) Implementation of target concept through protection, conservation and development of certain parts of nature and the landscape and by utilising species support measures for selected animal and plant species
   cc) Proposals for adoption in other plans, especially in regional plans, regional development and land-use plans
   dd) Involvement in coordination of preliminary version with the authority responsible for nature protection
   ee) Coordination of preliminary version with client
4. *Service phase 4*: Coordinated version
   Presentation of client-coordinated landscape framework plan in writing and drawing.

## Appendix 7 Regarding § 26, Paragraph 2 Basic Services Relating to the Service Profile for Landscape Maintenance Support Plan

The service profile for landscape maintenance support plan comprises the following basic services per service phase:

1. *Service phase 1*: Clarification of task and determination of scope of services
   a) Compilation and examination of design-relevant documents provided by the client
   b) Site visits
   c) Delimitation of planning area based on planning-relevant functions
   d) Substantiation of further need for data and documents
   e) Consultation regarding scope of services for supplementary tests and specialised services
   f) Preparation of a binding task schedule, taking into account other specialised contributions
2. *Service phase 2*: Determination and assessment of planning basics
   a) Recording of as-is situation:
   Record of nature and landscape, in each case including legal protection status and specialist planning specifications and aims for the natural resources based on available documents and local surveys

   b) Assessment of as-is situation:
      aa) Assessment of capacity and sensitivity of natural environment and landscape image based on the objectives and principles of nature protection and landscape management
      bb) Assessment of the existing impairments of nature and landscape (prior stress)
      cc) Summary presentation of results as basis for the discussion with the client
3. *Service phase 3*: Preliminary version
   a) Conflict analysis
   b) Determination and assessment of expected impairments to natural environment and landscape image through the project, according to type, extent, location and timing
   c) Conflict mitigation
   d) Preparation of solutions to avoid or reduce significant impairments to the natural environment and landscape image in coordination with other specialists involved in planning
   e) Determination of unavoidable impairments
   f) Preparation and justification of nature protection and landscape conservation measures, especially compensation, replacement and design measures as well as information regarding conservation in principle and proposals for legal security of replacement and compensation measures
   g) Integration of measures imposed by Natura 2000 Area Protection as well as stipulations regarding special protection of species and other special environmental laws based on available documents and preparation of an overall concept
   h) Comparison of unavoidable impairments and compensation and replacement including depiction of residual impairments that cannot be compensated or replaced
   i) Cost determination according to client specifications
   j) Summary presentation of results in writing and drawing
   k) Involvement in coordination with authority responsible for nature protection and landscape management
   l) Coordination of preliminary version with client
4. *Service phase 4*: Coordinated version
   Presentation of client-coordinated landscape maintenance support plan in writing and drawing.

## Appendix 8 Regarding § 27, Paragraph 2 Basic Services Relating to the Service Profile for Maintenance and Development Plan

The service profile for maintenance and development plan comprises the following basic services per service phase:

1. *Service phase 1*: Clarification of task and determination of scope of services
   a) Relevant documents
   b) Site visits

   c) Delimitation of planning area based on design-relevant functions
   d) Substantiation of further need for data and documents
   e) Consultation regarding scope of services for supplementary tests and specialised services
   f) Preparation of a binding task schedule, taking into account other specialised contributions
2. *Service phase 2*: Determination of planning basics
   a) Determination and description of design-relevant matters based on existing documents
   b) Assessment and incorporation of specialised contributions
   c) Assessment of recorded as-is situation including existing impairments as well as abiotic factors with regard to their significance to location and habitat according to the objectives and principles of nature protection
   d) Description of conflicts of goals regarding existing usages
   e) Description of the expected condition of species and their natural habitats (conflicts of goals regarding planned usages)
   f) Examination of specified study contents
   g) Summary presentation of record and assessment in writing and drawing
3. *Service phase 3*: Preliminary version
   a) Solution of planning task and explanation of objectives, requirements and measures in writing and drawing
   b) Formulation of goals for the protection, care, conservation and development of species, habitat types and near-natural biospheres or location conditions
   c) Recording and depiction of areas where a usage is supposed to be continued and of areas where regular conservation measures should be performed as well as measures for improving the local ecological conditions and changing the structure of the natural habitat
   d) Preparation of proposals for measures to promote certain animal and plant species, to steer visitor traffic, to execute conservation and development measures and to change the purpose and objectives of protections as well as the boundaries of protected areas
   e) Preparation of advice regarding further scientific investigations (monitoring), follow-up planning and measures
   f) Determination of costs
   g) Coordination of preliminary version with client
4. *Service phase 4*: Coordinated version
   Presentation of client-coordinated conservation and development plan in writing and drawing.

## Appendix 9 Regarding §§ 18, Paragraph 2, 19 Paragraph 2, 23 Paragraph 2, 24 Paragraph 2, 25 Paragraph 2, 26 Paragraph 2, 27 Paragraph 2 Special Services for Area Planning

The following special services may in particular be agreed on for the service profiles for area planning:

1. Framework-setting plans and concepts:
   a) Guiding principles
   b) Development concepts
   c) Master plans
   d) Framework plans
2. Urban design:
   a) Fundamental evaluation
   b) Preliminary design
   c) Design
   The urban design can be used as a basis for services in accordance with § 19 of the HOAI and be the result of an urban planning competition.
3. Services relating to process and project control as well as quality assurance:
   a) Execution of planning audits
   b) Preliminary agreement with parties involved in planning and specialised authorities
   c) Preparation and monitoring of integrated time schedules
   d) Preparation and post-processing planning-related meetings
   e) Coordination of parties involved in planning
   f) Moderation of planning processes
   g) Preparation of service catalogues for third-party services
   h) Involvement in awarding processes for third-party services (tendering, award proposals)
   i) Verification and assessment of third-party services
   j) Involvement in determination of possible sources of financial support
   k) Statements of opinion on individual projects during plan elaboration
4. Services for preparation and supplementation of content:
   a) Creation of digital terrain models
   b) Digitization of documents
   c) Adaptation of data formats
   d) Preparation of a uniform planning basis from different documents
   e) Structural analyses
   f) Cityscape analyses, landscape image analyses
   g) Statistical and local surveys as well as needs determinations, for example pertaining to supply, economic, social and building structure as well as to socio-cultural structure

h) Surveys and interviews
i) Differentiated collection, mapping, analysis and depiction of specific characteristics and usages
j) Creation of complementary plans, e.g. for traffic, infrastructural facilities, land consolidation, land ownership maps and quality maps taking into account plans by other specialists involved in planning
k) Models
l) Creation of additional presentation aids, for example photo montages, 3D depictions, video presentations

5. Process-accompanying services:
   a) Preparation and execution of scoping
   b) Preparation, execution, analysis and documentation of the formal participation procedure
   c) Determination of environmental impacts likely to be significant for the environmental assessment
   d) Preparation of environmental report
   e) Calculation and depiction of environmental protection measures
   f) Incorporation of requirements from the impact mitigation regulation for nature conservation in land-use planning processes
   g) Creation of conference documents, workbooks and other documents
   h) Significant changes to or revision of the design after disclosure or participation, especially after statements of opinion
   i) Preparation of documents for consultation of the municipality regarding statements of opinion within the scope of the formal participation procedures
   j) Services for printing, creation of additional copies
   k) Revision of plan drawings and of justifications after decision-making (for example statutory resolution)
   l) Writing announcement texts and organisation of public announcements
   m) Information of the parties involved about the result of the review of statements of opinion
   n) Notification of citizens and authorities who made statements of opinion about the outcome of consideration
   o) Creation of procedural documentation
   p) Creation and updating of digital planning folder
   q) Involvement in client's public relations work including assisting with informative publications and public discussions as well as creating planning documents and compositions required for this purpose
   r) Participation in meetings of political bodies of the client or meetings within the scope of public participation

s) Involvement in meetings set for hearings or discussions
t) Leadership and/support of work groups
u) Creation of summary explanation according to the Federal Building Code (BauGB).
v) Use of complex offsetting strategies within the scope of the impact mitigation regulation for nature conservation
w) Creation of balances in accordance with specialised legal requirements
x) Development of monitoring concepts and measures
y) Determination of ownership structures, especially clarification of suitable areas for building projects

6. Further special services for landscape planning services:
   a) Preparation of a planning area analysis within the scope of an environmental impact study
   b) Involvement in verification of the obligation to conduct an environmental impact assessment for a project or for planning (screening)
   c) Creation of a generally understandable non-technical summary according to the Environmental Assessment Act (Gesetz über die Umweltverträglichkeitsprüfung – UVPG)
   d) Determination and preparation of specific data from existing documents
   e) Local enquiries not primarily serving for control of data gathered from the documents
   f) Creation of an independent, generally understandable explanation report concerning the permission procedure or qualifying preparatory work to this end
   g) Creation of documents within the scope of inspections ensuring species protection or compliance with the Habitats Directive
   h) Charting natural habitat types, floristic or faunistic species or groups of species
   i) Detailed examination of the natural environment, such as e.g. the geology, hydrogeology, water quality and morphology, soil analyses
   j) Involvement in participation procedures during land-use planning
   k) Involvement in permission procedures according to specialised legal regulations
   l) Updating of client-coordinated version within the scope of the permission procedure, creation of an permissible version based on third-party suggestions

## Appendix 10 Regarding § 34, Paragraph 4, § 35 paragraph 7 Basic Services Relating to the Service Profile for Buildings and Interiors, Special Services, Project List

### Service Profile for Buildings and Interiors

| Basic services | Special services |
|---|---|
| **SPH 1 Fundamental evaluation** | |
| a) Clarification of the task based on client specifications or requirements<br>b) Site visit<br>c) Consultation with regard to the entire service and examination requirements<br>d) Formulation of decision-making aids for selection of other specialists involved in planning<br>e) Summary, explanation and documentation of results | – Requirements planning<br>– Requirements determination<br>– Preparation of a functional programme<br>– Preparation of a spatial programme<br>– Site analysis<br>– Involvement in selection, procurement and transfer of plot and property<br>– Acquisition of documents relevant for the project<br>– Recording of as-is situation<br>– Building services survey<br>– Operational planning<br>– Inspection of environmental relevance<br>– Inspection of environmental impact<br>– Feasibility study<br>– Economic feasibility study<br>– Project structure planning<br>– Compilation of requirements of certification systems<br>– Supervision of procedure, involvement in awarding of planning and expert assessor services |
| **SPH 2 Preliminary design (project and design preparation)** | |
| a) Analysis of fundamentals, coordination of services with other specialists involved in planning<br>b) Coordination of envisaged goals, advice regarding goal conflicts<br>c) Preparation of preliminary design, examination, depiction and assessment of variants according to the same requirements, drawings at a scale depending on the type and size of the object<br>d) Clarification and explanation of fundamental relationships, standards and conditions (for example urban development, design, functional, technical, economic, ecological, structural physical, energy efficiency related, social, regarding public law)<br>e) Provision of work results as a basis for other specialists involved in planning as well as coordination and integration of their services | – Preparation of a catalogue for planning and execution of programme objectives<br>– Examination of alternative solution approaches in line with varying requirements, including cost evaluation<br>– Observation of requirements of agreed certification system<br>– Implementation of the certification system<br>– Supplementation of preliminary design documents due to special requirements<br>– Preparation of a financing plan<br>– Involvement in procurement of loans and subsidies<br>– Conduction of economic feasibility studies |

(continued)

| Basic services | Special services |
|---|---|
| f) Preliminary negotiations on acceptability<br>g) Cost estimation according to DIN 276, comparison with financial framework conditions<br>h) Creation of time schedule with essential procedures of planning and construction progress<br>i) Summary, explanation and documentation of results | – Conduction of preliminary application (building application)<br>– Creation of special presentation aids that are not required for clarification during the preliminary design process, such as<br>– Presentation models<br>– Perspective depictions<br>– Moving depictions/animation<br>– Colour and material collages<br>– Digital terrain model<br>– 3D or 4D building model creation (Building Information Modelling BIM)<br>– Preparation of a detailed cost estimation itemised according to the individual crafts and trades<br>– Updating of the project structure plan<br>– Preparation of space utilisation schedules<br>– Preparation and creation of special proof required by the building regulations law for preventive and organisational fire protection of structures of a special type and usage, existing buildings or in case of deviations from the building regulations |
| **SPH 3 Final design (integrated system design)** | |
| a) Preparation of final design under further consideration of fundamental relationships, standards and conditions | – Analysis of alternatives/variants and their evaluation with cost examination (optimization)<br>– Calculation of economic feasibility |
| (for example urban development, design, functional, technical, economic, ecological, social, regarding public law) based on preliminary design and as a basis for further service phases and the necessary permissions required by public law using the contributions of other specialists involved in planning | – Preparation and updating a detailed cost calculation<br>– Updating space utilisation schedule |
| Drawings depending on type and size of object in the required scope and level of detail under consideration of all technical requirements, for example at a scale of 1:100 for buildings, at a scale of 1:50–1:20 for interiors | |
| b) Provision of work results as a basis for other specialists involved in planning as well as coordination and integration of their services | |
| c) Project description | |

(continued)

| Basic services | Special services |
| --- | --- |
| d) Negotiations on acceptability | |
| e) Cost calculation according to DIN 276 and comparison with the cost estimate | |
| f) Updating the time schedule | |
| g) Summary, explanation and documentation of results | |
| **SPH 4 Planning permission application** | |
| a) Preparation and compilation of templates and proofs for permissions or consents required by public law including applications for exceptions and exemptions, as well as necessary negotiations with the authorities using the contributions of other specialists involved in planning<br>b) Submission of templates<br>c) Supplementation and adaptation of planning documents, descriptions and calculations | – Involvement in obtaining consent of neighbours<br>– Proofs, especially of a technical, structural and physical type used to obtain official consent in individual cases<br>– Technical and organisational support of the client in opposition proceedings, legal action or similar proceedings |
| **SPH 5 Execution planning** | |
| a) Preparation of execution planning with all the individual information (drawings and text) on the basis of design and planning permission application required for execution until development of a solution ready for execution, as a basis for further service phases<br>b) Execution, detail and construction drawings depending on type and size of object in the required scope and level of detail in consideration of all technical requirements, for example at a scale of 1:50–1:1 for buildings, at a scale of 1:20–1:1 for interiors<br>c) Provision of work results as a basis for other specialists involved in planning as well as coordination and integration of their services<br>d) Updating the time schedule<br>e) Updating the execution planning on the basis of progress of work by the different crafts and trades during project execution<br>f) Inspection of required assembly plans of constructions and structural installations planned by the project planner for compliance with execution planning | – Preparation of a detailed building description as a basis for the performance specifications[x)]<br>– Inspection of execution plans prepared by the company executing construction work on the basis of the performance specifications for compliance with final design[x)]<br>– Updating space utilisation schedule in detailed form<br>– Involvement in labelling of technical building systems<br>– Verification and acknowledgement of plans by third parties, specialists not involved in planning, for compliance with execution plans (for example workshop drawings of companies, layout and foundation plans of usage-specific or operational facilities) as far as these services concern facilities that are not included with chargeable costs<br>[x)] This special service wholly or partially becomes a basic service in the case of performance specifications. In this case, the corresponding basic services of this service phase are not applicable. |

(continued)

| Basic services | Special services |
|---|---|
| **SPH 6 Preparation of contract award** | |
| a) Preparation of a contract awarding time schedule<br>b) Preparation of specifications with bills of quantities according to service areas, determination and compilation of quantities based on execution planning using contributions by other specialists involved in planning<br>c) Coordination and agreement of interfaces for the specifications of other specialists involved in planning<br>d) Determination of costs based on bills of quantities priced by the planner<br>e) Cost control by comparing bills of quantities priced by the planner with cost calculation<br>f) Compilation of award documents for all service areas | – Preparation of performance specifications based on detailed project description [x)]<br>– Preparation of alternative specifications for limited scope of work<br>– Preparation of comparative cost overviews with analysis of contributions by other specialists involved in planning<br>[x)] This special service wholly or partially becomes a basic service in the case of performance specifications. In this case, the corresponding basic services of this service phase are not applicable. |
| **SPH 7 Involvement in contract award** | |
| a) Coordination of awards by specialised planners<br>b) Tendering process<br>c) Review and assessment of offers, including preparation of a price comparison list according to individual items or partial services; review and assessment of offers for additional and changed services of the executing companies and the appropriateness of prices<br>d) Conduction of tender negotiations<br>e) Creation of award proposals, documentation of award procedure<br>f) Compilation of contract documents for all service areas<br>g) Comparison of tender results with bills of quantities priced by the planner or cost calculation<br>h) Involvement in contract placement | – Review and assessment of alternative offers with impact on coordinated planning<br>– Involvement in cash outflow planning<br>– Technical preparation and involvement in review procedures<br>– Involvement in inspection of revised offers justified from a building industry perspective<br>– Review and assessment of offers from performance specifications including price comparison list [x)]<br>– Preparation, review and assessment of price comparison lists according to special requirements<br>[x)] This special service wholly or partially becomes a basic service in the case of performance specifications. In this case, the corresponding basic services of this service phase are not applicable. |
| **SPH 8 Project supervision (construction supervision and documentation)** | |
| a) Supervision of project execution for compliance with permission or consent required by public law, contracts with executing companies, execution documents, relevant regulations as well as generally accepted codes of practice<br>b) Supervision of execution of supporting structures with very low and low planning requirements for compliance with proof of stability | – Preparation, monitoring and updating of payment plan<br>– Preparation, monitoring and updating of differentiated time, cost or capacity plans<br>– Activity as responsible site manager, as far as this activity goes beyond the basic services of service phase 8 according to the respective federal state law |

(continued)

| Basic services | Special services |
|---|---|
| c) Coordination of other specialists involved in project supervision<br>d) Preparation, updating and monitoring of time schedule (bar diagram)<br>e) Documentation of construction progress (for example construction diary)<br>f) Joint site survey with executing companies<br>g) Auditing, including verification of site surveys by companies executing construction work<br>h) Comparison of audit results with contract value including subsequent additions<br>i) Cost control by verification of billing of services by companies executing construction work in comparison with contract prices<br>j) Cost determination, for example in accordance with DIN 276<br>k) Organisation of acceptance of construction services in coordination with other specialists involved in planning and project supervision, determination of deficiencies, acceptance recommendation for client<br>l) Application for acceptance procedures governed by public law and participation in these<br>m) Systematic compilation of project documentation, graphical presentation and calculation results<br>n) Project handover<br>o) Listing limitation periods for claims arising from deficiencies<br>p) Monitoring rectification of deficiencies identified during acceptance procedure | |
| **SPH 9 Post-completion services** | |
| a) Technical assessment of deficiencies identified within the limitation periods for warranty claims, but no longer than five years after acceptance of the service, including necessary inspections<br>b) Project inspection for identification of deficiencies before expiry of limitation periods for claims arising from deficiencies against executing companies<br>c) Involvement in release of security deposits | – Monitoring rectification of deficiencies within the limitation period<br>– Creation of as-built building documentation<br>– Preparation of equipment and inventory directories<br>– Creation of service and care instructions<br>– Creation of a maintenance concept – monitoring<br>– Project administration<br>– Site inspections after handover<br>– Preparation of planning and cost data for a project file or cost reference guide<br>– Evaluation of economic efficiency calculations |

## Project List – Buildings

The buildings below are generally allocated to the following fee ranges:

| Project list – Buildings | Fee range | | | | |
|---|---|---|---|---|---|
| | I | II | III | IV | V |
| **Domestic** | | | | | |
| – Simple provisional buildings for temporary use | x | | | | |
| – Simple residential buildings with communal sanitary and kitchen facilities | | x | | | |
| – Single-family houses, residential houses or densely built groups of houses | | | x | x | |
| – Dormitories, shared accommodations, youth hostels, recreation centres and facilities | | | x | x | |
| **Education/Science/Research** | | | | | |
| – Open recess halls or amusement halls | x | | | | |
| – Student homes | | | x | x | |
| – Schools with average planning requirements, such as elementary schools, secondary schools and vocational schools | | | x | | |
| – Schools with high planning requirements, educational centres, higher education institutions, universities, academies | | | | x | |
| – Auditoriums, congress centres | | | | x | |
| – Laboratory or institute buildings | | | | x | x |
| **Offices/Administration/State/Municipality** | | | | | |
| – Office or administration buildings | | | x | x | |
| – Outbuildings, municipal works yards | | | x | x | |
| – Parliament buildings, court houses | | | | x | |
| – Buildings for penitentiary purposes | | | | x | x |
| – Fire stations, rescue centres | | | x | x | |
| – Savings banks or bank branches | | | x | x | |
| – Libraries, archives | | | x | x | |
| **Health/Supervision** | | | | | |
| – Lounges or lobbies | x | | | | |
| – Kindergartens, day nurseries | | | x | | |
| – Youth centres, youth recreation centres | | | x | | |
| – Care facilities, elderly daycare centres | | | x | | |
| – Nursing homes or hospital wards, without or with medical-technical facilities | | | x | x | |
| – Casualty or first aid stations, outpatient clinics | | x | x | | |
| – Therapy or rehabilitation facilities, buildings for recuperation, rehabilitation or recovery | | | x | x | |
| – Auxiliary hospitals | | | x | | |
| – Hospitals providing level I or II care, special-purpose hospitals | | | | x | |
| – Hospitals providing level III care, university hospitals | | | | | x |
| **Commerce and sales/Hospitality industry** | | | | | |
| – Simple retail sales rooms, sales stalls, kiosks | | x | | | |
| – Shop buildings, discount stores, shopping centres, markets, exhibition halls | | | x | x | |
| – Buildings for catering, canteens or cafeterias | | | x | x | |
| – Large-scale kitchens with or without dining areas | | | | x | |
| – Guest houses, hotels | | | x | x | |

(continued)

| Project list – Buildings | Fee range | | | | |
|---|---|---|---|---|---|
| | I | II | III | IV | V |
| **Leisure/Sports** | | | | | |
| – Simple grandstands | | x | | | |
| – Boathouses | | x | | | |
| – Gym or sports buildings | | | x | x | |
| – Multi-purpose halls, indoor swimming baths, large sports venues | | | | x | x |
| **Trades/Industry/Agriculture** | | | | | |
| – Simple agricultural buildings, for example barns, covered halls | x | | | | |
| – Agricultural buildings, stable facilities | | x | x | x | |
| – Greenhouses for production | | x | | | |
| – Simple closed, single-story halls, workshops | | x | | | |
| – Special storage buildings, for example cold storage houses | | | x | | |
| – Workshops, manufacturing buildings of the crafts and trades or industry | | x | x | x | |
| – Industrial production buildings | | | x | x | x |
| **Infrastructure** | | | | | |
| – Open connecting passages, canopies, for example weather shelters, carports | x | | | | |
| – Simple garage buildings | | x | | | |
| – Car parks, garages, each with integrated further types of use | | x | x | | |
| – Train stations or stations for different means of public transport | | | | x | |
| – Airports | | | | x | x |
| – Energy supply centres, power station buildings, large power stations | | | | x | x |
| **Cultural/Religious buildings** | | | | | |
| – Pavilions for cultural purposes | | x | x | | |
| – Civic/municipal centres, cultural/religious buildings, churches | | | | x | |
| – Multi-purpose halls for religious or cultural purposes | | | | x | |
| – Exhibition buildings, cinemas | | | x | x | |
| – Museums | | | | x | x |
| – Theatre, opera/concert buildings | | | | x | x |
| – Studio buildings for radio or television | | | | x | x |

## Project list – Interiors

The interiors below are generally allocated to the following fee ranges:

| Project list – Interiors | Fee range | | | | |
|---|---|---|---|---|---|
| | I | II | III | IV | V |
| – Simplest interiors for temporary use or with simplest mass-produced furnishings | x | | | | |
| – Interiors with low planning requirements, using mass-produced furniture and fixtures of simple quality, without any technical equipment | | x | | | |
| – Interiors with average planning requirements, mostly using mass-produced furniture and fixtures or with average technical equipment | | | x | | |

(continued)

| Project list – Interiors | Fee range | | | | |
|---|---|---|---|---|---|
| | I | II | III | IV | V |
| – Interiors with high planning requirements, also using mass-produced furniture and fixtures of higher quality or advanced technical equipment | | | | x | |
| – Interiors with very high planning requirements,<br>– using elaborate furnishings or fixtures or extensive technical equipment | | | | | x |
| **Domestic** | | | | | |
| – Simplest rooms without furnishings or for temporary use | x | | | | |
| – Simple living areas with low requirements concerning design or fixtures | | x | | | |
| – Living areas with average requirements, mass-produced fitted kitchens | | | x | | |
| – Living areas in shared accommodation or in homes | | | x | | |
| – Living areas with higher requirements, individually planned kitchens and bathrooms | | | | x | |
| – Roof extensions, conservatories | | | | x | |
| – Individual living areas with sophisticated design and elaborate furnishings, fixtures and technical equipment | | | | | x |
| **Education/Science/Research** | | | | | |
| – Simple open halls | x | | | | |
| – Storage or adjoining rooms with simple furnishings or fixtures | | x | | | |
| – Group rooms, for example in kindergartens, nurseries, youth centres, youth hostels, residential institution for juveniles | | | x | x | |
| – Classrooms, auditoriums, seminar rooms, libraries, cafeterias | | | x | x | |
| – Assembly halls, educational centres, libraries, laboratories, teaching kitchens with or without dining or common rooms, specialised teaching rooms with technical equipment | | | | x | |
| – Congress, conference, seminar, meeting areas with individual finishing and furnishings as well as extensive technical equipment | | | | x | |
| – Rooms for scientific research with high requirements and technical equipment | | | | | x |
| **Office/Administration/State/Municipality** | | | | | |
| – Internal circulation areas | x | | | | |
| – Mailing, copying, cleaning or other adjoining rooms without structural installations | | x | | | |
| – Office, administration, common rooms with average requirements, staircases, waiting areas, tea kitchens | | | x | | |
| – Rooms for sanitary facilities, work rooms, utility rooms, technical equipment rooms | | | x | | |
| – Entrance halls, meeting or briefing rooms, canteens, staff rooms | | | x | x | |
| – Customer centres/exhibitions/presentations | | | x | x | |
| – Meeting/conference areas, courtrooms, work spaces of executive personnel with individual designs or furnishings or advanced technical equipment | | | | x | |
| – Business, meeting or conference rooms with sophisticated finishing or sophisticated furnishings, elaborate fixtures or very high technical requirements | | | | | x |

(continued)

| Project list – Interiors | Fee range | | | | |
|---|---|---|---|---|---|
| | I | II | III | IV | V |
| **Health/Supervision** | | | | | |
| – Open amusement halls or lobbies | x | | | | |
| – Simple resting areas or adjoining rooms | | x | | | |
| – Consultation, care, patient, home rooms or social areas with average requirements and without medical technology equipment | | | x | | |
| – Treatment or care areas with medical technology equipment or furnishings in hospitals, therapy, rehabilitation or nursing facilities, medical practices | | | | x | |
| – Operating, delivery, X-ray rooms | | | | x | x |
| **Commerce/Hospitality industry** | | | | | |
| – Sales stands for temporary use | x | | | | |
| – Kiosks, retail sales room, adjoining rooms with simple furnishings and fixtures | | x | | | |
| – Average shop or guest rooms, shopping areas, fast food restaurants | | | x | | |
| – Specialist shops, boutiques, showrooms, cinemas, large-scale kitchens | | | | x | |
| – Exhibition stands, using components of construction systems or module | | | x | | |
| – Individual exhibition stands | | | | x | |
| – Guest rooms, sanitary areas of superior design, for example in restaurants, bars, wine taverns, cafés, club rooms | | | | x | |
| – Guest or sanitary areas, for example in guest houses or hotels with average requirements or furnishings or fixtures | | | x | | |
| – Guest, information or entertainment areas in hotels with individual design or furniture or sophisticated furnishings or technical equipment | | | | x | |
| **Leisure/Sports** | | | | | |
| – Adjoining or utility rooms in sports facilities or swimming baths | | x | | | |
| – Swimming baths, gyms, spas or sauna facilities, major sports venues | | | x | x | |
| – Sports, multi-purpose or town halls, gym rooms, dance schools | | | x | x | |
| **Trades/Industry/Agriculture/Traffic** | | | | | |
| – Simple halls or workshops without specialised equipment, pavilions | | x | | | |
| – Agricultural operating areas | | x | x | | |
| – Industrial areas, workshops with technical or mechanical equipment | | | x | x | |
| – Comprehensive fabrication or production facilities | | | | x | |
| – Rooms with underground garages, underpasses | | x | | | |
| – Guest or operating areas at airports, railway stations | | | | x | x |
| **Cultural/Religious buildings** | | | | | |
| – Cultural or religious areas, church rooms | | | | x | x |
| – Individually designed exhibition, museum or theatre areas | | | | x | x |
| – Concert or theatre halls, recording studios for radio, television or theatre | | | | | x |

## Appendix 11 Regarding § 39, Paragraph 4, § 40 Paragraph 5 Basic Services Relating to the Service Profile for Outdoor Facilities, Special Services, Project List

### Service Profile for Outdoor Facilities

| Basic services | Special services |
|---|---|
| **SPH 1 Fundamental evaluation** | |
| a) Clarification of the task based on client specifications or requirements or available planning and approval documents<br>b)Site visits<br>c) Consultation with regard to the entire service and examination requirements<br>d) Formulation of decision-making aids for selection of other specialists involved in planning<br>e) Summary, explanation and documentation of results | – Involvement in the provision of local public infrastructure<br>– Mapping and examination of as-is situation, floristic or faunistic mapping<br>– Assessment of the location with special methods, such as soil analyses<br>– Procurement and/or updating existing planning documents; creation of as-built maps |
| **SPH 2 Preliminary design (project and design preparation)** | |
| a) Analysis of fundamentals, coordination of services with other specialists involved in planning<br>b) Coordination of envisaged goals<br>c) Recording, assessment and explanation of interactions within the ecosystem<br>d) Development of a planning concept including examination and assessment of variants according to the same requirements, taking into account, for example,<br>– topography and further local and ecological framework conditions,<br>– environmental concerns including the nature and species protection requirements and the vegetation conditions,<br>– design and functional requirements,<br>– clarification of significant relationships, processes and conditions,<br>– coordination or agreement while integrating contributions of other specialists involved in planning<br>e) Depiction of preliminary design with explanations and information pertaining to time schedule<br>f) Cost estimation, for example in accordance with DIN 276, comparison with the financial framework conditions<br>g) Summary, explanation and documentation of preliminary design results | – Environmental impact assessment<br>– Recording of as-is situation, surveying<br>– Photo documentations<br>– Involvement in application for resources for financial support and job-creation measures<br>– Preparation of documents for special technical test methods<br>– Evaluation and assessment of existing building fabric, components, materials, built-in components or woody plants or vegetation to be protected or preserved |

(continued)

| Basic services | Special services |
|---|---|
| **SPH 3 Final design (integrated system design)** | |
| a) Preparation of final design based on preliminary design, specifically taking into account, for example, design-related, functional, economic, location-specific and ecological requirements as well as those relating to nature and species protection requirements<br>Coordination or agreement while integrating contributions of other specialists involved in planning<br>b) Coordination of planning with bodies and authorities to be involved<br>c) Depiction of design, for example at a scale of 1:500–1:100 with the required information, especially concerning<br>– planting,<br>– materials and equipment,<br>– measures due to legal requirements,<br>– time schedule<br>d) Project description with explanation of compensation and replacement measures in accordance with the impact mitigation regulation for nature conservation<br>e) Cost calculation, for example in accordance with DIN 276, including associated quantity determination<br>f) Comparison of cost calculation with cost estimation<br>e) Summary, explanation and documentation of final design resultsV | – Involvement in obtaining consent of neighbours<br>– Preparation of special depictions, for example models, perspectives, animations<br>– Involvement of external initiative and stakeholder groups in planning and execution<br>– Involvement in participation process or workshops<br>– Tenant or user surveys<br>– Preparation of detailed information according to the requirements of the impact mitigation regulation for nature conservation as well as the law on protection of special species and natural habitats, impact assessment reports, impact or offsetting programmes according to federal state regulations<br>– Involvement in creation of statement of costs and planning documents for sales and marketing<br>– Creation and compilation of documents for the commissioning of third parties (commissioning of experts)<br>– Involvement in application for and settlement of resources for financial support and job-creation measures<br>– Accessing resources for financial support after comparison with actual costs (construction financing service)<br>– Involvement in planning of financing<br>– Creation of a cost-benefit analysis<br>– Preparation and calculation of life cycle costs |

(continued)

| Basic services | Special services |
|---|---|
| **SPH 4 Planning permission application** | |
| a) Preparation and compilation of templates and proofs for permissions or consents required by public law including applications for exceptions and exemptions, as well as necessary negotiations with the authorities using the contributions of other specialists involved in planning<br>b) Submission of templates<br>c) Supplementation and adaptation of planning documents, descriptions and calculations | – Participation in meetings of political committees or within the scope of public participation<br>– Creation of specialist contributions pertaining to landscape maintenance or contributions related to nature and species protection<br>– Involvement in obtaining consent and permissions in accordance with nature conservation and relevant legislation as well as statutory laws<br>– Collection, assessment and depiction of as-is situation according to the local government laws<br>– Preparation of clearing and tree felling applications<br>– Creation of permission documents and applications according to special requirements<br>– Creation of proof of flooding for plots of land<br>– Verification of plan determination documents for compliance with planning |
| **SPH 5 Execution planning** | |
| a) Preparation of execution planning based on design and planning permission application until development of a solution ready for execution, as a basis for further service phases<br>b) Creation of plans or descriptions, depending on the type of construction project, for example at a scale of 1:200–1:150<br>c) Coordination or agreement while integrating contributions of other specialists involved in planning<br>d) Depiction of outdoor facilities with the information, detail or construction drawings necessary for execution, especially pertaining to<br>– surface material, fixation and relief,<br>– installations and equipment above and below ground,<br>– vegetation with information regarding species, varieties and qualities,<br>– landscape maintenance, nature protection or species protection measures<br>e) Updating of information regarding time schedule<br>f) Updating of executing planning during project execution | – Preparation of documents for special technical test methods (for example loadbearing plate tests)<br>– Selection of plants from the supplier (producer) |

(continued)

| Basic services | Special services |
|---|---|
| **SPH 6 Preparation of contract award** | |
| a) Preparation of service descriptions with bills of quantities<br>b) Determination and compilation of quantities based on the execution planning<br>c) Coordination or agreement of specifications with the other specialists involved in planning<br>d) Preparation of time schedule taking into account requirements due the seasons of the year, construction progress and weather conditions<br>e) Determination of costs based on bills of quantities priced by the planner<br>f) Cost control by comparison of bills of quantities priced by the planner and cost calculation<br>g) Compilation of award documents | – Alternative specifications for limited scope of work<br>– Special preparations, e.g. for self-help work |
| **SPH 7 Involvement in contract award** | |
| a) Solicitation of offers<br>b) Review and assessment of offers, including preparation of a price comparison list according to individual items or partial services; review and assessment of offers for additional and changed services of the executing companies and the appropriateness of prices<br>c) Conduction of tender negotiations<br>d) Creation of award proposals, documentation of award procedure<br>e) Compilation of contract documents<br>f) Cost control by comparison of tender results with bills of quantities priced by the planner and cost calculation<br>g) Involvement in contract placement | |
| **SPH 8 Project supervision (construction supervision and documentation)** | |
| a) Supervision of project execution for compliance with permission or consent, contracts with executing companies, execution documents, relevant regulations as well as generally accepted codes of practice<br>b) Inspection of plant and material deliveries<br>c) Coordination with or agreement of specialists involved in project supervision<br>d) Updating and monitoring time schedule with consideration of requirements due to seasons, construction progress and weather conditions<br>e) Documentation of construction progress (for example a construction diary), determination of growth result<br>f) Involvement in site survey with companies executing construction work<br>g) Auditing, including verification of site surveys by executing companies | – Documentation of construction progress according to special requirements of the client<br>– technical involvement in court proceedings<br>– Site management, artistic direction<br>– Creation of an as-built documentation of outdoor facilities |

(continued)

| Basic services | Special services |
|---|---|
| h) Comparison of audit results with contract values including subsequent additions<br>i) Organisation of acceptance of construction services in coordination with other specialists involved in planning and project supervision, determination of deficiencies, acceptance recommendation for client<br>j) Application for acceptance procedures governed by public law and participation in these<br>k) Project handover<br>l) Monitoring of rectification of deficiencies identified during acceptance procedure<br>m) Listing limitation periods for claims arising from deficiencies<br>n) Monitoring of the care of planted areas during completion<br>o) Cost control by verification of billing of services by companies executing construction work in comparison with contract prices<br>p) Cost determination, for example in accordance with DIN 276<br>q) Systematic compilation of project documentation, graphical representation and calculation results | |
| **SPH 9 Post-completion services** | |
| a) Technical assessment of deficiencies identified within the limitation periods for warranty claims, but no longer than 5 years after acceptance of the service, including necessary inspections<br>b) Project inspection for identification of deficiencies before expiry of limitation periods for claims arising from deficiencies against executing companies<br>c) Involvement in release of security deposits | – Monitoring of development and maintenance care<br>– Monitoring of maintenance services<br>– Monitoring of rectification of deficiencies within the limitation period |

## Project List – Outdoor Facilities

| Objects | Fee range | | | | |
|---|---|---|---|---|---|
| | I | II | III | IV | V |
| **In the open landscape** | | | | | |
| – Simple landscaping | x | | | | |
| – Sowing in the open landscape | x | | | | |
| – Planting in the open landscape or placement of wind protection plants, with very low or low requirements | x | x | | | |
| – Planting in the open landscape with nature and species protection requirements (compensation requirements) | | | x | | |
| – Areas for species and natural habitat protection with differentiated design requirements or with habitat networking function | | | | x | |

(continued)

| Objects | Fee range | | | | |
|---|---|---|---|---|---|
| | I | II | III | IV | V |
| – Natural water body and embankment design | | | x | | |
| – Landscaping and planting for landfills, dumps and sampling points with low or average requirements | | x | x | | |
| – Open spaces with simple finish in smaller housing settlements, for individual building structures and for agricultural relocations | | x | | | |
| – Accompanying vegetation for structural objects, buildings and facilities with low or average requirements | | x | x | | |
| **In city and town locations** | | | | | |
| – Green links without special provisions | | | x | | |
| – Urban green spaces, green links with special provisions | | | | x | |
| – Leisure parks and park areas | | | | x | |
| – Landscaping without or with structural supports | | | x | x | |
| – Accompanying vegetation for structural objects, buildings and facilities as well as on urban outskirts | | x | x | | |
| – School gardens and educational nature trails and areas | | | | x | |
| – House gardens and garden courtyards of a representative nature | | | | x | x |
| **Vegetated buildings** | | | | | |
| – Terraces and roof gardens | | | | | x |
| – Vertical and horizontal greening of buildings with high or very high requirements | | | | x | x |
| – Interior greening with high or very high requirements | | | | x | x |
| – Inner courtyards with high or very high requirements | | | | x | x |
| **Playgrounds and sports facilities** | | | | | |
| – Skiing and sledging slopes with or without technical equipment | x | x | | | |
| – Playing fields | | x | | | |
| – Ball game fields, open green playing areas, with low or average requirements | | x | x | | |
| – Sports facilities in the landscape, circuits, race tracks | | | x | | |
| – Combination playing fields, sports grounds, tennis courts and sports facilities with cinder, synthetic or artificial grass surfaces | | | x | x | |
| – Playgrounds | | | | x | |
| – Type A to C sports facilities or stadiums | | | | x | x |
| – Golf courses with special nature and species protection requirements or in a terrain with pronounced relief | | | | x | x |
| – Outdoor swimming pools with special requirements; swimming ponds | | | | x | x |
| – Schoolyards and recess yards with playing and exercise options | | | | x | |
| **Special facilities** | | | | | |
| – Outdoor stages | | | | x | |
| – Tent pitching or camping sites, bathing grounds, with average or high level provisions equipment or allotments | | | x | x | |

(continued)

| Objects | Fee range | | | | |
|---|---|---|---|---|---|
| | I | II | III | IV | V |
| **Objects** | | | | | |
| – Cemeteries, monuments, memorials, with high or very high level provisions | | | | x | x |
| – Zoological and botanical gardens | | | | | x |
| – Noise protection facilities | | | | x | |
| – Garden and hall shows | | | | | x |
| – Open spaces associated with historic sites, historic parks and gardens, garden monuments | | | | | x |
| **Other outdoor facilities** | | | | | |
| – Open spaces with relation construction, with average topographical conditions or average provisions | | | x | | |
| – Open spaces with relation to construction, with difficult or particularly difficult topographical conditions or high or very high level provisions | | | | x | x |
| – Pedestrian areas and urban areas with high or very high intensity of provisions | | | | x | x |

# Appendix 12 Regarding § 43, Paragraph 4, § 48 Paragraph 5 Basic Services Relating to the Service Profile for Engineering Structures, Special Services, Project List

## Service Profile for Engineering Structures

| Basic services | Special services |
|---|---|
| **SPH 1 Fundamental evaluation** | |
| a) Clarification of the task based on client specifications or requirements<br>b) Determination of planning constraints as well as consultation regarding the entire service requirements<br>c) Formulation of decision-making aids for selection of other specialists involved in planning<br>d) For objects according to § 41, number 6 and 7 that require structural design: Clarification of the task, also in the field of structural design<br>e) Site visits<br>f) Summary, explanation and documentation of results | – Selection and inspection of similar objects |

(continued)

| Basic services | Special services |
|---|---|
| **SPH 2 Preliminary design** | |
| a) Analysis of fundamentals<br>b) Coordination of envisaged objectives with public law constraints as well as the plans of third parties<br>c) Examination of possible solutions and their impacts on architectural and structural design, fitness for purpose, economic efficiency, taking into account environmental impact<br>d) Acquisition and analysis of official maps<br>e) Development of a planning concept including examination of alternative solutions according to the same requirements, with graphical representation and assessment while integrating contributions of other specialists involved in planning<br>f) Clarification and explanation of significant technical interconnections, processes and conditions<br>g) Pre-coordination with authorities and other specialist involved in planning concerning acceptability, involvement in negotiations on subsidies and cost sharing if applicable<br>h) Involvement in explanation of planning concept to third parties on up to two occasions<br>i) Revision of planning concept in accordance with reservations and suggestions<br>j) Cost estimation, comparison with financial framework conditions<br>k) Summary, explanation and documentation of results | – Creation of as-built wiring/plumbing drawings<br>– In-depth investigations to demonstrate sustainability aspects<br>– Creation of cost-benefit analyses<br>– Economic feasibility study<br>– Procurement of extracts from the land register, cadastre and other official documents |
| **SPH 3 Final design** | |
| a) Preparation of final design based on preliminary design through graphical representation to the extent and level of detail required taking into account all technical requirements<br>Provision of work results as a basis for other specialists involved in planning as well as integration and coordination of specialised planning<br>b) Explanation report using contributions of other specialists involved in planning<br>c) Technical calculations, excluding calculations from other service profiles<br>d) Determination and justification of costs eligible for funding, involvement in preparation of financing plan as well as preparation of applications for financing<br>e) Involvement in explanation of preliminary design to third parties on up to 3 occasions, revision of preliminary design based on reservations and suggestions | – Updating of cost-benefit analyses<br>– Involvement in administrative agreements<br>– Proof of compelling reasons of predominant public interest regarding the necessity of the measure (e.g. area and species protection according to Council Directive 92/43/EEC of 21 May 1992 on the conservation of natural habitats and of wild fauna and flora (OJ L 206, 22.7.1992, p. 7)<br>– Hypothetical cost calculations (cost splitting) |

(continued)

| Basic services | Special services |
|---|---|
| f) Pre-coordination of acceptability with authorities and other specialists involved in planning<br>g) Cost calculation including associated determination of quantities, comparison of cost calculation with cost estimation<br>h) Determination of significant construction phases taking into account traffic control and maintenance of operation during the construction period<br>i) Construction time schedule and cost plan<br>j) Summary, explanation and documentation of results | |
| **SPH 4 Planning permission application** | |
| a) Preparation and compilation of documents required for public law or consent procedures including applications for exceptions and exemptions, creation of a construction directory using contributions of other specialists involved in planning<br>b) Creation of a property acquisition plan and a property acquisition directory using contributions of other specialists involved in planning<br>c) Completion and adaptation of planning documents, descriptions and calculations using contributions of other specialists involved in planning<br>d) Coordination with the authorities<br>e) Involvement in permission procedures including participation in up to 4 meetings designated for explanation and discussion<br>f) Involvement in writing statements of opinion on reservations and suggestions in up to 10 categories | – Involvement in obtaining consent from parties concerned |
| **SPH 5 Execution planning** | |
| a) Preparation of execution planning based on results of service phases 3 and 4, taking all into account all technical requirements and using contributions of other specialists involved in planning until development of a solution ready for execution<br>b) Graphical representation, explanations and calculations associated with project planning with all individual information required for execution including detail drawings in the required scales<br>c) Provision of work results as basis for other specialists involved in planning and integration of their contributions until development of a solution ready for execution<br>d) Completion of execution planning during project execution | – Comprehensive and integrated programming of work<br>– Coordination of the complete project<br>– Preparation of progress schedules and precedence diagrams<br>– Planning of process engineering and technology plants for engineering structures according to § 41, number 1–3 and 5, assigned to the contractor, who also provides the basic services for the particular engineering structures |

(continued)

| Basic services | Special services |
|---|---|
| **SPH 6 Preparation of contract award** | |
| a) Determination of quantities according to individual items using contributions of other specialists involved in planning<br>b) Preparation of award documents, particularly creation of specifications with bills of quantities as well as special contract conditions<br>c) Coordination and agreement of interfaces for specifications of other specialists involved in planning<br>d) Definition of significant execution phases<br>e) Determination of costs based on bills of quantities priced by the planner (architect/civil engineer)<br>f) Cost control by comparison of bills of quantities priced by the planner (architect/civil engineer) with cost calculation<br>g) Compilation of award documents | – detailed planning of construction phases in case of special requirements |
| **SPH 7 Involvement in contract award** | |
| a) Solicitation of offers<br>b) Review and assessment of offers, preparation of price comparison list<br>c) Coordination and compilation of services of specialists involved in the award process<br>d) Conduction of tender negotiations<br>e) Creation of award proposals, documentation of award procedure<br>f) Compilation of contract documents<br>g) Comparison of tender results with bills of quantities priced by the planner or cost calculation<br>h) Involvement in contract placement | – Review and assessment of alternative offers |
| **SPH 8 Project supervision** | |
| a) Management of the local construction supervision, coordination of specialists involved in project supervision, single inspection of plans for compliance with object to be executed and involvement in their release<br>b) Preparation, updating and monitoring of time schedule (bar diagram)<br>c) Initiation of and involvement in giving notice of default to executing companies<br>d) Cost determination, comparison of cost determination with contract value<br>e) Acceptance of construction services, services and deliveries in cooperation with the local construction supervision and other specialists involved in planning and project supervision, detection of deficiencies, preparation of a record on the result of the acceptance procedure | – Cost control<br>– Examination of subsequent additions<br>– Creation of as-built documents<br>– Creation of as-built plans<br>– Local construction supervision:<br>– Plausibility check of setting out<br>– Monitoring of execution of construction services<br>– Involvement in briefing of contractor on building measure (construction start-up meeting)<br>– Monitoring of project execution for compliance with documents released for execution, the construction contract and client specifications<br>– Review and assessment of eligibility of subsequent additions |

(continued)

| Basic services | Special services |
|---|---|
| f) Monitoring of functionality tests performed on components of the facility and the overall facility<br>g) Application for official acceptance procedures and participation therein<br>h) Project handover<br>i) Listing limitation periods for claims arising from deficiencies<br>j) Compilation and handover of documentation of construction progress, as-built documents and maintenance regulations | – Conduction or initiation of control checks<br>– Monitoring of rectification of deficiencies determined during the work acceptance procedure<br>– Documentation of construction progress<br>– Involvement in site survey with executing companies and verification of site surveys<br>– Involvement in official acceptance procedures<br>– Involvement in acceptance of services and deliveries<br>– Auditing, comparison of results of audits with contract value<br>– Involvement in monitoring functionality tests on components of the facility and the overall facility<br>– Monitoring of execution of supporting structures according to Appendix 14.2, fee range I and II with very low and low planning requirements for compliance with proof of stability |
| **SPH 9 Post-completion services** | |
| a) Technical assessment of deficiencies identified within the limitation periods for warranty claims, but no longer than five years after acceptance of the service, including necessary inspections<br>b) Project inspection for identification of deficiencies before expiry of limitation periods for claims arising from deficiencies against executing companies<br>c) Involvement in release of security deposits | – Monitoring rectification of deficiencies within the limitation period |

## Project List – Engineering Structures

The objects below are generally allocated to the following fee ranges:

| | Fee range | | | | |
|---|---|---|---|---|---|
| | I | II | III | IV | V |
| **Group 1 – Buildings and facilities for water supply** | | | | | |
| Cisterns | x | | | | |
| – Simple facilities for obtaining and transportation of water, for example spring tapping, shaft well | | x | | | |
| – Deep wells | | | x | | |
| – Well galleries and horizontal wells | | | | x | |

(continued)

| | Fee range | | | | |
|---|---|---|---|---|---|
| | I | II | III | IV | V |
| – Pipes for water without flow restrictions | x | | | | |
| – Pipes for water with few interconnections and few flow restrictions | | x | | | |
| – Pipes for water with numerous interconnections and several flow restrictions | | | x | | |
| – Simple pipe networks for water | | x | | | |
| – Pipe networks with several interconnections and numerous flow restrictions and a pressure zone | | | x | | |
| – Pipe networks for water with numerous interconnections and numerous flow restrictions | | | | x | |
| – Simple systems for water storage, such as prefabricated containers, firefighting water reservoir | | x | | | |
| – Storage containers | | | x | | |
| – Storage containers as tower constructions | | | | x | |
| – Simple water treatment plants and facilities using mechanical methods, pumping stations and pressure boosting systems | | | x | | |
| – Water treatment plants using physical and chemical methods, difficult pumping stations and pressure boosting systems | | | | x | |
| – Buildings and facilities with multi-stage or combined water treatment methods | | | | | x |
| **Group 2 – Constructions and facilities for wastewater disposal** with exception of drainage systems for traffic facilities and rainwater seepage pits (delimitation of outdoor facilities) | | | | | |
| – Pipes for wastewater without flow restrictions | x | | | | |
| – Pipes for wastewater with few connections and flow restrictions | | x | | | |
| – Pipes for wastewater with numerous connections and numerous flow restrictions | | | x | | |
| – Simple pipe networks for wastewater | | x | | | |
| – Pipe networks for wastewater with several connections and several flow restrictions | | | x | | |
| – Pipe networks for wastewater with numerous flow restrictions | | | | x | |
| – Earth tanks as rainwater retention basin | | x | | | |
| – Rainwater basins and combined sewer overflow tunnel with few connections and flow restrictions | | | x | | |
| – Rainwater basins and combined sewer overflow tunnel with numerous connections and flow restrictions, combined rainwater management facilities | | | | x | |
| – Sludge settling facilities, sludge polders | | x | | | |
| – Sludge settling facilities with mechanical installations | | | x | | |
| – Sludge treatment plants | | | | x | |
| – Constructions and facilities with multi-stage or combined sludge treatment procedures | | | | | x |
| – Industrially systematised wastewater treatment plants, simple pumping stations and lifting systems | | x | | | |
| – Wastewater treatment plants with common aerobic stabilization, pumping stations and lifting systems | | | x | | |
| – Wastewater treatment plants, difficult pumping stations and lifting systems | | | | x | |
| – Difficult wastewater treatment plants | | | | | x |

(continued)

| | Fee range | | | | |
|---|---|---|---|---|---|
| | I | II | III | IV | V |
| **Group 3 – Constructions and facilities for water engineering** except for outdoor facilities according to § 39, paragraph 1 | | | | | |
| – Irrigation and pipeless drainage systems, area-based earthworks with different fill depths or materials, | | x | | | |
| – Overhead irrigation and pipe drainage systems | | | x | | |
| – Overhead irrigation and pipe drainage systems with uneven ground and difficult terrain conditions | | | | x | |
| – Single bodies of water with uniform undivided cross sections without flow restrictions, excepting bodies of water with predominantly ecological and landscape design elements | x | | | | |
| – Single bodies of water with uniform divided cross section and a number of flow restrictions | | x | | | |
| – Single bodies of water with non-uniform undivided cross section and a number of flow restrictions, water systems with a number of flow restrictions | | | x | | |
| – Single bodies of water with non-uniform divided cross section and many flow restrictions, water systems with many flow restrictions, particularly difficult water body development with very high technical requirements and ecological compensation measures | | | | x | |
| – Ponds with up to 3 m-high dam above foundation without flood relief, excepting ponds without dams | x | | | | |
| – Ponds with more than 3 m-high dam above foundation without flood relief, ponds with up to 3 m-high dam above foundation with flood relief | | x | | | |
| – Flood retention basins and dams with dam heights of 5 m above foundation or up to 100,000 $m^3$ storage capacity | | | x | | |
| – Flood retention basins and dams with more than 100,000 $m^3$ and less than 5,000,000 $m^3$ storage capacity | | | | x | |
| – Flood retention basins and dams with more than 5,000,000 $m^3$ storage capacity | | | | | x |
| – Dike and dam constructions | | x | | | |
| – Difficult dike and dam constructions | | | x | | |
| – Particularly difficult dike and dam constructions | | | | x | |
| – Simple pumping facilities, pumping and water raising plants | | x | | | |
| – Pumping and water raising plants, sluices | | | x | | |
| – Difficult pumping and water raising plants | | | | x | |
| – Simple passages | x | | | | |
| – Channels and culverts | | x | | | |
| – Difficult channels and culverts | | | x | | |
| – Particularly difficult channels and culverts | | | | x | |
| – Simple permanent weirs | | x | | | |
| – Permanent weirs | | | x | | |
| – Simple movable weirs | | | x | | |
| – Movable weirs | | | | x | |
| – imple flood barriers and flood gates | | | x | | |
| – Flood barriers | | | | x | |

(continued)

| | Fee range | | | | |
|---|---|---|---|---|---|
| | I | II | III | IV | V |
| – Small water power plants | | | x | | |
| – Water power plants | | | | x | |
| – Difficult water power plants, for example pumped-storage plants or cavern power plants | | | | | x |
| – Cofferdams, flood walls | | | x | | |
| – Cofferdams, flood protection walls with difficult construction | | | | x | |
| – Floating caissons, difficult cofferdams, breakwaters | | | | | x |
| – Ship landing stages with dolphin piles, guide walls, moorings and fender facilities on bodies of standing water | x | | | | |
| – Ship landing stages with dolphin piles, guide walls, moorings and fender facilities on bodies of flowing water, simple ship loading and unloading points, simple quay walls and piers | | x | | | |
| – Ship loading and unloading points, harbours, each with dolphin piles, guide walls, moorings and fender facilities with high loads, quay walls and piers | | | x | | |
| – Ship landing stages, loading and unloading with influence of tides or floods, harbours under the influence of tides and floods, difficult quay walls and piers | | | | x | |
| – Difficult floating piers, movable loading bridges | | | | | x |
| – Simple bank reinforcements | x | | | | |
| – Bank walls and revetments | | x | | | |
| – Difficult bank walls and revetments, bank and bed protection of waterways | | | x | | |
| – Navigable waterways, with dolphin piles, guide walls, with simple conditions | | | x | | |
| – Navigable waterways, with dolphin piles, guide walls, with difficult conditions in dam sections, with over- or underpasses | | | | x | |
| – Canal bridges | | | | | x |
| – Simple locks for ships, boat locks | | x | | | |
| – Locks for ships with low lifting heights | | | x | | |
| – Ship locks with high lifting heights and locks with water-saving locks | | | | x | |
| – Ship lifts | | | | | x |
| – Shipyards, simple docks | | | x | | |
| – Difficult docks | | | | x | |
| – Floating docks | | | | | x |
| **Group 4 – Constructions and facilities for supply and disposal** with gases, energy carriers, solids including liquids hazardous to water, excluding facilities according to § 53 paragraph 2 | | | | | |
| – Transport lines for long-distance heating, liquids and gases hazardous to water without flow restrictions | x | | | | |
| – Transport lines for long-distance heating, liquids and gases hazardous to water with few connections and few flow restrictions | | x | | | |
| – Transport lines for long-distance heating, liquids and gases hazardous to water with numerous connections or numerous flow restrictions | | | x | | |
| – Transport lines for long-distance heating, liquids and gases hazardous to water with numerous connections and numerous flow restrictions | | | | x | |
| – Industrially prefabricated, single-stage light liquid separators | | x | | | |
| – Single-stage light liquid separators | | | x | | |
| – Multi-stage light liquid separators | | | | x | |

(continued)

| | Fee range | | | | |
|---|---|---|---|---|---|
| | I | II | III | IV | V |
| – Empty conduit networks with few connections | | | x | | |
| – Empty conduit networks with numerous connections | | | | x | |
| – Standard prefabricated containers for tank facilities | x | | | | |
| – Pumping centres for tank facilities in cast-in-place concrete construction | | | x | | |
| – Facilities for storage of liquids hazardous to water in simple cases | | | x | | |
| **Group 5 – Constructions and facilities for waste disposal** | | | | | |
| – Temporary storage, collection points and transfer stations of an open | x | | | | |
| structural design for waste or recyclables without additional installation | | x | | | |
| – Temporary storage, collection points and transfer stations of an open | | | x | | |
| structural design for waste or recyclables with simple additional installations | | | | | |
| – Temporary storage, collection points and transfer stations of open structural | | | | | |
| design for waste or recyclables with difficult additional installations | | | | | |
| – Simple, one-stage treatment plants for recyclables | | x | | | |
| – Treatment plants for recyclables | | | x | | |
| – Multi-stage treatment plants for recyclables | | | | x | |
| – Simple construction waste treatment plants | | x | | | |
| – Construction waste treatment plants | | | x | | |
| – Construction waste landfills without special installations | | x | | | |
| – Construction waste landfills | | | x | | |
| – Vegetable waste composting plants without special installations | | x | | | |
| – Organic waste composting plants, vegetable waste composting plants | | | x | | |
| – Composting plants | | | | x | |
| – Household waste and mono-landfills | | | x | | |
| – Household waste landfills and mono-landfills with difficult technical requirements | | | | x | |
| – Facilities for conditioning of hazardous waste | | | | x | |
| – Incineration plants, pyrolysis plants | | | | | x |
| – Hazardous waste landfill | | | | x | |
| – Facilities for underground repositories | | | | x | |
| – Container dumps | | | | x | |
| – Sealing of old waste deposits and contaminated sites | | | x | | |
| – Sealing of old waste deposits and contaminated sites with difficult technical requirements | | | | x | |
| – Facilities for treatment of contaminated soils including sub-surface air | | | | x | |
| – Simple groundwater decontamination plants | | | | x | |
| – Complex groundwater decontamination plants | | | | | x |
| **Group 6 – Structural engineering for traffic facilities** | | | | | |
| – Noise barriers, except for noise barriers as a means of landscaping | x | | | | |
| – Simple noise protection facilities | | x | | | |
| – Noise protection facilities | | | x | | |
| – Noise protection facilities in difficult urban development situations | | | | x | |

(continued)

| | Fee range | | | | |
|---|---|---|---|---|---|
| | I | II | III | IV | V |
| – Straight single-span bridges of simple structural design | | x | | | |
| – Single-span bridges | | | x | | |
| – Simple multi-span bridges and arched bridges | | | x | | |
| – Difficult single-span, multi-span and arched bridges | | | | x | |
| – Difficult, longitudinally pre-stressed composite-steel constructions | | | | | x |
| – Particularly difficult bridges | | | | | x |
| – Tunnel and trough structures | | | x | | |
| – Difficult tunnel and trough structures | | | | x | |
| – Particularly difficult tunnel and trough structures | | | | | x |
| – Underground train stations | | | x | | |
| – Difficult underground train stations | | | | x | |
| – Particularly difficult underground train stations and interchange train stations | | | | | x |
| **Group 7 – Other individual constructions**<br>other individual constructions, except for buildings and overhead line masts | | | | | |
| – Simple chimneys | | x | | | |
| – Chimneys | | | x | | |
| – Difficult chimneys | | | | x | |
| – Particularly difficult chimneys | | | | | x |
| – Simple masts and towers without superstructures | x | | | | |
| – Masts and towers without superstructures | | x | | | |
| – Masts and towers with superstructures | | | x | | |
| – Masts and towers with superstructures and mechanical floor | | | | x | |
| – Masts and towers with superstructures, mechanical floor and visitor facilities | | | | | x |
| – Simple cooling towers | | | x | | |
| – Cooling towers | | | | x | |
| – Difficult cooling towers | | | | | x |
| – Supply structures and protective tubes in very simple cases without flow restrictions | x | | | | |
| – Supply structures and protective tubes with associated shafts for supply systems with few flow restrictions | | x | | | |
| – Supply structures with associated shafts for supply systems under confined conditions | | | x | | |
| – Supply structures with associated shafts in difficult cases for multiple media | | | | x | |
| – Surface-founded, individually placed silos without annexes | | x | | | |
| – Individually placed silos with simple annexes, also in group construction | | | x | | |
| – Silos with merged cell blocks and annexes | | | | x | |
| – Difficult wind power stations | | | | x | |
| – Unanchored support structures with slight terrain undulations without traffic load as a means of landscaping and for structural slope protection | x | | | | |
| – Unanchored support structures with high terrain undulations with traffic load under simple building ground, loading and terrain conditions | | x | | | |
| – Supporting structures with anchoring or unanchored supporting structures under difficult building ground, loading or terrain conditions | | | x | | |
| – Supporting structures with anchoring and difficult building ground, loading or terrain conditions | | | | x | |

(continued)

| | Fee range | | | | |
|---|---|---|---|---|---|
| | I | II | III | IV | V |
| – Supporting structures with anchoring and unusually difficult boundary conditions | | | | | x |
| – Slurry walls and bored pile walls, soldier pile walls | | | x | | |
| – Simple load-bearing scaffoldings and other simple scaffoldings | | | x | | |
| – Load-bearing scaffoldings and other scaffoldings | | | | x | |
| – Very difficult scaffoldings and very high or wide-spanning load-bearing scaffoldings, displaceable (load-bearing) scaffoldings | | | | | x |
| – Independent underground car parks, simple shaft and cavern structures, simple tunnel structures | | | x | | |
| – Difficult independent underground car parks, difficult shaft and cavern structures, difficult tunnel structures | | | | x | |
| – Particularly difficult shaft and cavern structures | | | | | x |

# Appendix 13 Regarding § 47, Paragraph 2, § 48, Paragraph 5 Basic Services Relating to the Service Profile for Traffic Facilities, Special Services, Project List

## Service Profile for Traffic Facilities

| Basic services | Special services |
|---|---|
| **SPH 1 Fundamental evaluation** | |
| a) Clarification of the task based on client specifications or requirements<br>b) Determination of planning constraints as well as consultation regarding the entire service requirements<br>c) Formulation of decision-making aids for selection of other specialists involved in planning<br>d) Site visit<br>e) Summary, explanation and documentation of results | – Determination of special impacts, not specified in the standards<br>– Selection and inspection of similar objects |
| **SPH 2 Preliminary design** | |
| a) Acquisition and analysis of official maps<br>b) Analysis of fundamentals<br>c) Coordination of envisaged objectives with public law constraints as well as the plans of third parties<br>d) Examination of possible solutions and their impacts on architectural and structural design, fitness for purpose, economic efficiency, taking into account environmental impact<br>e) Development of a planning concept, including examination of up to 3 variants according to the same requirements, with graphical representation and assessment while integrating contributions of other specialists involved in planning | – Creation of as-built wiring/plumbing drawings<br>– Studies regarding sustainability<br>– Creation of cost-benefit analyses<br>– Economic feasibility study<br>– Procurement of extracts from the land register, cadastre and other official documents |

(continued)

| Basic services | Special services |
|---|---|
| Rough traffic-related dimensioning of the traffic facility, determination of noise immissions from the traffic facility at critical points according to tabular values, examination of possible noise protection measures, excluding detailed acoustic tests<br>f) Clarification and explanation of significant technical interconnections, processes and conditions<br>g) Pre-coordination with authorities and other specialist involved in planning concerning acceptability, involvement in negotiations on subsidies and cost sharing if applicable<br>h) Involvement in explanation of planning concept to third parties on up to 2 occasions<br>i) Revision of planning concept in accordance with reservations and suggestions<br>j) Provision of documents as excerpts from the preliminary examination for use in a regional planning procedure<br>k) Cost estimation, comparison with financial framework conditions<br>l) Summary, explanation and documentation | |
| **SPH 3 Final design** | |
| a) Preparation of final design based on preliminary design through graphical representation to the extent and level of detail required taking into account all technical requirements<br>Provision of work results as a basis for other specialists involved in planning as well as integration and coordination of specialised planning<br>b) Explanation report using contributions of other specialists involved in planning<br>c) Technical calculations, excluding calculations from other service profiles<br>d) Determination of costs eligible for funding, involvement in preparation of financing plan as well as preparation of applications for financing<br>e) Involvement in explanation of preliminary design to third parties on up to three occasions, revision of preliminary design based on reservations and suggestions<br>f) Pre-coordination of acceptability with authorities and other specialists involved in planning<br>g) Cost calculation including associated determination of quantities, comparison of cost calculation with cost estimation<br>h) Approximate specification of the dimensions of engineering structures | – Updating of cost-benefit analyses<br>– Detailed signalling calculations<br>– Involvement in administrative agreements<br>– Proof of compelling reasons of predominant public interest regarding the necessity of the measure (e.g. area and species protection according to Council Directive 92/43/EEC of 21 May 1992 on the conservation of natural habitats and of wild fauna and flora (OJ L 206, 22.7.1992, p. 7)<br>– Hypothetical cost calculations (cost splitting) |

(continued)

| Basic services | Special services |
|---|---|
| i) Determination of noise immissions from the traffic facility according to tabular values; specification of the sound protection measures required for the traffic facility, possibly incorporating the results of detailed acoustic tests and determination of the need for noise protection measures at buildings concerned<br>j) Calculative definition of the object<br>k) Demonstration of the impacts on constraining points<br>l) Evidence of clearance profiles<br>m) Determination of significant construction phases taking into account traffic control and maintenance of operation during the construction period<br>n) Construction time schedule and cost plan<br>o) Summary, explanation and documentation of results | |
| **SPH 4 Planning permission application** | |
| a) Preparation and compilation of documents required for public law or consent procedures including applications for exceptions and exemptions, creation of a construction directory using contributions of other specialists involved in planning<br>b) Creation of a property acquisition plan and a property acquisition directory using contributions of other specialists involved in planning<br>c) Completion and adaptation of planning documents, descriptions and calculations using contributions of other specialists involved in planning<br>d) Coordination with the authorities<br>e) Involvement in permission procedures including participation in up to four meetings designated for explanation and discussion<br>f) Involvement in writing statements of opinion on reservations and suggestions in up to 10 categories | – Involvement in obtaining consent from parties concerned |
| **SPH 5 Execution planning** | |
| a) Preparation of execution planning based on results of service phases 3 and 4, taking all into account all technical requirements and using contributions of other specialists involved in planning until development of a solution ready for execution<br>b) Graphical representation, explanations and calculations associated with project planning with all individual information required for execution including detail drawings in the required scales<br>c) Provision of work results as a basis for other specialists involved in planning and integration of their contributions until development of a solution ready for execution<br>d) Completion of execution planning during project execution | – Integrated planning of construction progress across objects<br>– Coordination of the complete project<br>– Preparation of progress schedules and precedence diagrams |

(continued)

| Basic services | Special services |
|---|---|
| **SPH 6 Preparation of contract award** | |
| a) Determination of quantities according to individual items using contributions of other specialists involved in planning<br>b) Preparation of award documents, particularly creation of specifications with bills of quantities as well as special contract conditions<br>c) Coordination and agreement of interfaces for specifications of other specialists involved in planning<br>d) Definition of significant execution phases<br>e) Determination of costs based on bills of quantities priced by the planner (architect/civil engineer)<br>f) Cost control by comparison of bills of quantities priced by the planner (architect/civil engineer) with cost calculation<br>g) Compilation of award documents | – detailed planning of construction phases in case of special requirements |
| **SPH 7 Involvement in contract award** | |
| a) Solicitation of offers<br>b) Review and assessment of offers, preparation of price comparison lists<br>c) Coordination and compilation of services of specialists involved in the award process<br>d) Conduction of tender negotiations<br>e) Creation of award proposals, documentation of award procedure<br>f) Compilation of contract documents<br>g) Comparison of tender results with bills of quantities priced by the planner and cost calculation<br>h) Involvement in contract placement | – Review and assessment of alternative offers |
| **SPH 8 Project supervision** | |
| a) Supervision of the local construction supervision, coordination of specialists involved in project supervision, single inspection of plans for compliance with object to be executed and involvement in their release<br>b) Preparation, updating and monitoring of time schedule (bar diagram)<br>c) Initiation of and involvement in giving notice of default to executing companies<br>d) Cost determination, comparison of cost determination with contract value<br>e) Acceptance of construction services, services and deliveries in cooperation with the local construction supervision and other specialists involved in planning and project supervision, detection of deficiencies, preparation of a record on the result of the acceptance procedure | – Cost control<br>– Examination of subsequent additions<br>– Creation of as-built documents<br>– Creation of as-built plans<br>– Local construction supervision:<br>– Plausibility check of setting out<br>– Monitoring of execution of construction services<br>– Involvement in briefing of contractor with building measure (construction start-up meeting)<br>– Monitoring of project execution for compliance with documents released for execution, the construction contract and client specifications |

(continued)

| Basic services | Special services |
|---|---|
| f) Application for official acceptance procedures and participation therein<br>g) Monitoring of functionality tests performed on components of the facility and the overall facility<br>h) Project handover<br>i) Listing limitation periods for claims arising from deficiencies<br>j) Compilation and handover of documentation of construction progress, as-built documents and maintenance regulations | – Review and assessment of eligibility of subsequent additions<br>– Conduction or initiation of control checks<br>– Monitoring of rectification of deficiencies determined during the work acceptance procedure<br>– Documentation of construction progress<br>– Involvement in site survey with executing companies and verification of site surveys<br>– Involvement in official acceptance procedures<br>– Involvement in acceptance of services and deliveries<br>– Auditing, comparison of results of audits with contract value<br>– Involvement in monitoring functionality tests on components of the facility and the overall facility<br>– Monitoring of execution of supporting structures in accordance with Appendix 14.2, fee range I and II with very low and low planning requirements for compliance with proof of stability |
| **SPH 9 Post-completion services** | |
| a) Technical assessment of deficiencies identified within the limitation periods for warranty claims, but no longer than five years after acceptance of the service, including necessary inspections<br>b) Project inspection for identification of deficiencies before expiry of limitation periods for claims arising from deficiencies against executing companies<br>c) Involvement in release of security deposits | – Monitoring of rectification of deficiencies within the limitation period |

## Project List – Traffic Facilities

The traffic facilities below are generally allocated to the following fee ranges:

| Objects | Fee range | | | | |
|---|---|---|---|---|---|
| | I | II | III | IV | V |
| **a) Facilities of road traffic** | | | | | |
| **Non-urban streets** | | | | | |
| – Without special restrictions or in fairly even terrain | | x | | | |
| – With special restrictions or in irregular terrain | | | x | | |
| – With many special restrictions or in very irregular terrain | | | | x | |
| – In mountainous areas | | | | | x |
| **Urban streets and places** | | | | | |
| – Residential roads and local distributor roads | | x | | | |
| – Other urban streets with normal traffic requirements or normal urban development situation (average number of interconnections with surrounding area) | | | x | | |
| – Other urban streets with high traffic requirements or difficult urban development situation (high number of interconnections with surrounding area) | | | | x | |
| – Other urban streets with very high traffic requirements or very difficult urban development situations (very high number of interconnections with surrounding area) | | | | | x |
| **Paths** | | | | | |
| – On flat terrain and with simple drainage conditions | x | | | | |
| – In irregular terrain with simple building ground and drainage conditions | | x | | | |
| – In irregular terrain with difficult building ground and drainage conditions | | | x | | |
| **Places, traffic areas** | | | | | |
| – Simple traffic areas, out-of-town places | x | | | | |
| – Urban parking spaces | | x | | | |
| – Traffic-calmed areas with normal urban development requirements | | | x | | |
| – Traffic-calmed areas with high urban development requirements | | | | x | |
| – Areas for cargo handling (street-to-street) | | | x | | |
| – Areas for cargo handling (combined transport) | | | | x | |
| **Petrol stations, service areas** | | | | | |
| – With normal traffic requirements | x | | | | |
| – With high traffic requirements | | | x | | |
| **Intersections** | | | | | |
| – Simple and level | | x | | | |
| – Difficult and level | | | x | | |
| – Very difficult and level | | | | x | |
| – Simple and not level | | | x | | |
| – Difficult and not level | | | | x | |
| – Very difficult and not level | | | | | x |

(continued)

| Objects | Fee range | | | | |
|---|---|---|---|---|---|
| | I | II | III | IV | V |
| **b) Rail traffic facilities** | | | | | |
| **Track and platform facilities on route** | | | | | |
| – Without track switches and junctions | x | | | | |
| – Without special constraining points or in fairly even terrain | | x | | | |
| – With special constraining points or in irregular terrain | | | x | | |
| – With many constraining points or in very irregular terrain | | | | x | |
| **Track and platform facilities at stations** | | | | | |
| – With simple track plans | | x | | | |
| – With difficult track plans | | | x | | |
| – With very difficult track plans | | | | x | |
| **c) Air traffic facilities** | | | | | |
| – Simple traffic areas for landing places, glider airfields | | x | | | |
| – Difficult traffic areas for landing places, simple traffic areas for airports | | | x | | |
| – Difficult traffic areas for airports | | | | x | |

# Appendix 14 Regarding § 51, Paragraph 5, § 52 Paragraph 2 Basic Services Relating to the Service Profile for Structural Design, Special Services, Project List

## Service Profile for Structural Design

| Basic services | Special services |
|---|---|
| **SPH 1 Fundamental evaluation** | |
| a) Clarification of the task based on client specifications or requirements in agreement with the planner<br>b) Compilation of planning intentions influencing the task<br>c) Summary, explanation and documentation of results | |
| **SPH 2 Preliminary design (project and design preparation)** | |
| a) Analysis of fundamentals<br>b) Consultation in a structural engineering respect, taking into account issues related to stability, usability and economic efficiency<br>c) Involvement in development of a design concept including the examination of possible solutions regarding the supporting structure under the same project conditions with rough depiction, clarification and statement of structural specifications significant for the load-bearing structure, such as concerning building materials, structural design and manufacturing method, construction grid and type of foundation<br>d) Involvement in preliminary negotiations on acceptability with the authorities and other specialists involved in planning<br>e) Involvement in cost estimation and scheduling<br>f) Summary, explanation and documentation of results | – Preparation of comparative calculations for several possible solutions under different conditions<br>– Preparation of a load plan, for example as a basis for evaluation of building ground and consultation regarding the foundation<br>– Preliminary verifiable calculation of significant supporting parts<br>– Preliminary verifiable calculation of the foundation |

(continued)

| Basic services | Special services |
|---|---|
| **SPH 3 Final design (integrated system design)** | |
| a) Development of a support structure solution, taking into account the specialised planning integrated through project planning, up to structural design with graphical representation<br>b) Approximate structural analysis and dimensioning<br>c) Basic determinations pertaining to structural details and main dimensions of the supporting structure, for example design of load-bearing cross-sections, cut-outs and joints; design of support and nodal points as well as the means of connection<br>d) Approximate determination of quantities of concrete reinforcement steel in reinforced concrete construction and quantities of timber in engineering timber construction.<br>e) Involvement in project description and/or explanatory report<br>f) Involvement in negotiations with the authorities and other specialists involved in planning with regard to acceptability<br>g) Involvement in cost estimation and scheduling<br>h) Involvement in comparison of cost calculation with cost estimate<br>i) Summary, explanation and documentation of results | – Early, verifiable calculation of significant load-bearing parts suitable for the execution<br>– Early, verifiable calculation of the foundation suitable for the execution<br>– Additional expenditure for special building methods or special constructions, for example clarification of construction details<br>– Early determination of the quantities of steel or wood for the supporting structure and the force-transmitting connection parts for tendering carried out without availability of execution documents<br>– Proof of earthquake resistance |
| **SPH 4 Planning permission application** | |
| a) Preparation of a verifiable structural analysis calculation for the load-bearing structure, taking into account the prescribed building physics requirements<br>b) For engineering structures: Recording of normal states of construction<br>c) Preparation of layout drawings showing the structural members or addition of the locations of structural members, dimensions of the load-bearing structure, the imposed loads, type and quality of building materials and the particularities of the constructions in the project planner's design drawings<br>d) Compilation of structural design documents for planning application<br>e) Coordination with inspection authorities and inspection engineers or through self-checking<br>f) Completion and correction of calculations and plans | – Proof for structural fire protection, as far as necessary taking temperature into account (structural fire engineering)<br>– Structural analysis calculation and graphical representation for mountain damage safeguards and construction states for engineering structures, as far as these services go beyond the recording of normal construction conditions<br>– Drawings with structural elements and the dimensions of the load-bearing structure, reinforcement cross-sections, imposed loads and type and quality of building materials as well as particularities of the constructions for submission to the building authorities instead of structural element reference plans |

(continued)

| Basic services | Special services |
|---|---|
| | – Preparation of calculations according to military load classes (MLC)<br>– Recording of construction states for engineering structures, where the structural system deviates from the final state<br>– Evidence of structural analysis pertaining to constructions that are not part of the load-bearing structure (for example facades) |
| **SPH 5 Execution planning** | |
| a) Analysis of results of service phases 3 and 4, taking into account specialised planning integrated through project planning<br>b) Preparation of formwork plans in supplementation of finished execution plans by the planner<br>c) Graphical representation of constructions with installation and layout instructions, such as reinforcement drawings, steel or timber construction plans with primary details (not workshop drawings)<br>d) Preparation of a steel or parts list in supplementation of graphical representation of constructions with determination of steel quantity<br>e) Continuation of coordination with inspection authorities and inspection engineers or self-checking | – Construction and evidence of connections for steel and timber construction<br>– Workshop drawings for steel and timber construction including parts lists, element plans for prefabricated reinforced concrete parts including steel and parts lists<br>– Calculation of the expansion values, determination of pre-stressing process and creation of pre-stressing logs for pre-stressed concrete constructions<br>– Shell construction drawings for reinforced concrete constructions that must not be supplemented by plans produced by the project planner on site |
| **SPH 6 Preparation of contract award** | |
| a) Determination of the reinforcing steel quantities for reinforced steel construction, steel quantities for steel construction and timber quantities for timber construction as a result of the execution planning and as a contribution to quantity determination by the project planner<br>b) Approximate determination of quantities of structural steel parts and statically required connection and fastening means for timber constructions<br>c) Involvement in creation of specifications to supplement the quantity determinations as a basis for the bill of quantities of the load-bearing structure | – Contribution to performance specifications of the project planner[x)]<br>– Contribution to preparation of comparative cost overviews of the project planner<br>– Contribution to preparation of bill of quantities of load-bearing structure<br>[x)] This special service becomes a basic service in the case of performance specifications. Basic services of this service phase are not applicable in this case. |

(continued)

| Basic services | Special services |
|---|---|
| **SPH 7 Involvement in contract award** | |
| | – Involvement in inspection and evaluation of service description with service programme offers made by object planner<br>– Involvement in review and assessment and evaluation of alternative offers<br>– Involvement in cost estimation according to DIN 276 or other client specifications from unit prices or lump-sum offers |
| **SPH 8 Project supervision** | |
| | – Inspection of execution of load-bearing structure for compliance with the verified structural analysis documents<br>– Inspection of building aids, such as working scaffoldings and falsework structures, crane rails, building pit support systems<br>– Inspection of fabrication and processing of concrete on site in special cases as well as evaluation of quality checks<br>– Consulting with respect to concrete technology<br>– Involvement in monitoring execution of interventions in load-bearing structure during conversions or modernisations |
| **SPH 9 Documentation and Post-completion services** | |
| | – Site inspection for determination and monitoring influences affecting stability |

## Project List – Structural Design

The supporting structures below can generally be allocated to the following fee ranges:

| | Fee range | | | | |
|---|---|---|---|---|---|
| | I | II | III | IV | V |
| **Assessment criteria for determination of the fee range for structural design** | | | | | |
| – Supporting structures with very low level of difficulty, particularly<br>– simple statically determinate flat supporting structures made of wood, steel, stone or non-reinforced concrete with static loads, without evidence of horizontal bracing | x | | | | |
| – Supporting structures with low level of difficulty, particularly<br>– statically determinate flat supporting structures of conventional design without pre-stressed and composite constructions, with predominantly static loads | | x | | | |
| – Supporting structures with average level of difficulty, particularly | | | x | | |
| – difficult statically determinate and statically indeterminate flat supporting structures of conventional design and without overall stability analyses | | | | | |
| – Supporting structures with high level of difficulty, particularly<br>– statically and structurally difficult supporting structures of conventional design, and supporting structures requiring hard-to-determine influences to be taken into account to demonstrate their stability and strength | | | | x | |
| – Supporting structures with very high level of difficulty, particularly statically and structurally unusually difficult supporting structures | | | | | x |
| **Retaining walls, shoring** | | | | | |
| – Unanchored support walls to brace irregularities in the terrain of up to 2 m in height and structural slope support systems under simple building ground, load and terrain conditions | x | | | | |
| – Securing of irregularities in the terrain of up to 4 m in height without rear anchorage under simple building ground, load and terrain conditions, such as e.g. retaining walls, bank walls, building pit support systems | | x | | | |
| – Securing of irregularities in the terrain without rear anchorage under difficult building ground, load or terrain conditions or with simple rear anchorage in case of simple building ground, load or terrain conditions, such as e.g. retaining walls, bank walls, building pit support systems | | | x | | |
| – Difficult, anchored retaining walls, building pit support systems or bank walls | | | | x | |
| – Building pit support systems with unusually difficult boundary conditions | | | | | x |
| **Foundation** | | | | | |
| – Simple shallow foundations | | x | | | |
| – Shallow foundations with average level of difficulty, flat and spatial pile foundations with average level of difficulty | | | x | | |
| – Difficult shallow foundations, difficult flat and more extensive pile foundations, particularly foundation procedures, undercuttings | | | | x | |
| **Masonry** | | | | | |
| – Masonry structures with load-bearing walls continuing to the foundation without proof of horizontal bracing | | x | | | |
| – Supporting structures with bracing for load-bearing or strutting walls | | | x | | |
| – Constructions with masonry after suitability test (engineering masonry) | | | | x | |

(continued)

| | Fee range | | | | |
|---|---|---|---|---|---|
| | I | II | III | IV | V |
| **Vaults** | | | | | |
| – Simple vaults | | | x | | |
| – Difficult vaults and multiple arch structures | | | | x | |
| **Ceiling constructions, plane load-bearing structures** | | | | | |
| – Ceiling constructions with easy level of difficulty, with predominantly static surface loads | | x | | | |
| – Ceiling constructions with average level of difficulty | | | x | | |
| – Oblique single-span slabs | | | | x | |
| – Oblique multi-span slabs | | | | | x |
| – Obliquely supported or curved girders | | | | x | |
| – Obliquely supported, curved girders | | | | | x |
| – Girder grids and orthotropic slabs with average level of difficulty | | | | x | |
| – Difficult girder grids and difficult orthotropic slabs | | | | | x |
| – Plane load-bearing structures (plates, slabs) with average level of difficulty | | | | x | |
| – Difficult plane load-bearing structures (plates, slabs, folded plates, shells) | | | | | x |
| – Simple folded plates without pre-stressing | | | | x | |
| **Composite constructions** | | | | | |
| – Simple composite constructions without taking into account the influence of creep and shrinkage | | | x | | |
| – Composite constructions of medium difficulty | | | | x | |
| – Composite constructions with pre-stressing by means of tendons or other measures | | | | | x |
| **Framework and skeleton constructions** | | | | | |
| – Braced skeleton constructions | | | x | | |
| – Supporting structures for difficult framework and skeleton constructions as well as tower-like buildings, the proof of stability and bracing of which requires the application of special calculation procedures | | | | x | |
| – Simple framework supporting structures without pre-stressing constructions and without overall stability analyses | | | x | | |
| – Framework supporting structures with average level of difficulty | | | | x | |
| – Difficult framework supporting structures with pre-stressing constructions and stability analyses | | | | | x |
| **Spatial frameworks** | | | | | |
| – Spatial frameworks with average level of difficulty | | | | x | |
| – Difficult spatial frameworks | | | | | x |
| **Cable-braced constructions** | | | | | |
| – Simple cable-braced constructions | | | | x | |
| – Cable-braced constructions with average to very high level of difficulty | | | | | x |
| **Structures with dynamic loading** | | | | | |
| – Supporting structures with simple vibration tests | | | | x | |
| – Supporting structures with vibration tests with average to very high level of difficulty | | | | | x |
| **Special calculation methods** | | | | | |
| – Difficult supporting structures requiring determination of internal forces according to second order theory | | | | x | |

(continued)

| | Fee range | | | | |
|---|---|---|---|---|---|
| | I | II | III | IV | V |
| – Unusually difficult supporting structures requiring determination of internal forces according to second order theory | | | | | x |
| – Difficult supporting structures for new types of construction | | | | | x |
| – Supporting structures with stability proofs that can only be evaluated using model analyses or by calculations with finite elements | | | | | x |
| – Supporting structures where the resilience of the fasteners has to be considered in the internal forces calculations | | | | | x |
| **Pre-stressed concrete** | | | | | |
| – Simple, externally and internally statically determinate pre-stressed constructions supported without constraints | | | x | | |
| – Pre-stressed constructions with average level of difficulty | | | | x | |
| – Pre-stressed constructions with high to very high level of difficulty | | | | | x |
| **Load-bearing scaffoldings** | | | | | |
| – Simple load-bearing scaffoldings and other simple scaffoldings for engineering structures | | x | | | |
| – Difficult load-bearing scaffoldings and other difficult scaffoldings for engineering structures | | | | x | |
| – Very difficult load-bearing scaffoldings and other very difficult scaffoldings for engineering structures, for example wide-spanning or high load-bearing scaffoldings | | | | | x |

# Appendix 15 Regarding § 55, Paragraph 3, § 56 Paragraph 3 Basic Services Relating to the Service Profile for Technical Equipment, Special Services, Project List

## Basic Services and Special Services Relating to the Service Profile for Technical Equipment

| Basic services | Special services |
|---|---|
| **SPH 1 Fundamental evaluation** | |
| a) Clarification of the task based on client specifications or requirements in agreement with the project planner<br>b) Determination of the planning constraints and consultation regarding service requirements and, if applicable, technical connection to the utilities<br>c) Summary, explanation and documentation of results | – Involvement in requirement planning for complex uses for analysis of needs, objectives and limiting conditions (cost, time and other framework conditions) of the client and important participants<br>– Recording of as-is situation, graphical representation and recalculation of existing facilities and facility components<br>– Data collection, analyses and optimisation processes of as-is situation<br>– Performance of consumption measurements<br>– Endoscopic examinations<br>– Involvement in preparation of calls for proposals and preliminary reviews relating to planning competitions |

(continued)

| Basic services | Special services |
|---|---|
| **SPH 2 Preliminary design (project and design preparation)** | |
| a) Analysis of fundamentals Involvement in coordination of services with persons involved in planning<br>b) Development of a planning concept, for instance including: pre-dimensioning of systems and dimension-affecting facility parts, examination of alternative solutions with the same usage requirements including preliminary economic efficiency assessment, graphical representation for integration in project planning taking into account exemplary details and information regarding space requirements<br>c) Preparation of a functional diagram and/or simplified diagram for each facility<br>d) Clarification and explanation of significant interdisciplinary processes, boundary conditions and interfaces, involvement in integration of technical facilities<br>e) Preliminary negotiations on acceptability with the authorities and on infrastructure with the parties involved<br>f) Cost estimation according to DIN 276 (2nd level) and scheduling<br>g) Summary, explanation and documentation of results | – Creation of technical part of room book<br>– Conduction of experiments and model tests |
| **SPH 3 Final design (integrated system design)** | |
| a) Working through the planning concept (step-by-step development of a solution) taking into account all technical requirements as well as observing specialised planning integrated through project planning, until the complete design<br>b) Specification of all systems and facility components<br>c) Calculation and dimensioning of technical facilities and parts thereof, estimation of annual requirements (e.g. useful, final and primary energy demand) and operating costs; coordination of space requirements for technical facilities and parts thereof; graphical representation of the design at a scale agreed with the project planner and with statement of critical dimensions Updating and detailing of the function and wiring diagrams of facilities | – Preparation of special data for planning by third parties, for example for material balances, etc.<br>– Detailed operating cost calculation for the selected facility<br>– Detailed proof of economic efficiency<br>– Calculation of life cycle costs<br>– Detailed pollutant emission calculation for the selected facility<br>– Detailed proof of pollutant emissions<br>– Preparation of a fire protection matrix across the different crafts and trades<br>– Updating of the technical part room book<br>– Designing of the technical systems for engineering structures according to the Machinery Directive<br>– Preparation of tender drawings for performance specifications<br>– Involvement in detailed cost calculation<br>– Simulations for prediction of behaviour of buildings, components, rooms and open spaces |

(continued)

| Basic services | Special services |
|---|---|
| Listing of all facilities with technical data and information such as energy balances<br>Facility descriptions with specification of usage conditions<br>d) Handover of calculation results to other persons involved in planning in order to prepare required evidence; specification and coordination of the information required for structural design pertaining to executions and load data (without creation of slot and execution plans)<br>e) Negotiations on acceptability with the authorities and other parties involved<br>f) Cost calculation according to DIN 276 (3rd level) and scheduling<br>g) Cost control by comparison of cost calculation with cost estimation<br>h) Summary, explanation and documentation of results | |
| **SPH 4 Planning permission application** | |
| a) Preparation and compilation of templates and proofs for permissions or consents required by public law, including applications for exceptions or exemptions as well as involvement in negotiations with the authorities<br>b) Completion and adjustment of planning documents, descriptions and calculations | |
| **SPH 5 Execution planning** | |
| a) Preparation of execution planning on the basis of the results of service phases 3 and 4 (step-by-step preparation and depiction of the solution) taking into account specialised planning integrated through project planning until solution ready for execution<br>b) Updating of calculations and dimensioning for design of technical facilities and components thereof<br>Graphical representation of the facilities at a scale and level of detail agreed with the project planner and including dimensions (no assembly or workshop plans)<br>Adaptation and detailing of function and wiring diagrams of facilities and/or building automation function lists | – Verification and acknowledgement of formwork plans by the supporting structure planner for compliance with slot and breakthrough plans<br>– Creation of plans for connection of supplied operating resources and machines (machine connection planning) with special effort (for example for production facilities)<br>– Empty conduit planning with special effort (for example in case of exposed concrete or pre-fabricated parts)<br>– Involvement in the planning of details with special requirements, for example the layout of walls in highly equipped areas<br>– Creation of all-pole circuit diagrams |

(continued)

| Basic services | Special services |
|---|---|
| Coordination of execution drawings with project planner and other specialised planners<br>c) Creation of slot and breakthrough plans<br>d) Updating of time schedule<br>e) Updating of execution planning to the status of the tender results and the then available execution planning by the project planner, handover of updated execution planning to the executing companies<br>f) Verification and acknowledgement of assembly and workshop plans of the executing companies for compliance with the execution planning | |
| **SPH 6 Preparation of contract award** | |
| a) Determination of quantities as a basis for preparation of bills of quantities in coordination with contributions by other specialists involved in planning<br>b) Preparation of award documents, especially with bills of quantities according to service areas, including the maintenance services based on existing regulations<br>c) Involvement in coordination of interfaces for the specifications of other specialists involved in planning<br>d) Determination of costs based on bills of quantities priced by the planner<br>e) Cost control by comparing bills of quantities priced by the planner with cost calculation<br>f) Compilation of award documents | – Preparation of maintenance planning and organisation<br>– Tendering of maintenance services, as far as these deviate from existing regulations |
| **SPH 7 Involvement in contract award** | |
| a) Solicitation of offers<br>b) Review and assessment of offers, preparation of price comparison lists according to individual items, review and assessment of offers for additional or changed services of the executing companies and appropriateness of the prices<br>c) Conduction of tender negotiations<br>d) Comparison of tender results with bills of quantities priced by the planner and cost calculation<br>e) Preparation of award proposals, involvement in documentation of awarding procedures<br>f) Compilation of contract documents and contract placement | – Review and assessment of alternative offers<br>– Involvement in the inspection of offers justified from a building industry perspective (claim management) |

(continued)

| Basic services | Special services |
|---|---|
| **SPH 8 Project supervision (construction supervision and documentation)** | |
| a) Monitoring of execution for compliance with permission or consent required by public law, contracts with executing companies, execution documents, assembly and workshop plans, relevant regulations and the generally accepted codes of practice<br>b) Involvement in coordination of parties involved in project<br>c) Preparation, updating and monitoring of the schedule (bar chart)<br>d) Documentation of construction progress (construction diary)<br>e) Verification and assessment of necessity of changed or additional services of contractors and appropriateness of prices<br>f) Joint on-site measurement with executing companies<br>g) Auditing in terms of calculations and technical aspects with verification and certification of performance status based on verifiable performance records<br>h) Cost control by inspection of invoicing of services by executing companies in comparison to contract prices and cost estimate<br>i) Determination of costs<br>j) Involvement in performance and functional tests<br>k) Technical acceptance of services based on presented documentation, creation of acceptance protocol, identification of deficiencies and issuing of an acceptance recommendation<br>l) Application for official acceptance procedures and participation therein<br>m) Verification of presented auditing documents for completeness in number and content as well as spot check regarding agreement with status of execution<br>n) Listing limitation periods for claims for rectification of deficiencies<br>o) Monitoring of rectification of deficiencies identified during acceptance procedure<br>p) Systematic compilation of documentation, graphical representations and computational results of the project | – Conduction of performance measurements and functional tests<br>– Factory acceptance tests<br>– Updating of execution plans (for example floor plans, sections, elevations) up to as-built status<br>– Creation of invoice documents instead of executing companies, for example site survey<br>– Final invoice (execution by substitution)<br>– Creation of interdisciplinary operating guidelines (for example operating handbook, repair handbook) or computer-aided facility management concepts<br>– Planning aids for the purpose of repair |

(continued)

| Basic services | Special services |
|---|---|
| **SPH 9 Post-completion services** | |
| a) Technical assessment of deficiencies identified within the limitation periods for warranty claims, but no longer than five years after acceptance of the service since acceptance of service, including necessary inspections<br>b) Project inspection for identification of deficiencies before expiry of limitation periods for claims arising from deficiencies against executing companies<br>c) Involvement in release of security deposits | – Monitoring of rectification of deficiencies within the limitation period<br>– Energy monitoring within warranty phase, involvement in annual consumption measurements for all media<br>– Comparison with requirement values from planning, proposals for optimisation of operation and for lowering media and energy consumption |

## Appendix 15.2 Project List

| | Fee range | | |
|---|---|---|---|
| | I | II | III |
| **Facility group 1 – Wastewater or gas facilities** | | | |
| – Facilities with short simple networks | x | | |
| – Wastewater, water, gas or sanitary facilities with branched networks, drinking water circulation facilities, lifting systems, pressure boosting systems | | x | |
| – Facilities for cleaning, detoxification or neutralisation of wastewater, facilities for biological, chemical or physical treatment of water, facilities with special hygienic requirements or new techniques (for example hospitals, retirement home or nursing facilities)<br>– Gas pressure regulator stations, multi-stage light liquid separators | | | x |
| **Facility group 2 – Heat supply facilities** | | | |
| – Individual heating devices, heating system for one storey | x | | |
| – Building heating systems, mono- or bivalent systems (for example solar systems for domestic water heating, heat pump systems)<br>– Surface heating<br>– House substations<br>– Branched networks | | x | |
| – Multivalent systems<br>– Systems with combined heat and power, steam systems, hot water systems, radiant ceiling heating systems (for example sports or industrial halls) | | | x |
| **Facility group 3 – Ventilation systems** | | | |
| – Individual exhaust-air systems | x | | |
| – Ventilation systems with a thermodynamic air treatment function (for example heating), pressure aeration | | x | |
| – Ventilation systems with at least two thermodynamic air treatment functions (for example heating or cooling), partial air conditioning systems, air conditioning systems | | | x |

(continued)

| | Fee range | | |
|---|---|---|---|
| | I | II | III |
| – Facilities with special requirements regarding air quality (for example operating rooms)<br>– Cooling facilities, refrigeration systems without process cooling systems<br>– House substations for district cooling, re-cooling systems | | | |
| **Facility group 4 – High-voltage systems** | | | |
| – Low-voltage systems with up to two distribution levels starting with transfer to the energy supply company, including lighting or emergency lighting with individual batteries<br>– Grounding facilities | x | | |
| – Compact transformer stations, facilities for energy generation for in-house use (for example central battery or uninterruptible power supply facilities, photovoltaic systems)<br>– Low-voltage systems with up to three distribution levels from transfer to energy supply company, including lighting facilities<br>– Central emergency lighting systems<br>– Low-voltage installations including bus systems<br>– Lightening protection and grounding facilities, as far as not mentioned in fee range I or fee range II<br>– External lighting installations | | x | |
| – High- or medium-voltage systems, transformer stations, facilities for power supply for in-house use with special requirements (for example emergency generators, combined heat and power units, dynamic uninterruptible power supply)<br>– Low-voltage systems with at least four distribution levels or more than 1,000 A rated current<br>– Lighting systems with special planning requirements (for example lighting simulations in complex procedures for museums or special rooms) | | | x |
| – Lightning protection systems with special requirements (for example for hospitals, high-rise buildings, computer centres) | | | x |
| **Facility group 5 – Telecommunication or information technology facilities** | | | |
| – Simple telecommunication installations with individual terminal equipment | x | | |
| – Telecommunication or information technology facilities, as far as not mentioned in fee range 1 or fee range III | | x | |
| – Telecommunication or information technology facilities with special requirements (conference or interpreting facilities) Public address systems for special rooms, property surveillance systems, active network components, remote transmission networks, remote control systems, car-park routeing systems) | | | x |
| **Facility group 6 – Conveying systems** | | | |
| – Individual standard lifts, service lifts for small goods, lifting platforms | x | | |
| – Lift systems, as far as not mentioned in fee range I or III, escalators or moving walkways, crane systems, loading bridges, continuous conveyor systems | | x | |
| – Lift systems with special requirements, facade lifts, transportation systems with more than two transceivers | | | x |

(continued)

| | Fee range | | |
|---|---|---|---|
| | I | II | III |
| **Facility group 7 – Usage-specific facilities or process engineering facilities** | | | |
| **7.1 Usage-specific facilities** | | | |
| – Technical kitchen equipment, for example for tea kitchens | x | | |
| – Technical kitchen equipment, for example medium-sized kitchens, re-heating kitchens, facilities for preparing, serving or storing food or beverages (not a production kitchen) including associated refrigeration facilities | | x | |
| – Technical kitchen equipment, for example large-scale kitchens, equipment for production kitchens including serving or storage as well as associated refrigeration facilities, commercial refrigeration for large-scale kitchens, large cold rooms or cold storage units | | | x |
| – Laundry or cleaning devices, for example for communal laundry rooms | x | | |
| – Laundry or cleaning facilities, for example laundry equipment for laundrettes | | x | |
| – Laundry or cleaning facilities, for example chemical or physical facilities for large-scale operations | | | x |
| – Medical or laboratory facilities, for example individual practices for general medicine | x | | |
| – Medical or laboratory facilities, for example group practices for general medicine or individual practices for specialised medicine, sanatoriums, nursing homes, hospital wards, laboratory equipment for schools | | x | |
| – Medical or laboratory facilities, for example clinics, institutes conducting teaching or research, laboratories, manufacturing facilities | | | x |
| – Fire extinguishing devices, for example portable fire extinguishers | x | | |
| – Fire extinguishing systems, for example manually operated fire extinguishing systems | | x | |
| – Fire extinguishing systems, for example automatically operating systems | | | x |
| – Disposal facilities, for example chute systems for waste or laundry | x | | |
| – Disposal facilities, for example central disposal systems for laundry or waste, central vacuum cleaning systems | | x | |
| – Technical stage facilities, for example technical systems for small or medium-sized stages | | x | |
| – Technical stage facilities, for example for large stages | | | x |
| – Media supply facilities, for example for production, storage, processing or distribution of medical or technical gases, liquids or vacuum | | | x |
| – Technical bathing facilities, for example treatment plants, wave generation systems, height-adjustable intermediate floors | | | x |
| – Process heating systems, process cooling systems, process air systems, for example vacuum systems, test stands, wind tunnels, industrial intake systems | | | x |
| – Technical systems for petrol stations, car wash facilities | | | x |
| – Technical warehousing systems, for example shelf access equipment (with associated shelf systems), automatic goods handling systems | | | x |
| – Thawing agent spray systems or de-icing facilities | | x | |
| – Stationary de-icing systems for large facilities, for example airports | | | x |

(continued)

| | Fee range | | |
|---|---|---|---|
| | I | II | III |
| **7.2 Process engineering facilities** | | | |
| – Simple technical facilities for water treatment (for example ventilation, deferrization, demanganization, chemical deacidification, physical deacidification) | | x | |
| – Technical facilities for water treatment (for example membrane filtration, flocculation filtration, ozonation, dearsenization, dealumination, denitrification) | | | x |
| – Simple technical facilities for wastewater treatment (for example joint aerobic stabilisation) | | x | |
| – Technical facilities for wastewater treatment (for example multi-stage wastewater treatment systems) | | | x |
| – Simple sludge treatment facilities (for example sludge settling facilities with mechanical installations) | | x | |
| – Facilities for multi-stage or combined sludge treatment procedures | | | x |
| – Simple technical facilities for wastewater removal | | x | |
| – Technical facilities for wastewater removal | | | x |
| – Simple technical facilities for water supply, transfer and storage | | x | |
| – Technical facilities for water supply, transfer and storage | | | x |
| – Simple rainwater treatment facilities | | x | |
| – Simple facilities for groundwater decontamination systems | | x | |
| – Complex technical facilities for groundwater decontamination systems | | | x |
| – Simple technical facilities for supply and disposal of gases (for example an odorization system) | | x | |
| – Simple technical facilities for supply and disposal of solids | | x | |
| – Technical facilities for supply and disposal of solids | | | x |
| – Simple technical facilities for waste disposal (for example composting plants, facilities for conditioning of hazardous waste, household waste dumps or mono-landfills for hazardous waste, facilities for underground repositories, facilities for treatment of contaminated soils) | | x | |
| – Technical facilities for waste disposal (for example incineration plants, pyrolysis facilities, multi-functional treatment facilities for recyclables) | | | x |
| **Facility group 8 – Building automation** | | | |
| – Manufacturer-neutral building automation systems or automation systems with cross-facility systems integration | | | x |

Printed in the United States
by Baker & Taylor Publisher Services